人工智能创意设计

Stable Diffusion 教程

董昌恒 ◘ 主编

清華大學出版社
北 京

内容简介

本书全面深入地介绍了基于人工智能的图像生成技术，特别聚焦于 Stable Diffusion 这一革命性的图像生成工具。本书从 AI 绘画技术的发展历程讲起，阐述了扩散模型的基本原理，并提供了详细的 Stable Diffusion 安装、配置及使用指南。书中涵盖了用户界面操作、模型选择和提示词技巧，以及 ControlNet 插件等高级功能的内容，读者掌握了这些知识和技能就能够精确控制图像生成过程。本书还展示了 AI 技术在不同设计领域的实践案例，包括平面设计、插画创作、建筑设计等。最后通过介绍企业 AI 平台，如图漫 AI、D5 软件等，进一步拓展创意和应用，使设计师和艺术家能够充分利用 AI 技术激发灵感，提高创作效率，实现艺术与技术的完美结合。

本书可作为高等院校艺术设计类专业教材，也可供 AI 绘画爱好者参考。

图书在版编目（CIP）数据

人工智能创意设计：Stable Diffusion 教程 / 董昌恒主编 . -- 北京：
清华大学出版社，2025. 2. -- ISBN 978-7-302-68458-9
Ⅰ. TP391.413
中国国家版本馆 CIP 数据核字第 20254UA648 号

责任编辑：杜　晓
封面设计：曹　来
责任校对：袁　芳
责任印制：沈　露

出版发行：清华大学出版社
网　　址：https://www.tup.com.cn，https://www.wqxuetang.com
地　　址：北京清华大学学研大厦 A 座　　**邮　　编：**100084
社 总 机：010-83470000　　**邮　　购：**010-62786544
投稿与读者服务：010-62776969，c-service@tup.tsinghua.edu.cn
质量反馈：010-62772015，zhiliang@tup.tsinghua.edu.cn
课件下载：https://www.tup.com.cn，010-83470410
印 装 者：三河市龙大印装有限公司
经　　销：全国新华书店
开　　本：185mm × 260mm　　**印　　张：**16　　**字　　数：**384 千字
版　　次：2025 年 2 月第 1 版　　**印　　次：**2025 年 2 月第 1 次印刷
定　　价：69.00 元

产品编号：111162-01

前言

近年，人工智能（AI）的发展速度令人惊叹，它已成为重塑社会的创新引擎。国家对于人工智能的高度重视和政策扶持,为这一领域的发展注入了强劲动力。随着“人工智能 +”战略的推广，人工智能产品和服务将有海量的应用市场，本书正是在这样的大背景下应运而生的。

本书的编写是对国家号召的积极响应，也是对时代进步的一次深刻阐释。我们深知，作为技术工作者和教育者，有责任将前沿的知识普及给更广泛的群体。因此，书中不仅详细介绍了 Stable Diffusion 的基本原理和操作流程，更努力将企业 AI 平台的实践经验和应用案例融入其中，以期为读者提供一本既具理论深度又有实践价值的专业书籍。

Stable Diffusion 是人工智能领域涌现出的一项令人瞩目的技术，编者投入了巨大的热情和精力，梳理基础知识，探索高级技巧，力求从单一图像的生成到复杂场景的设计，全面而深入地展现这一技术的魅力。尽管时间紧迫，我们仍以认真和谨慎的态度对待每一个细节，希望本书的出版能够帮助读者快速入门并掌握 Stable Diffusion 的使用。

本书将带领读者一步步走进 Stable Diffusion 的世界，从基础理论到实践操作，从技术解析到创意应用，探索、学习、成长。愿这本书能够成为连接读者与人工智能艺术创作的桥梁，开启一段充满想象与创造的旅程。

本书由江苏城乡建设职业学院董昌恒担任主编，江苏城乡建设职业学院马兆卫、丁晨担任副主编，江苏城乡建设职业学院王兵、钱建春、朱宴青、陈婷婷、张旭光、郭苓苓和上海图漫智绘信息技术有限公司庄重参编。此外，南京维伍网络科技有限公司张学栋为本书提供了 D5 相关软件参数和测试平台，上海图漫智绘信息技术有限公司文淼提供了 Stable Diffusion 安装参数和内容。

本书的完成离不开团队中每一位成员的辛勤付出和智慧贡献。他们的专业知识和丰富经验使本书内容既有深度又有广度，没有他们的协助和努力，本书不可能如此顺利地完成。在编写本书的过程中，编者始终保持一颗敬畏之心，认真和谨慎地对待每一个知识点，每一段讲解。尽管编者尽力确保内容的准确性和实用性，但由于 Stable Diffusion 技术的复杂性，书中难免会有疏漏之处。在此，诚恳地请求各位读者理解和宽容，并虚心接受大家的批评与指正。

编　者

2025 年 1 月

本书配套教学资源下载

目录

第 1 章　人工智能图像生成概述 …… 001

1.1　人工智能绘画发展历史 …… 001

1.1.1　人工智能绘画的早期探索 …… 001

1.1.2　人工智能绘画的技术突破 …… 002

1.1.3　人工智能绘画的创新发展 …… 005

1.2　AI 图像生成基本原理 …… 006

1.2.1　扩散模型的基本原理 …… 006

1.2.2　扩散模型的图像特点 …… 007

1.2.3　扩散模型的应用案例 …… 007

第 2 章　Stable Diffusion 基础教程 …… 009

2.1　Stable Diffusion 发展与原理 …… 009

2.1.1　Stable Diffusion 起源与发展历程 …… 009

2.1.2　Stable Diffusion 的特点 …… 010

2.1.3　Stable Diffusion 的运算原理 …… 011

2.2　系统要求与安装指南 …… 013

2.2.1　硬件与软件配置要求 …… 013

2.2.2　安装步骤详解 …… 014

2.2.3　整合包安装方式 …… 017

2.3　插件的安装 …… 020

第 3 章　用户界面与文生图操作流程 …… 023

3.1　Stable Diffusion 界面布局与功能介绍 …… 023

3.1.1　模型选择区域 …… 023

3.1.2　功能模块区域 …… 025

3.1.3　提示词输入区域 …… 025

3.1.4　相关参数配置区域 …… 026

3.1.5　图像生成预览区域 …… 026

3.2 Stable Diffusion 模型选择与管理 …… 027
3.2.1 认识 Stable Diffusion 中的大模型 …… 028
3.2.2 认识 Stable Diffusion 中的 Lora 小模型 …… 033
3.3 提示词原理概述 …… 039
3.3.1 正向提示词 …… 040
3.3.2 反向提示词 …… 041
3.4 提示词书写语法 …… 043
3.4.1 提示词书写公式 …… 043
3.4.2 画面语法解析 …… 044
3.4.3 提示词权重解析 …… 047
3.5 采样方法 …… 048
3.6 迭代步数 …… 049
3.7 高分辨率修复 …… 050
3.8 批次数量 …… 051
3.9 输出分辨率 …… 053
3.10 随机数种子 …… 054
3.11 生成布局解析 …… 056

第 4 章 ControlNet 简述 …… 058

4.1 ControlNet 插件安装与基础配置 …… 058
4.1.1 安装步骤详解 …… 058
4.1.2 模型的安装 …… 060
4.2 ControlNet 设置与界面介绍 …… 060
4.2.1 ControlNet 控制类型概览 …… 061
4.2.2 AI 图欣赏 …… 064
4.3 Canny（硬边缘）控制 …… 064
4.3.1 Canny 边缘检测原理 …… 064
4.3.2 Canny 边缘检测应用案例 …… 065
4.4 Depth（深度）感知 …… 067
4.4.1 深度图预处理器分析 …… 067
4.4.2 四个常见预处理器特点 …… 068
4.5 Normal（法线贴图） …… 069
4.5.1 Normal 贴图的基础知识 …… 069
4.5.2 Normal 贴图的应用案例 …… 070
4.6 OpenPose 姿态控制 …… 072
4.6.1 OpenPose 讲解 …… 073
4.6.2 OpenPose-face 讲解 …… 074
4.6.3 多个人物 OpenPose 讲解 …… 076

4.7 MLSD（直线控制）…… 078
4.7.1 直线检测技术介绍…… 078
4.7.2 直线控制在图像生成中的控制作用…… 082
4.8 Lineart（线稿提取）…… 085
4.8.1 不同预处理器的线稿提取…… 086
4.8.2 线稿在艺术创作中的运用…… 088
4.9 SoftEdge（软边缘控制）…… 089
4.9.1 软边缘检测技术原理介绍…… 089
4.9.2 SoftEdge 在图像中的应用解析…… 091
4.10 Scribble（涂鸦）风格在创意项目中的应用…… 096
4.11 Segmentation（语义分割）…… 098
4.11.1 Segmentation 技术原理…… 098
4.11.2 Segmentation 在图像生成中的高级应用…… 099
4.12 Shuffle（随机化控制）…… 102
4.13 Tile（图像分块）…… 104
4.13.1 Tile 技术介绍…… 104
4.13.2 Tile 技术在艺术创作中的应用…… 105
4.14 Inpaint（局部重绘）…… 107
4.14.1 Inpaint 技术简述…… 107
4.14.2 Inpaint 实践技巧…… 107
4.15 InstructP2P（图像变换）…… 108
4.15.1 指令式变换的原理…… 108
4.15.2 根据指令生成图像的案例…… 109
4.16 Recolor（重上色）…… 111
4.16.1 Recolor 技术介绍…… 111
4.16.2 修复老旧照片的色彩技巧…… 113
4.17 IP-Adapter（风格迁移）…… 115
4.17.1 IP-Adapter 介绍…… 115
4.17.2 IP-Adapter 实践…… 116
4.18 InstantID 换脸技术…… 120
4.18.1 InstantID 原理解析…… 120
4.18.2 InstantID 实践…… 121

第 5 章 Stable Diffusion 图生图模块…… 125

5.1 图生图界面…… 125
5.1.1 提示词反推…… 126
5.1.2 参数区域…… 127

5.2 涂鸦 …… 128
5.3 局部重绘 …… 131

第 6 章 艺术设计实践案例 …… 135

6.1 平面设计与插画创作 …… 135
6.1.1 文字海报的 AI 设计实践 …… 136
6.1.2 插画手绘稿上色案例 …… 139
6.1.3 人物角色添加背景 …… 141
6.1.4 Logo 图形 AI 辅助设计 …… 143
6.2 环艺 AI 设计工作流程与技巧 …… 145
6.2.1 AI 文生意向图 …… 145
6.2.2 现场照片转 AI 效果图 …… 148
6.2.3 手绘线稿转 AI 效果图 …… 151
6.2.4 模型线稿转 AI 效果图 …… 152
6.2.5 室内夜景 AI 实践 …… 156
6.3 建筑设计实践与艺术化 …… 158
6.3.1 建筑体块 AI 推敲实践 …… 158
6.3.2 建筑体块 AI 生图实践 …… 159
6.3.3 建筑效果图艺术化 …… 160
6.3.4 乡村振兴 AI 实践 …… 162
6.3.5 城市夜景 AI 实践 …… 165
6.4 人物角色生成与游戏美术 …… 166
6.4.1 角色风格转换 …… 166
6.4.2 角色姿势控制 …… 169
6.4.3 角色三视图的生成 …… 174
6.4.4 游戏场景的概念图生成 …… 176
6.5 AI 摄影与电商项目实战 …… 178
6.5.1 摄影中人物打光案例 …… 179
6.5.2 摄影中人物皮肤的修复 …… 181
6.5.3 摄影中人物更换背景制作 …… 183
6.5.4 摄影中人与宠物的合照案例 …… 185
6.5.5 电商模特穿衣案例的制作 …… 187
6.5.6 电商模特换装案例的制作 …… 190
6.5.7 美妆产品背景案例的制作 …… 192
6.6 数字绘画与艺术设计 …… 194
6.6.1 AI 油画绘画实践 …… 194
6.6.2 AI 水彩绘画实践 …… 196
6.6.3 AI 素描绘画实践 …… 197

6.7 AI 辅助产品设计 …… 198
6.8 工艺美术与传统文化设计 …… 200
6.8.1 剪纸案例 …… 200
6.8.2 剪纸与服装融合案例 …… 201
6.8.3 国画案例 …… 202
6.9 虚拟人物与角色设计：AI 声音的创作实践 …… 203
6.9.1 文字转声音 …… 203
6.9.2 声音的克隆 …… 209

第 7 章 AI 相关企业平台使用教程 …… 219

7.1 图漫 AI 简介 …… 219
7.2 社区广场简介 …… 219
7.2.1 瀑布流 / 图片过滤器 …… 220
7.2.2 点赞评论区 …… 220
7.3 创意灵感简介 …… 221
7.3.1 专业模式 …… 221
7.3.2 自由模式 …… 228
7.3.3 详情页介绍 …… 233
7.4 D5 软件介绍 …… 237
7.4.1 Dimension 5 简介 …… 237
7.4.2 D5 产品核心技术能力简介 …… 237
7.4.3 D5 的优势 …… 238
7.5 软件平台 AI 部分介绍 …… 238
7.6 D5 Hi 平台介绍 …… 241

参考文献 …… 245

第 1 章

人工智能图像生成概述

1.1 人工智能绘画发展历史

人工智能（artificial intelligence，AI）是集合了一系列现代技术的产物，它能够模拟人的决策过程，具备学习和解决问题的能力。人工智能的作用从一开始的提高设计效率，发展到后来创造新的可能性，其正在推动着各个行业的巨大变革。其中，人工智能绘画可以快速生成大量艺术作品，大大提高了创作效率，并且能够创造出全新的艺术风格和表现形式，其发展历史是一个融合了技术突破、学术研究和艺术创新的历程。随着技术的发展，开源 AI 模型，如 Stable Diffusion 被开发出来，它的出现推动了 AI 技术的普及和艺术的创新，让普通人能够快够好地创造出具有极高艺术成分的绘画作品，而且随着技术的不断迭代，Stable Diffusion 涉及的领域也在不断扩大。

1.1.1 人工智能绘画的早期探索

20 世纪 50 年代，科学家开始探索计算机是否能创造艺术品。1950 年，艾伦·图灵提出“图灵测试”的概念，预言了创造出具有真正智能的机器的可能性。

1956 年，在达特茅斯会议上，约翰·麦卡锡首次提出了 AI 一词，标志着人工智能学科的正式诞生。

20 世纪 70 年代，艺术家哈罗德·科恩开发的 AARON 问世，它能够使用机械臂在物理画布上进行创作（图 1.1.1）。这是最早开始尝试艺术与计算机结合的 AI 之一。

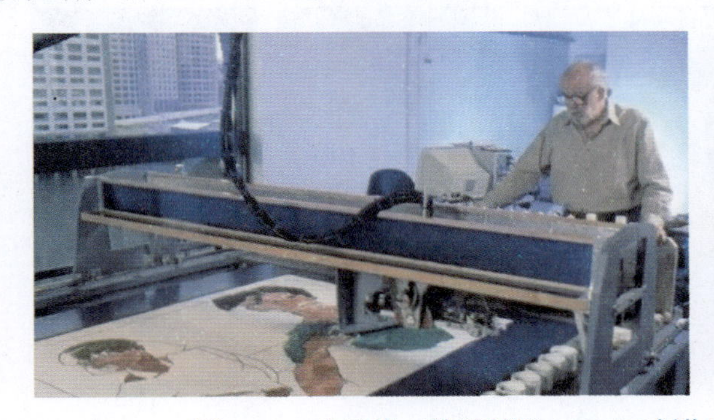

图 1.1.1　哈罗德·科恩利用 AARON 创作的绘画作品

1.1.2 人工智能绘画的技术突破

1980 年，福岛邦彦以其卓越的远见设计出一种开创性的人工神经网络架构——neocognitron。这一设计不仅在当时引起了广泛的关注，而且对现代卷积神经网络（convolutional neural networks, CNN）的发展产生了深远的影响，被视为现代 CNN 的雏形。随后，在 1998 年，杨立昆进一步推动了这一领域的发展，他构建了著名的卷积神经网络 LeNet-5，这一结构成为现代 CNN 设计的基础。

2006 年，杰弗里・辛顿提出了深度信念网络的概念，这一创新性的网络结构不仅极大地推动了深度学习领域的发展，而且标志着深度学习这一革命性技术的诞生。2009 年，基于深度学习的迁移学习算法 DeepArt 问世，这一算法的发布为艺术风格的图像应用开辟了新的可能性，使艺术与技术的结合变得更加紧密。

2012 年，Google 的杰出科学家吴恩达和 Jeff Dean 联手，利用大量 CPU 资源，成功训练了一个规模庞大的神经网络，这一成果在 Google Brain 项目中得到了展示。他们训练的神经网络生成了一张模糊的猫脸图片（图 1.1.2），虽然这张图片的分辨率并不高，但它的出现代表了深度学习技术在人工智能绘画领域取得的重要突破。这一成果不仅展示了深度学习在图像生成方面的巨大潜力，也为未来人工智能在艺术创作中的应用奠定了坚实的基础。

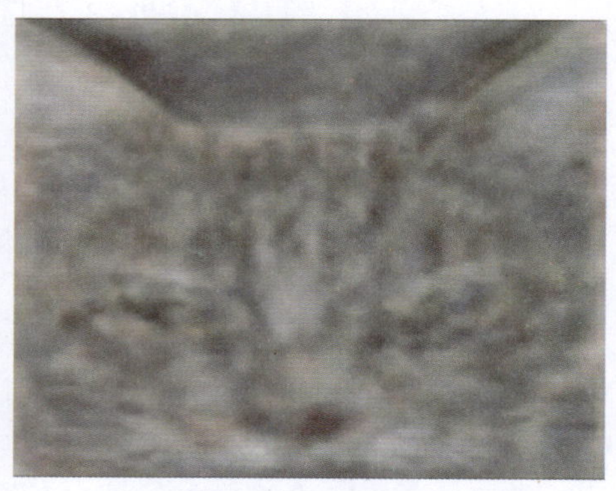

图 1.1.2　Google Brain 的神经网络生成的模糊猫脸

2014 年，Ian J. Goodfellow 提出了一种革命性的人工智能模型——对抗生成网络（generative adversarial networks，GAN），这一模型迅速成为人工智能绘画领域的重要基石。GAN 的核心思想是通过生成器和判别器之间的对抗训练来生成高质量的图像。生成器致力于创造逼真的图像，而判别器则尝试区分生成的图像与真实图像。这种对抗性训练过程不仅推动了图像生成技术的发展，而且在多个领域，如艺术创作、游戏设计、影视特效等，都得到了广泛的应用。GAN 的引入，为人工智能绘画领域带来了前所未有的创新和突破。它使机器能够创造出接近真实世界的图像，极大地拓宽了艺术创作的边界，图 1.1.3 所示为各时间点 GAN 模型的人脸生成变化。

2014年

2015年

2016年

2017年

图 1.1.3　GAN 模型的人脸生成变化

从 2015 年开始，人工智能绘画技术迎来了迅猛的发展期。在这一时期，涌现出多种基于深度学习的先进模型，它们不仅在技术上取得了显著的进步，而且在艺术创作上也展现出了前所未有的潜力。其中，深梦（Deep Dream）作为一种创新的图像处理工具，尤其引人注目。它通过深度学习算法对图像进行风格化处理，能够生成具有强烈艺术感和视觉冲击力的画面。图 1.1.4 所示为深梦作品《月球时代的白日梦》。

图 1.1.4　深梦作品《月球时代的白日梦》

2016 年，人工智能绘画技术迎来了 SRGAN 和 Deep Dream 两大创新，为图像处理领域带来了革命性的变化。SRGAN 通过改进 GAN 的损失函数，成功提升了图像的分辨率，生成了细节丰富的高清晰度图片。而 Deep Dream 则通过深度学习技术，实现了图像风格化的创新，它能够将特定的视觉风格应用到图像上，创造出具有独特艺术效果的作品。这两种工具不仅极大地丰富了艺术家和设计师的创作手段，也为公众带来了前所未有的视觉体验，展现了人工智能在艺术创作中的无限潜力。图 1.1.5 所示为俄罗斯 Ostagram 使用 Deep Dream 完成的作品。

图 1.1.5　Deep Dream 完成的作品

2017 年，Ian J. Goodfellow 提出了创造性对抗网络（creative adversarial networks，CAN）模型，可绘制出更加多样的图画（图 1.1.6）。与传统的 GAN 相比，CAN 模型能生成具有独特风格的艺术作品。

图 1.1.6　基于 CAN 模型生成的绘画作品

2018 年，SPIRAL 智能体的问世标志着人工智能在绘画领域的新里程碑。这一智能体与计算机绘图程序的协作，通过强化对抗学习的方式，显著提升了模型对细节的捕捉和学习效果。SPIRAL 智能体的算法优化，使 AI 在绘画时能够更精准地模仿人类艺术家的笔触和风格，为艺术创作带来了新的维度。

2019 年，旷视科技推出了 LearningToPaint 绘画 AI，这一技术突破再次刷新了人们对 AI 绘画能力的认识。LearningToPaint 采用了深度确定策略梯度算法（deep deterministic policy gradient，DDPG），这种算法的优势在于其能够适应更广泛的数据内容，使 AI 在绘画时能够更加灵活和多样化。无论是传统绘画风格还是现代艺术形式，LearningToPaint 都能够根据输入的数据内容，生成具有个性化特征的绘画作品（图 1.1.7）。

图 1.1.7　LearningToPaint 的 AI 绘画过程

1.1.3 人工智能绘画的创新发展

在 2020 年 6 月，出现去噪扩散概率模型算法（denoising diffusion probabilistic model，DDPM），图 1.1.8 所示为 DDPM 模型去噪过程。该算法提出使用 AI 算法能够逐步去除图像中的噪点，经过不断迭代转译，直至生成一幅高清晰度的图像。DDPM 模型以其卓越的图像生成质量，迅速成为完成 AI 绘画技术的主要运算方法，并且在当时非常有潜力全面取代之前主流的 GAN。DDPM 的创新之处在于其结合扩散概率模型和去噪分数匹配的 Langevin 动力学，通过加权变分界限进行训练，从而实现在图像合成方面的突破性进展，这些创新之处也是 Stable Diffusion 软件的立身之本。

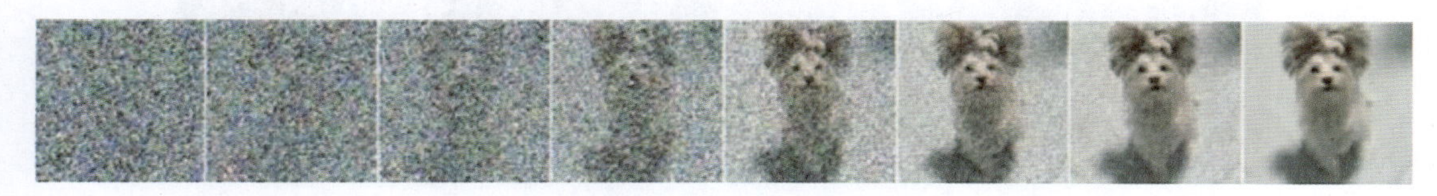

图 1.1.8　DDPM 模型去噪过程

2021 年，OpenAI 的 DALL-E 模型以其从文本到图像的转换能力，为 AI 绘画技术带来了革命性的突破。该模型不仅能够根据文本提示创造出与描述相符的视觉内容，还具备 Outpainting（图像扩展）功能，能够在保持原有图像风格和内容一致性的同时，对图像边界进行智能扩展，生成全新的画面区域，生成后的画面基本和作者所提供的文本内容一致。这使艺术家和设计师能够以前所未有的方式进行创作，无论是在风景照片上添加更多的景观元素，还是在艺术作品中无缝融入新的创意，DALL-E 都提供了强大的技术支持，也为未来技术的进一步发展和应用开辟了新的可能性。图 1.1.9 所示为 DALL-E 系统创作的作品《戴珍珠耳环的少女》。

图 1.1.9　DALL-E 系统创作的作品《戴珍珠耳环的少女》

2022 年 2 月，基于扩散模型的 AI 绘图生成器 Disco Diffusion 问世，同年 3 月，Disco Diffusion 推出了 MidJourney，由 MidJourney 创作的《太空歌剧院》（图 1.1.10），在美国科罗拉多州博览会艺术比赛中荣获第一名，这不仅展示了 AI 绘画的艺术潜力，也引发了社会各界对 AI 技术的广泛讨论。

2022 年，Stable Diffusion 绘画大模型被开源，图像的质量更高，人工智能绘画领域迎来了快速发展。随着 Stable Diffusion、Disco Diffusion、MidJourney 等 AI 绘画平台的出现，AI 绘画作品变得更加多元化，满足了不同用户群体的需求。同时，该技术开始渗透到平面设计、建筑设计、服装设计等多个与图像创作相关的行业。

2023 年 2 月，ControlNet 插件发布，这是一个跨时代的插件，改变了常规 AI 绘图无法精准控图的弊端。ControlNet 作为 Stable Diffusion 的更新版本内容，从图像风格、构图和内容上有了更加精确的控制。3 月，MidJourney v5 正式发布，提高了生成图像的质量和多样性。5 月，著名的图像软件公司 Adobe 发布的 Firefly，为设计师和艺术家提供了更强

图 1.1.10　MidJourney 创作的《太空歌剧院》

大的专业工具。

这些历史节点展示了人工智能绘画从早期的概念探索到现代深度学习技术的融合，以及开源运动对其发展的推动作用。随着技术的不断进步和应用的拓展，人工智能绘画正逐渐成为艺术创作和商业应用中不可或缺的一部分。但是，人工智能绘画版权归属存在争议，AI 生成作品的法律地位尚不明确。相信随着法律规范的逐步完善，解决了版权归属和人伦道德问题后，未来人工智能会探索更广阔的艺术边界，并在更多领域得到应用和发展。

1.2 AI 图像生成基本原理

在人工智能的快速发展中，AI 图像生成技术已成为一个令人瞩目的领域。其中，扩散模型以其卓越的图像生成质量和灵活性，成为该领域的一个热点。扩散模型（diffusion models）是一种深度生成模型，其灵感来源于非平衡热力学。这种模型通过定义一个马尔可夫链来逐步向数据中添加随机噪声，然后学习逆向扩散过程以从噪声中恢复数据样本。扩散模型是一种基于概率过程的图像生成方法，它通过模拟数据的扩散和逆扩散过程来生成图像。与传统的生成对抗网络和变分自编码器（variational auto encoder，VAE）等方法相比，扩散模型在生成细节丰富、图像逼真的画面中，具有更加显著的优势，并在多个应用领域，如计算机视觉、自然语言处理、波形信号处理等展现出了出色的表现。

1.2.1 扩散模型的基本原理

扩散模型作为 AI 图像生成的一种全新方法，分为正向扩散和逆向扩散两个阶段。

正向扩散加噪：在这个阶段，模型从一张清晰的图像开始，逐步添加高斯噪声，直至图像完全转化为噪声。这个过程是预先定义好的，可以精确控制。原理如图 1.2.1 所示。

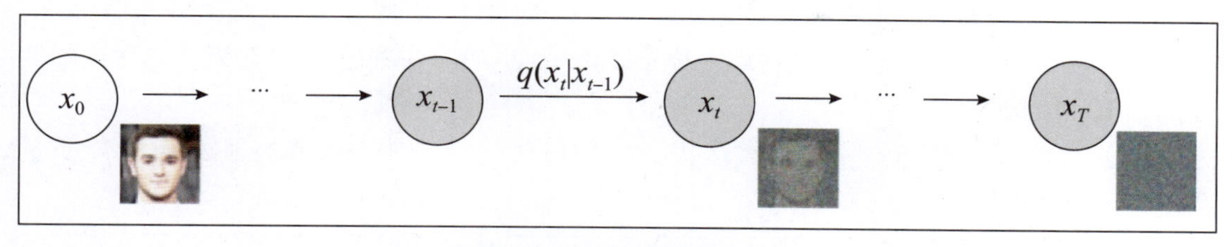

图 1.2.1　扩散模型的加噪过程

逆向扩散去噪：扩散模型的训练过程主要集中在逆扩散过程，目标从高斯噪声中逐步预测并去除噪声以恢复原始的图像。这一过程是通过训练模型来实现的，从噪声中重建图像。原理如图 1.2.2 所示。

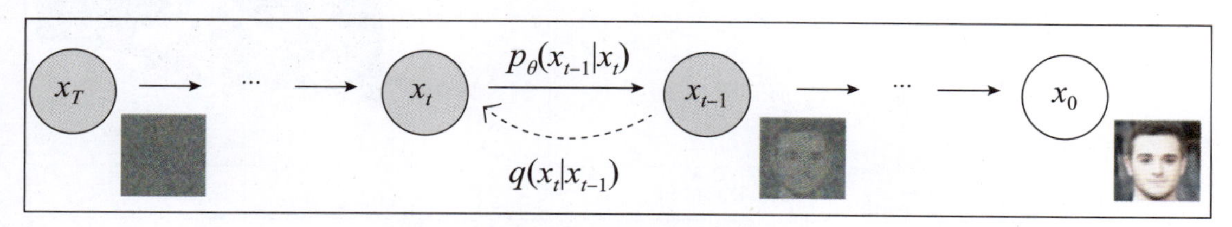

图 1.2.2　扩散模型的去噪过程

1.2.2 扩散模型的图像特点

扩散模型是一种生成模型，其核心思想是通过逐步引入噪声并在学习逆过程以恢复数据分布，从而生成高质量的样本。在图像编辑和生成方面，扩散模型展现出了强大的能力，具有以下特点。

高质量：扩散模型在逆向过程中对噪点的精细处理，能够生成质量更高的图像。

灵活性：扩散模型可以接受多种类型的输入，包括文本描述、草图或其他图像，生成与输入条件高度相关的图像。

可逆性：逆向过程的可学习性为模型提供了更高的灵活性和控制力，使生成过程更加可控。

多样性：即使是相同的输入条件，扩散模型也能产生多种不同的视觉效果，增加了图像的多样性。

1.2.3 扩散模型的应用案例

扩散模型的工作流程如下。

（1）文本描述输入：用户输入文本描述，如“一座雪山下的小木屋”，模型将其编码为嵌入向量。

（2）生成噪声图像：模型初始化一个高斯噪声图像，作为逆向扩散过程的起点。

（3）逆向扩散过程：模型通过多层神经网络逐步预测噪声图像中的噪点分布，并去除噪点。

（4）迭代细化：在每一轮迭代中，模型都会生成一个更清晰的图像版本，逐步恢复图像的细节和结构。

（5）生成最终图像：经过多次迭代，模型最终生成一张与文本描述相符的高质量图像，如图 1.2.3 所示。

一座雪山下的小木屋	高维图像数据编码到低维的潜在空间	向模型数据添加噪声	去除噪声，逐步恢复清晰的图像	调节生成过程，生成与输入条件相匹配的图像	细化图像，使图像更加清晰和详细	
	潜在空间映射	正向扩散	逆向扩散	条件生成	迭代细化	
文本编码	Stable Diffusion					生成图像

图 1.2.3 “一座雪山下的小木屋”Stable Diffusion 的运行条件图表

可以改变大模型生成插画版本，如图 1.2.4 所示。

图 1.2.4 “一座雪山下的小木屋”插画版

在实际应用中，扩散模型能够生成多样化的高分辨率图像，并且在 OpenAI、NVIDIA 和 Google 等机构成功训练了大规模模型之后，正逐渐改变我们对图像创作的认知。随着技术的不断进步和优化，扩散模型能为艺术、设计、娱乐等领域带来更多创新和突破。

第 2 章 Stable Diffusion 基础教程

2.1 Stable Diffusion 发展与原理

图 2.1.1 所示为使用 Stable Diffusion 创作的龙年贺礼图，下面以此图为例进入 Stable Diffusion 发展与原理学习之旅。

图 2.1.1 龙年贺礼图

2.1.1 Stable Diffusion 起源与发展历程

21 世纪初期，扩散模型作为一种新兴的图像生成技术开始受到研究者的探索。当时研究者开始尝试通过向空白图像逐步添加噪声来生成目标图像。多伦多大学的研究团队在 2015 年提出了 NICE 模型，标志着扩散模型发展的一个重要节点。随后，在 2017 年，Google AI 的研究者提出了一种创新的扩散模型，该模型通过学习输入数据的潜在特征来加速图像生成过程。Stable Diffusion 的发展得益于 AI 视频剪辑技术创业公司 Runway 的 Patrick Esser 和慕尼黑大学机器视觉学习组的 Robin Rombach 的贡献。作为一个开源项目，Stable Diffusion 的所有代码在 GitHub 上公开，允许任何人自由地复制和使用。这种开放的策略极大地促进了 Stable Diffusion 的普及，吸引了大量下载和授权使用。Stable Diffusion 打破了专业之间的壁垒，也降低了专业绘画的门槛，使普通人能够自由地进行开放式创造，具有深远的历史意义。图 2.1.2 所示为 Stable Diffusion 时间简表。

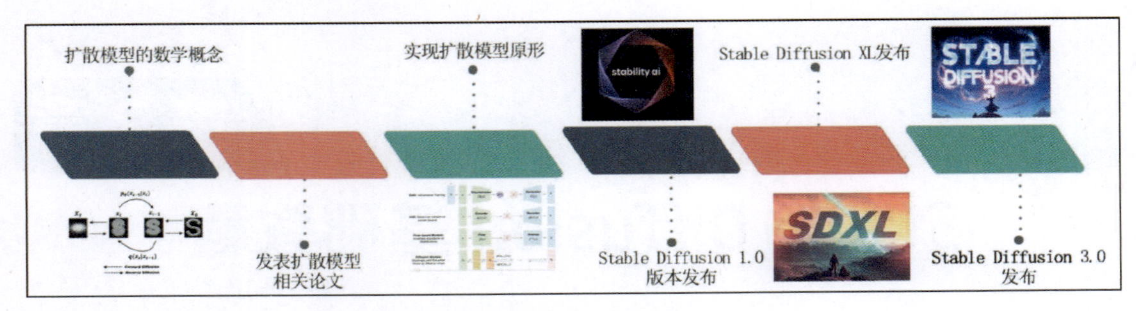

图 2.1.2　Stable Diffusion 时间简表

2015 年，Sohl-Dickstein 等提出了扩散模型的数学概念。2019—2020 年，斯坦福大学和谷歌大脑的研究者分别发表了相关论文。2020 年，谷歌大脑的研究者实现了扩散模型。2022 年 7 月，Stable Diffusion 1.0 版本发布，以其卓越的细节处理和效率，震惊了全球。2023 年 4 月，Stability AI 发布了 Beta 版本的 Stable Diffusion XL，改善了长提示词输入和人体结构处理的问题。2024 年 2 月 22 日，Stability AI 发布了 Stable Diffusion 3.0 版本，这是目前该系列模型中的最新版本，它采用了与 Sora 相同的 Diffusion Transformer 架构，显著提升了多主题提示、图像质量和拼写能力。

2.1.2 Stable Diffusion 的特点

1. 多步骤生成过程

Stable Diffusion 生成图像的过程不是一蹴而就的，而是通过几个关键步骤来实现的。首先，它使用文本编码器（如 OpenAI 的 CLIP 模型）将输入的文本描述转换成特征向量。随后，这些特征向量与潜在空间中的图像表示相结合，通过迭代过程逐步去除噪声，最终生成清晰的图像。

2. 高生成质量

Stable Diffusion 能够生成高质量的图像，这得益于它在训练过程中使用的大规模数据集和高效的模型架构。它可以直接在消费级显卡上运行，生成至少 512 × 512 像素的图像，甚至在更高分辨率上也能保持较好的效果，理论上只要配置够高就可以无限产出超高像素的图片。

3. 广泛的应用领域

Stable Diffusion 不仅用于生成静态图像，还可以扩展到自然语言处理、音频生成、视频生成等领域。它的应用不局限于单一的图像生成，而是可以与其他类型的数据结合，创造出多样化的内容。

4. 易于使用

Stable Diffusion 提供了用户友好的界面，如 SDWebUI，使即使没有编程背景的用户也能通过简单的操作生成图像。这一特点还使没有美术、音乐等专业基础的普通人能迅速创造出专业水准的作品。

5. 开源和社区支持

Stable Diffusion 的开源特性使它得到了广泛的社区支持。开发者和爱好者可以自由地对其进行修改和优化，形成了一个活跃的生态系统。用户可以在各大模型平台、社区中下载自己喜爱的模型进行创作。

6. 可定制性

用户可以通过调整不同的参数和设置来定制生成的图像，如风格、颜色、细节等，从而满足个性化的需求，避免了同质化的情况。

7. 持续的技术创新

Stable Diffusion 的技术不断发展，随着研究的深入，模型的性能和功能也在不断提升，为用户提供了更多的创意工具和可能性。

2.1.3 Stable Diffusion 的运算原理

Stable Diffusion 是基于扩散原理进行的逻辑运算，扩散模型是一种生成模型，它通过模拟数据的扩散过程来生成新的样本。扩散模型的生成过程是一个迭代优化的过程，通过从模型数据库中抽取相应的原始数字参数，不断调整参数来逐步逼近目标需求，再通过转译器利用数字化的运算公式将数字代码转换成相应的图像。这一运算过程可以理解为模拟现实世界中的物理扩散过程，通过不断迭代和优化，将碎片化的数据进行重新随机扰动，最后按照一定逻辑进行重新编码转译以达到相应的结果输出。这个过程可以想象成在一张白纸上随意洒上墨水，通过墨水的不断扩散和渗入，逐渐让这些墨迹形成一幅画。

例如，输入提示词：“城市都市中，夜空里，骑着鲸鱼的女孩”，Stable Diffusion 的运算过程见图 2.1.3。

图 2.1.3　图片生成逻辑——扩散模型去噪、迭代、优化

扩散模型的运行逻辑和原理如下。

1. 初始化噪声

首先，扩散模型从一个完全随机的噪声状态开始，像是在一张白纸上随意洒上一些墨点。

2. 逐步添加噪声

模型会逐步向数据中添加噪声，这个过程称为“前向扩散”。每添加一次噪声，数据就会变得更加混乱，就像墨水在纸上扩散开来。

3. 学习扩散过程

在训练阶段，模型需要学习如何将清晰的数据（如图像）逐渐转化为噪声状态。这样，它就可以理解数据是如何从有序变得无序的。

4. 逆转扩散过程

生成新样本时，扩散模型需要逆转这个过程。它从完全的噪声状态开始，然后逐步去除噪声，这个过程称为“逆向扩散”。

5. 去噪网络

在这个逆向过程中，模型使用一个去噪网络（通常是 U-Net 结构）来预测每一步的噪声，并尝试去除它。这就像是用湿布轻轻擦拭纸上的墨迹，逐渐让图像显现出来。

6. 迭代去噪

去噪过程需要多次迭代，每次迭代都会使图像更加清晰。这个过程就像是反复擦拭和调整，直到墨迹形成一幅完整的画。

7. 文本条件

在 Stable Diffusion 中，生成的图像还会受到文本描述的指导。这意味着去噪网络在去除噪声时，会考虑到文本描述的内容，确保生成的图像与描述相匹配。

8. 生成图像

经过足够多的迭代后，噪声被完全去除，模型最终生成了一幅与文本描述相符的图像。

图 2.1.4 所示为编者自绘运算逻辑图谱。

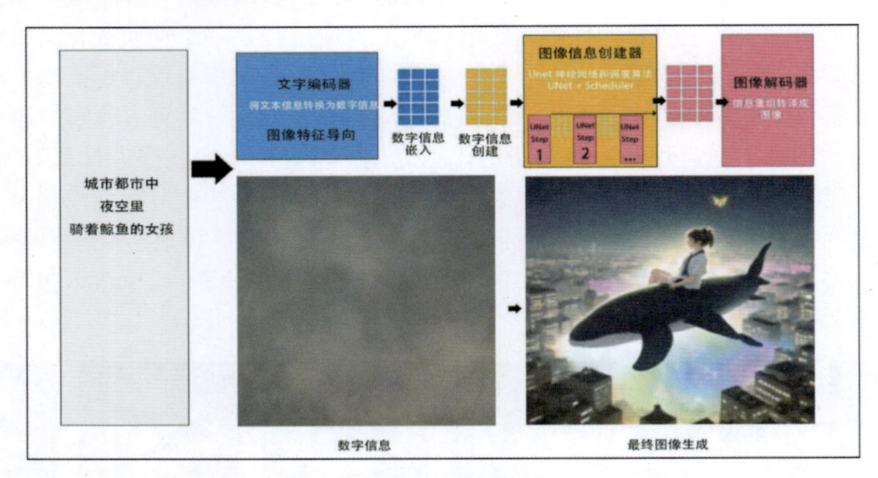

图 2.1.4　运算逻辑图谱

Stable Diffusion 具有无限的潜力，它不仅能够理解人们的语言并将其转化为视觉图像，而且其专业程度也可以随着模型训练的强度进行优化迭代。例如，告诉它“一幅画，里面有一只猫站在古老的城堡上”，它就能创造出这样的画面。这是怎么做到的呢？

首先，Stable Diffusion 中有一个特殊的“文字编码器”，就像一个翻译官，能够把语言变成计算机能理解的数字信息。它把“一只猫站在城堡上”这样的描述转换成一串数字，这些数字包含了描述的所有信息。其次，这些数字信息作为图像特征转换起点，开始进行“扩散模型运算过程”。这个过程就像是在一张白纸上随意洒上一些墨点，然后慢慢地调整，让它们变成一幅画。在这个过程中，Stable Diffusion 会调用 U-Net 神经网络和调度算法，它的工作就是不断地猜测和去除这些墨点中的“噪声”，让图像逐渐清晰起来。这个过程需要很多次尝试和调整，每次调整都会让图像更接近我们想要的样子，这个多次尝试和调整的过程就是模型的迭代次数。整个过程中，文字编码器提供的信息就像是一个指南，确保图像的生成能够符合我们的描述，扩散过程 + 迭代次数就是为了生成最终的图片进行不断地实践和尝试。最后，当所有的噪声都被去除，墨点变成了清晰的图像，Stable Diffusion 就会停止这个过程，并展示这幅画。这就是 Stable Diffusion 如何将语言变成图像的整个运算逻辑。

2.2 系统要求与安装指南

2.2.1 硬件与软件配置要求

Stable Diffusion 作为一种基于深度学习的图像生成模型，对硬件和软件都有一定的要求。Stable Diffusion 的硬件和软件配置要求如下。

1. 硬件配置要求

CPU：虽然 GPU 是主要的计算单元，但一个强大的 CPU 可以支持多任务处理。建议使用具有多核心的处理器，支持 AVX-512 指令集的 Intel 或 AMD 处理器。

内存（RAM）：至少需要 16GB 的 RAM，但 32GB 或更多的内存可以提供更好的性能和处理更大规模任务的能力。

硬盘空间：需要有足够的存储空间来保存模型文件和训练数据。通常建议至少预留 100GB 以上的存储空间，其中固态硬盘（SSD）可以提供更快的数据读写速度。

显卡（GPU）：Stable Diffusion 主要依赖 NVIDIA 的独立显卡进行加速计算。推荐的显卡是具有 6GB 及以上显存的型号，推荐显存更大的显卡（如 RTX 3090 或 RTX 4090）是更好的选择。

2. 软件配置要求

操作系统：Stable Diffusion 支持多种操作系统，包括主流的 Linux 发行版（如 Ubuntu 18.04 或更高版本）、Windows 10/11 以及 MacOS（仅限 Apple Silicon，不支持 Intel 版本的 Mac 上的 Radeon 显卡）（图 2.2.1）。优先推荐搭载了 N 卡的 Windows，MacOS 由于没有独立显卡加速，在默认配置下只能通过 CPU 来跑图，相较之下出图性能较差，并且支持的社区插件也比较少。

图 2.2.1　Stable Diffusion 支持的操作系统

Python 环境：需要安装 Python 3.7 或更高版本，通常 Python 3.10.6 版本被特别推荐，以确保与 Stable Diffusion 的兼容性。

深度学习框架：需要安装 PyTorch，这是 Stable Diffusion 进行深度学习计算所依赖的框架。

其他依赖库：包括 CUDA、cuDNN 等，这些是 NVIDIA 提供的用于 GPU 加速的库。此外，可能还需要安装其他数学库和工具来支持 Stable Diffusion 的运行。

Stable Diffusion 软件包：需要下载并安装 Stable Diffusion 的软件包，这可能包括模型权重、配置文件等。

虚拟环境：虽然不是强制性的，但使用虚拟环境（如 Conda 或 Venv）可以避免不同项目间的依赖冲突。

注意：上述配置要求可能会随着 Stable Diffusion 版本的更新和硬件技术的进步而变化。在实际部署和使用 Stable Diffusion 之前，建议查阅最新的官方文档和社区指南以获取最准确的配置信息。

2.2.2 安装步骤详解

目前广泛使用的 Stable Diffusion Web UI（以下简称 SDWebUI) 是发布在开源平台 Github 上的一个 Python 项目，这个项目并不是下载并安装即可使用的应用程序，而是需要准备执行环境，编译源码。

1. 安装 Python 环境

推荐安装 Python 3.10.6 版本，这是 SDWebUI 作者推荐安装的版本。在安装时需要勾选添加 Python 到 PATH 的选项。

安装 Python 时一定要勾选 Add Python 3.10 to PATH，如图 2.2.2 和图 2.2.3 所示。

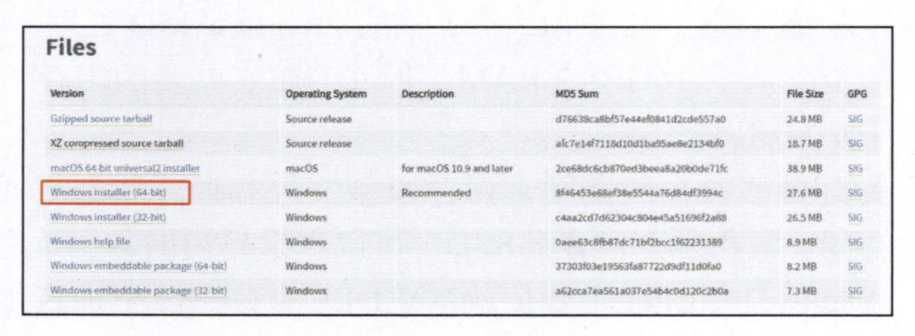

Files

Version	Operating System	Description	MD5 Sum	File Size	GPG
Gzipped source tarball	Source release		d76638ca8bf57e44ef0841d2cde557a0	24.8 MB	SIG
XZ compressed source tarball	Source release		afc7e14f7118d10d1ba95ae8e2134bf0	18.7 MB	SIG
macOS 64-bit universal2 installer	macOS	for macOS 10.9 and later	2ce68dc6cb870ed3beea8a20b0de71fc	38.9 MB	SIG
Windows installer (64-bit)	Windows	Recommended	8f46453e68ef38e5544a76d84df3994c	27.6 MB	SIG
Windows installer (32-bit)	Windows		c4aa2cd7d62304c804e45a51696f2a88	26.5 MB	SIG
Windows help file	Windows		0aee63c8fb87dc71bf2bcc1f62231389	8.9 MB	SIG
Windows embeddable package (64-bit)	Windows		37303f03e19563fa87722d9df11d0fa0	8.2 MB	SIG
Windows embeddable package (32-bit)	Windows		a62cca7ea561a037e54b4c0d120c2b0a	7.3 MB	SIG

图 2.2.2　Python 安装界面 1

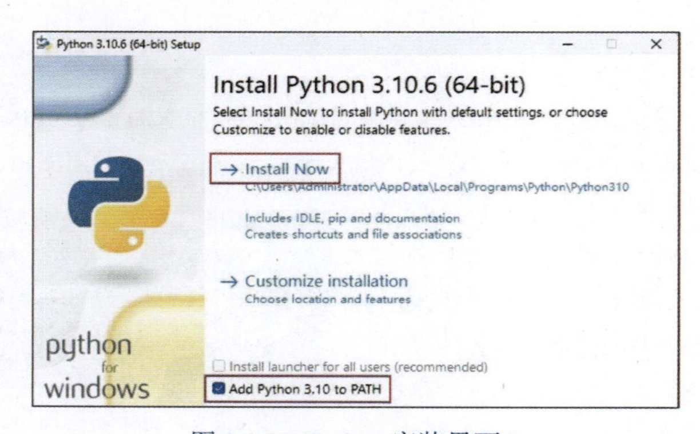

图 2.2.3　Python 安装界面 2

2. 安装 Git

Git 是版本控制系统，下载并安装 Git，安装界面如图 2.2.4 和图 2.2.5 所示。

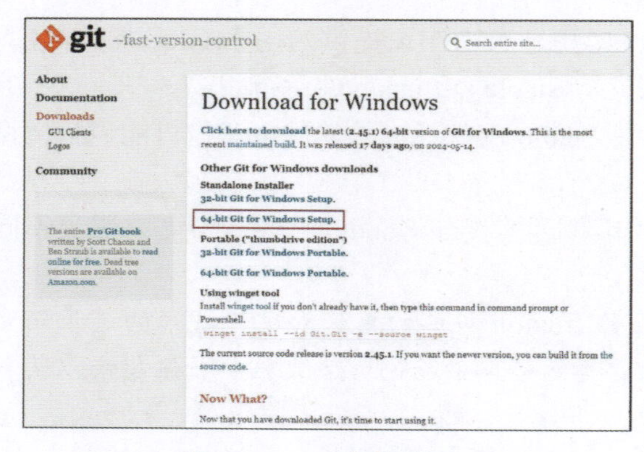

图 2.2.4　Git 安装界面 1

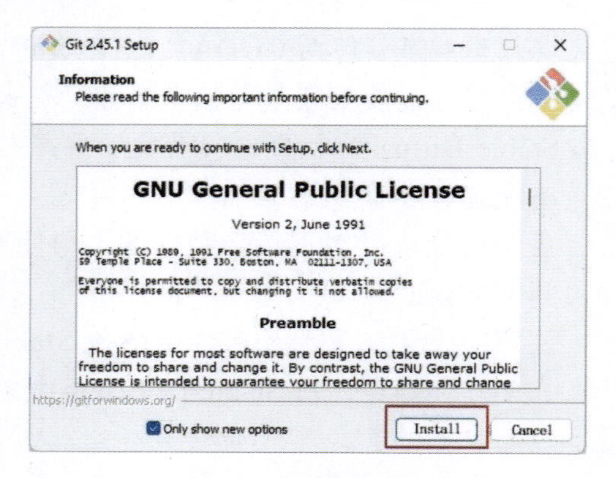

图 2.2.5　Git 安装界面 2

3. 安装 GitHub Desktop

下载并安装 GitHub Desktop，使用 GitHub Desktop 在克隆 Github 项目上更加稳定，不容易断开。下载安装完成之后启动 GitHub Desktop（图 2.2.6）。

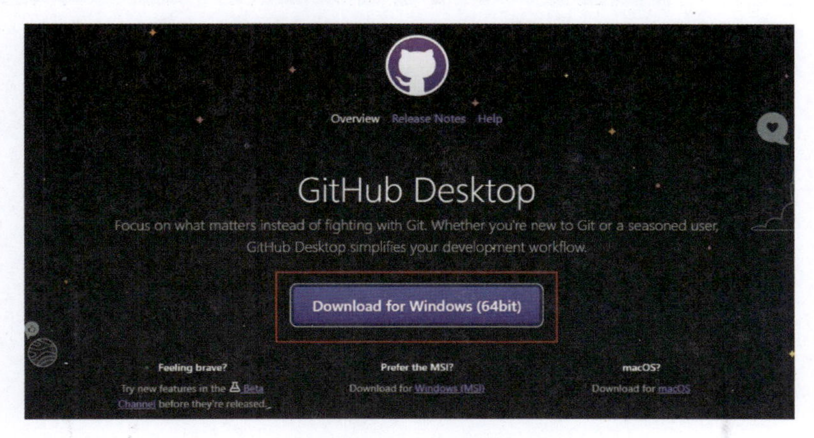

图 2.2.6　GitHub Desktop 安装界面 1

启动后单击 File 中 Clone repository… 选项，如图 2.2.7 和图 2.2.8 所示，在弹出的对话框中单击 URL，填入上面的链接地址，再单击 Choose… 按钮选择保存位置，保存位置路径不要包含中文，单击 Clone 按钮开始。

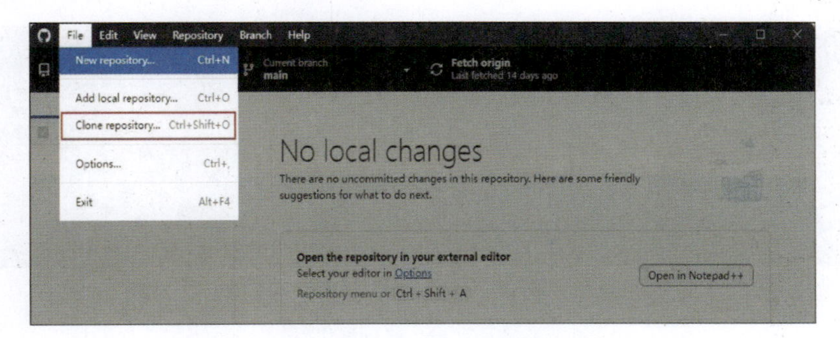

图 2.2.7　GitHub Desktop 安装界面 2

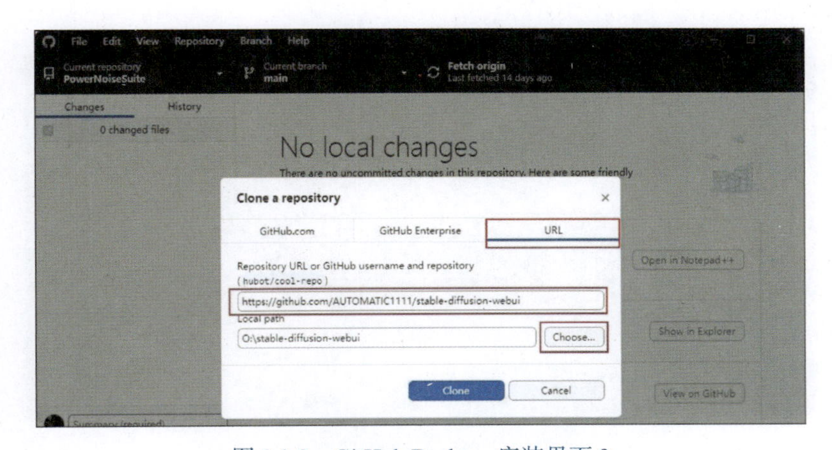

图 2.2.8　GitHub Desktop 安装界面 3

等待项目克隆完成，如图 2.2.9 所示。

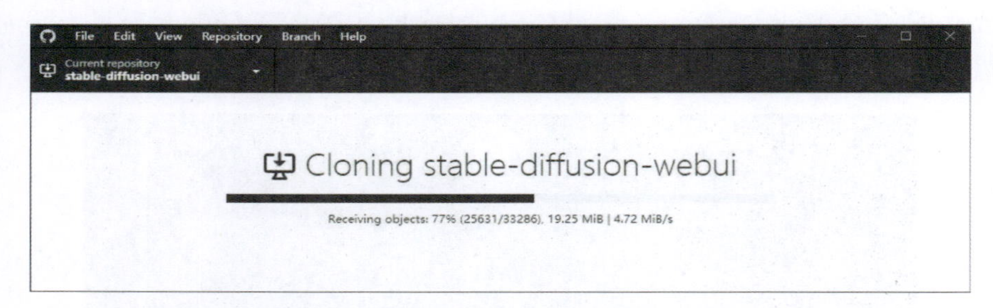

图 2.2.9　GitHub Desktop 安装界面 4

克隆完成后，打开文件夹并运行 webui-uesr.bat，如图 2.2.10 所示。

script.js	6.21 KB	JavaScript 文件	今天 15:06	-a--
style.css	42.2 KB	层叠样式表文档	今天 15:06	-a--
webui.bat	2.29 KB	Windows 批处理文件	今天 15:06	-a--
webui.py	5.29 KB	Python File	今天 15:06	-a--
webui.sh	11 KB	Shell Script	今天 15:06	-a--
webui-macos-env.sh	687 bytes	Shell Script	今天 15:06	-a--
webui-user.bat	92 bytes	Windows 批处理文件	今天 15:06	-a--
webui-user.sh	1.35 KB	Shell Script	今天 15:06	-a--

图 2.2.10　GitHub Desktop 安装界面 5

启动后开始自动下载并安装依赖，等待安装完成，如图 2.2.11 所示。

```
C:\Windows\system32\cmd.e
Creating venv in directory O:\stable-diffusion-webui\venv using python "C:\Users\Administrator\AppData\Local\Programs\Py
thon\Python310\python.exe"
venv "O:\stable-diffusion-webui\venv\Scripts\Python.exe"
Python 3.10.11 (tags/v3.10.11:7d4cc5a, Apr  5 2023, 00:38:17) [MSC v.1929 64 bit (AMD64)]
Version: v1.9.4
Commit hash: feee37d75f1b168768014e4634dcb156ee649c05
Installing torch and torchvision
Looking in indexes: https://pypi.org/simple, https://download.pytorch.org/whl/cu121
Collecting torch==2.1.2
  Downloading https://download.pytorch.org/whl/cu121/torch-2.1.2%2Bcu121-cp310-cp310-win_amd64.whl (2473.9 MB)
     0.0/2.5 GB 16.0 MB/s eta 0:02:33
```

图 2.2.11　GitHub Desktop 安装界面 6

等待安装完成，即可开始 AI 操作，发挥你的想象吧，图 2.2.12 和图 2.2.13 所示为编者使用 Stable Diffusion 生成的绘画作品。

图 2.2.12　AI 绘画欣赏 1

图 2.2.13　AI 绘画欣赏 2

2.2.3 整合包安装方式

官方安装说明较为复杂，可以使用整合包安装 Stable Diffusion，也是一种高效便捷的方法，尤其适合那些希望快速上手而不想深入技术细节的用户。下面详细介绍整合包安装步骤。

1. 下载整合包

整合包通常由社区成员或第三方开发者基于 Stable Diffusion 的官方版本进行封装，包含了所有必需的依赖和预配置设置。可以从开发者的官方网站、GitHub 仓库或其他可信平台下载整合包。整合包分为 N 卡版本和 A 卡版本，可以选择合适的版本进行下载，根据显卡类型（NVIDIA、AMD 等）选择对应的优化版本。

2. 解压整合包

下载完成后，将整合包文件解压到你选择的目录中。通常推荐选择硬盘空间充足的位置，以避免安装过程中出现空间不足的问题。注意，避免使用包含非英文字符的路径，因为这可能会导致一些程序运行错误。

3. 安装运行依赖

在解压的文件夹中，找到并运行安装依赖的程序。例如，某些整合包可能需要 .NET 框架或其他库的支持。按照整合包提供的指示，完成这些依赖项的安装。以秋葉 aaaki 开发的绘世整合包为例，图 2.2.14 所示为整合包安装运行依赖图示。

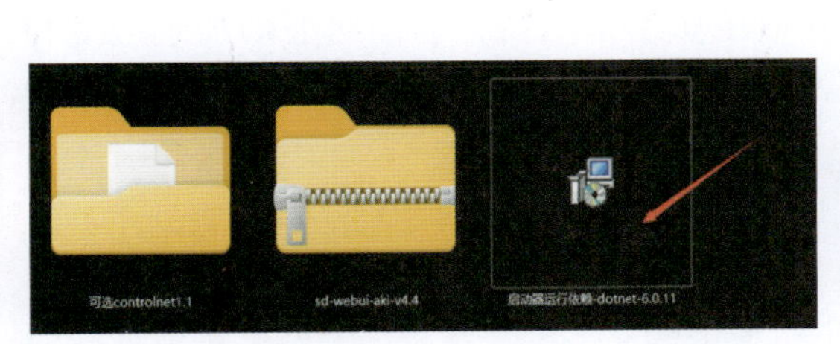

图 2.2.14　整合包安装界面

4. 启动整合包

在整合包的文件夹中，找到启动器程序。这个程序可能是一个可执行文件（.exe）、脚本文件（.sh 或 .bat）或其他形式。双击或以管理员身份运行该启动器，准备开始安装过程（图 2.2.15）。

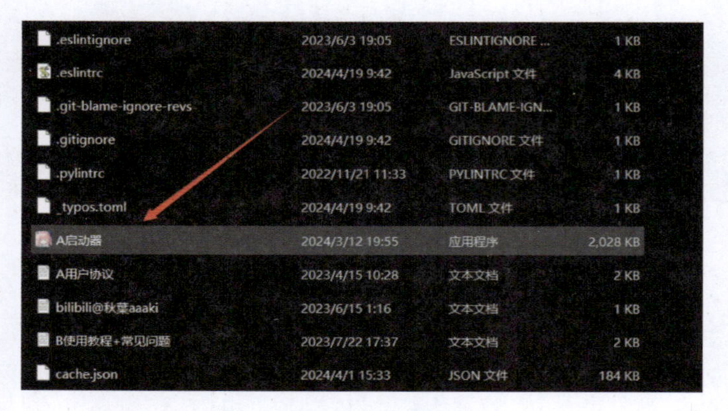

图 2.2.15　整合包启动选项

5. 一键启动

启动器程序通常提供一键启动的功能。单击“一键启动”按钮，程序会自动处理加载必要的组件和模型，如图 2.2.16 所示。这个过程可能需要一些时间，具体速度取决于硬件配置和系统性能。

图 2.2.16　整合包启动界面

6. 等待程序加载

在程序加载过程中，可能会看到命令行界面或状态指示器，显示当前的加载进度和状态信息。耐心等待程序完成启动，不要关闭或中断这个过程。图 2.2.17 所示为启动后台数据界面。

7. 访问 WebUI 界面

Stable Diffusion 成功启动后，可以通过 Web 浏览器访问其 WebUI 界面如图 2.2.18 所示。通常，WebUI 的地址会显示在启动器程序的界面上，或者可以在浏览器中输入默认地址（如 http://127.0.0.1:7860）来访问。

```
TRATION-MIX-水粉插画大模型_v1.0.safetensors
2024-06-10 14:32:44,406 - ControlNet - INFO - ControlNet UI callback registered.
Creating model from config: F:\sd-webui\sd-webui\sd-webui-aki-v4.4\configs\v1-inference.yaml
*Deforum ControlNet support: enabled*
Running on local URL:  http://127.0.0.1:7860
Loading VAE weights specified in settings: F:\sd-webui\sd-webui\sd-webui-aki-v4.4\models\VAE\animevae.pt
Applying attention optimization: xformers... done.
Model loaded in 2.5s (load weights from disk: 0.4s, create model: 0.7s, apply weights to model: 0.4s, load VAE: 0.5s, calc
ulate empty prompt: 0.3s).

To create a public link, set `share=True` in `launch()`.
IIB Database file has been successfully backed up to the backup folder.
Startup time: 30.0s (prepare environment: 7.8s, import torch: 2.9s, import gradio: 0.9s, setup paths: 0.6s, initialize sha
red: 0.2s, other imports: 0.5s, load scripts: 12.9s, create ui: 1.0s, gradio launch: 2.3s, add APIs: 0.6s, app_started_cal
lback: 0.2s).
```

图 2.2.17　整合包启动后台数据界面

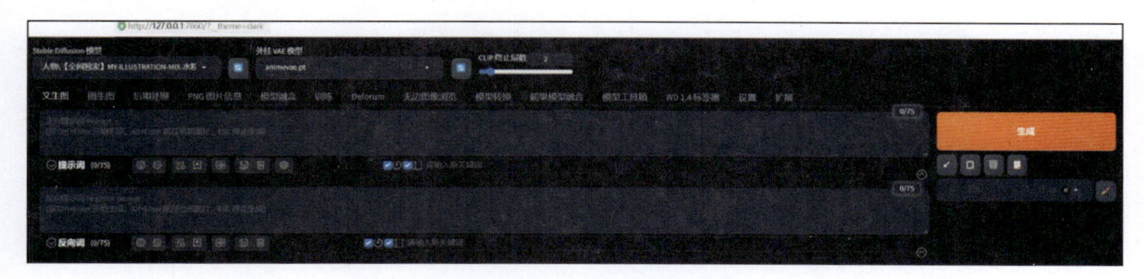

图 2.2.18　软件 WebUI 操作界面

8. 安装额外的模型或插件

如果整合包没有包含需要的特定模型或插件，可以手动下载并添加。通常，这些模型和插件需要放置在整合包指定的目录中。

9. 配置和个性化

进入 WebUI 界面后，可以根据自己的喜好和需求进行配置和个性化设置，如图 2.2.19 所示。例如，可以更改语言设置、调整生成图像的参数或安装额外的插件来扩展功能。

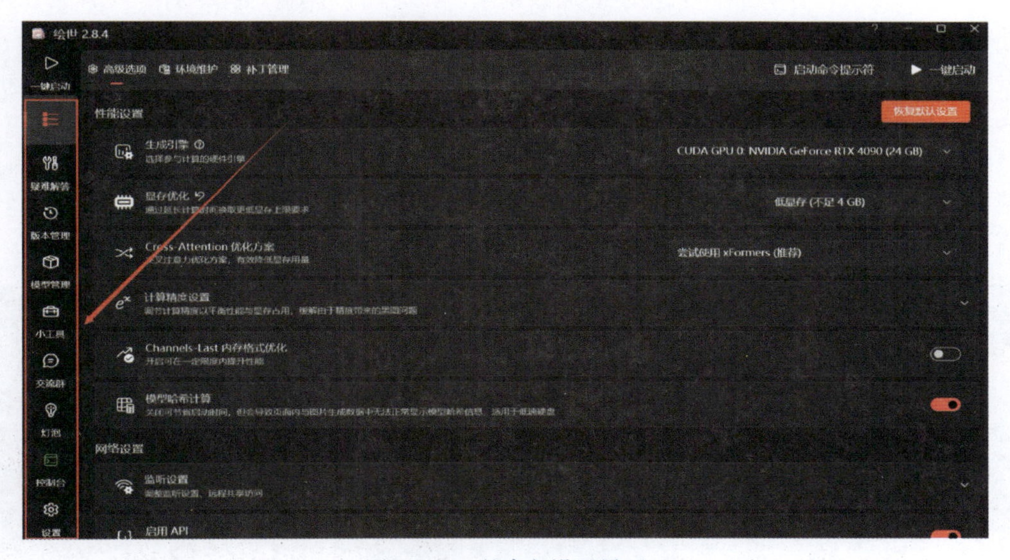

图 2.2.19　整合包设置界面

整合包安装方式大大简化了 Stable Diffusion 的安装过程，用户可以更加专注于创作和使用，而不是技术配置。不过，即使是使用整合包，了解基本的安装逻辑和可能遇到的问题也是非常重要的，这有助于用户在使用过程中更加得心应手。

> 安装提示：
> · 安装存放路径文件夹名称不要含有中文，优先存放在 SSD 硬盘中。
> · 如果以前没安装过，需要先安装“启动器运行依赖”。
> · 扩展插件可按需安装，以后需要时再装也可以。
> · 解压 sd-webui-aki-v4.8 后，打开文件夹找到启动器。
> · 第一次启动可能等待时间较长，请耐心等待。

2.3 插件的安装

在探索 Stable Diffusion 这一强大的 AI 绘图工具时，不可避免地会接触到其丰富的插件生态系统。这些插件极大地扩展了 Stable Diffusion 的功能，能够满足从基础绘图到高级定制的多样化需求。大部分整合包已将常用的插件进行了整合，但是随着插件生态的不断更新迭代，需要不断更新自己的插件和安装新的插件，本节主要介绍几种主流的 Stable Diffusion 插件安装方法，旨在为不同背景的用户提供清晰的指导，便于后续举一反三地进行操作。

安装插件的主流方法有 3 种，分别为扩展库安装、URL 安装、源码安装。

1. 扩展库安装

扩展库安装是一种非常便捷且安全的方法。这种方式允许用户直接从 Stable Diffusion 提供的官方扩展库中选择并安装所需的插件。用户只需进入软件主界面，单击“扩展”→“加载扩展列表”按钮，插件列表便会加载出来。用户可以浏览这些插件，选择自己需要的进行安装，也可以输入想要安装的插件名称，搜索出来后进行安装。安装完成后通常需要重启软件以使插件生效。由于这些插件都经过了官方的严格测试和验证，这种方法非常适合新手用户，可以确保插件的兼容性和稳定性。

以 OpenPose 插件为例，首先打开 Stable Diffusion“扩展”选项卡，之后单击“可下载”按钮，在弹出的部分单击“加载扩展列表”按钮，在下端搜索栏输入 Openpose，找到该扩展，单击后端“安装”按钮，如图 2.3.1 所示。

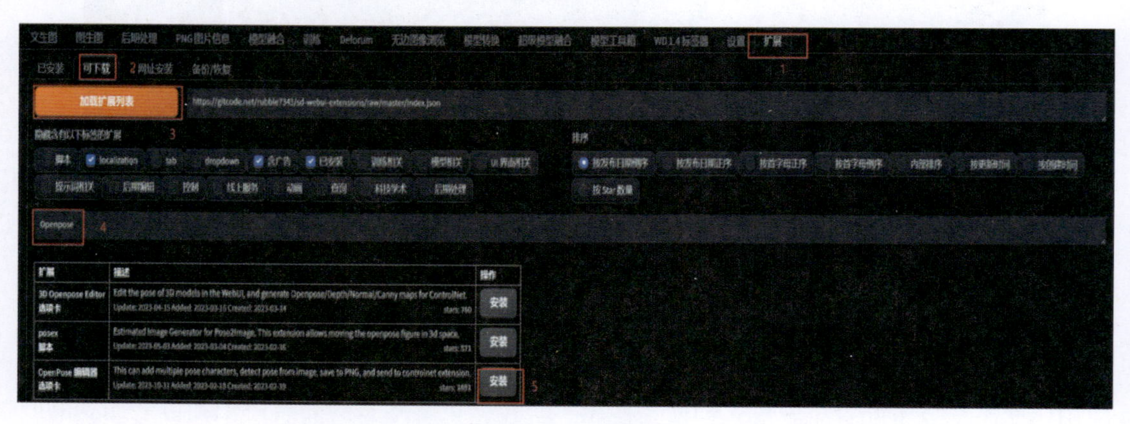

图 2.3.1　软件 WebUI 扩展安装界面

等待读秒结束，即安装成功。重启 Stable Diffusion，安装的扩展插件即出现在功能选项卡中，如图 2.3.2 和图 2.3.3 所示。

图 2.3.2　软件 WebUI 扩展安装进展

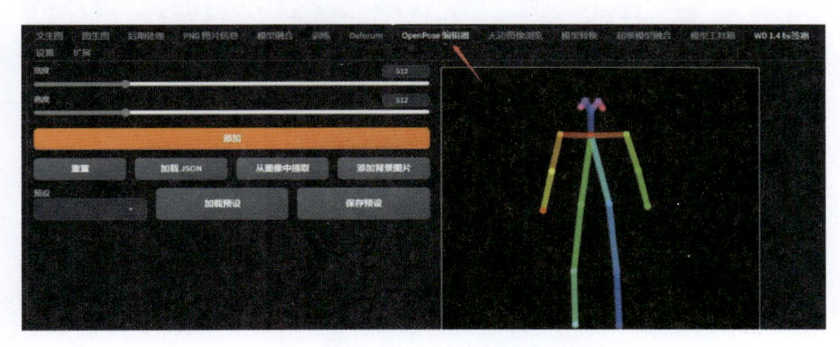

图 2.3.3　OpenPose 编辑器界面

2. URL 安装

URL 安装（图 2.3.4）是一种更灵活的方法，尤其适合有一定开发经验的用户。通过这种方法，用户可以直接利用插件的 git 仓库网址进行安装。用户需要进入软件主界面，选择“扩展”→“从网址安装”，然后输入插件的网址。这种方式不仅可以安装官方插件，还可以安装用户自己或其他开发者开发的插件。这里就涉及 GitHub 网站，GitHub 是一个面向开源及私有软件项目的托管平台，因为只支持 Git 作为唯一的版本库格式进行托管，故名 GitHub。

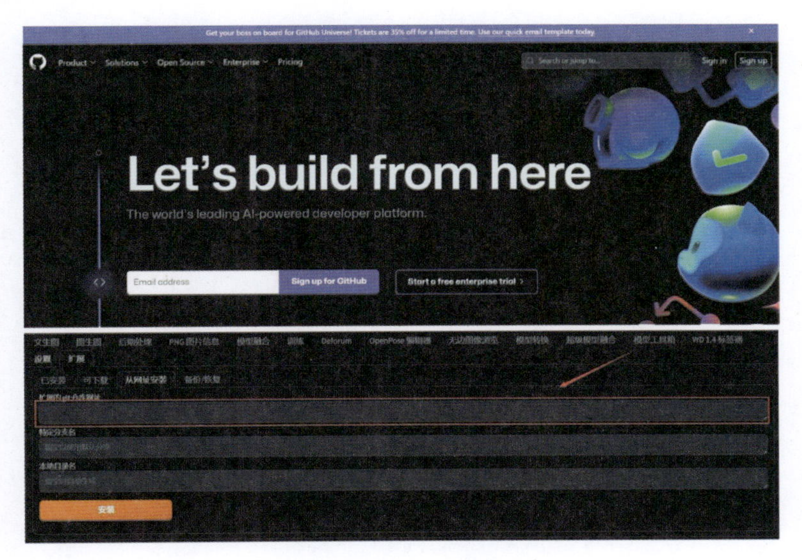

图 2.3.4　URL 安装

3. 源码安装

源码安装（图 2.3.5）是针对那些对编程有一定了解的用户的一种高级安装方法。这种方法允许用户从源代码开始，下载插件的源代码后在本地进行编译和安装。用户可以根据自己的需求对源代码进行修改和定制，从而获得更多的自定义选项。然而，这种方法需要用户具备一定的编程知识和编译环境的配置能力。源码通常可以从插件开发者的官方网站或者 GitHub 等代码托管平台获取，用户需要将源码放置在 Stable Diffusion 的 extensions 目录下，并按照开发者提供的指南进行编译和安装。

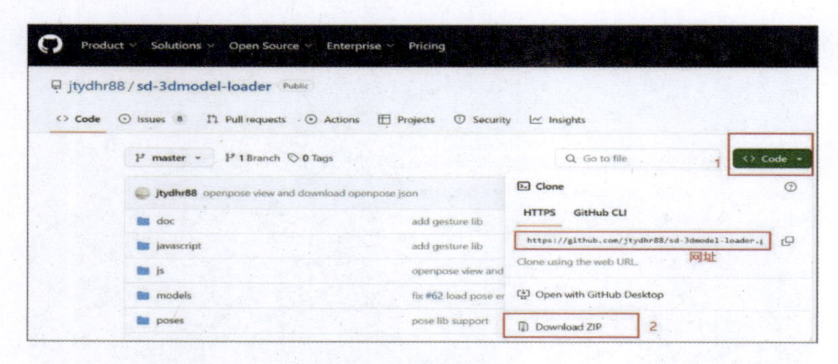

图 2.3.5　源码安装

在 Stable Diffusion 扩展界面单击要安装的扩展名称或者直接打开 GitHub 网址，搜寻到想要安装的插件，单击 Code 按钮，在弹出的界面单击 Download ZIP 选项，下载该插件的源码，如图 2.3.5 所示，之后解压源码 ZIP 文件，将解压后的文件夹复制到 Stable Diffusion 根目录下的 extensions 文件夹中，重启 Stable Diffusion 即可。

第 3 章 用户界面与文生图操作流程

3.1 Stable Diffusion 界面布局与功能介绍

Stable Diffusion 的界面布局与功能介绍旨在提供一个直观、易用且功能强大的平台，使用户能够高效地进行 AI 图像生成。界面布局将不同的功能区域划分清晰，使用户能够直观地找到所需的功能，如模型选择区域、功能模块区域、提示词输入、参数设置、图像生成五大区域，使用户能够高效地进行 AI 图像生成，从而提高操作效率，如图 3.1.1 所示。

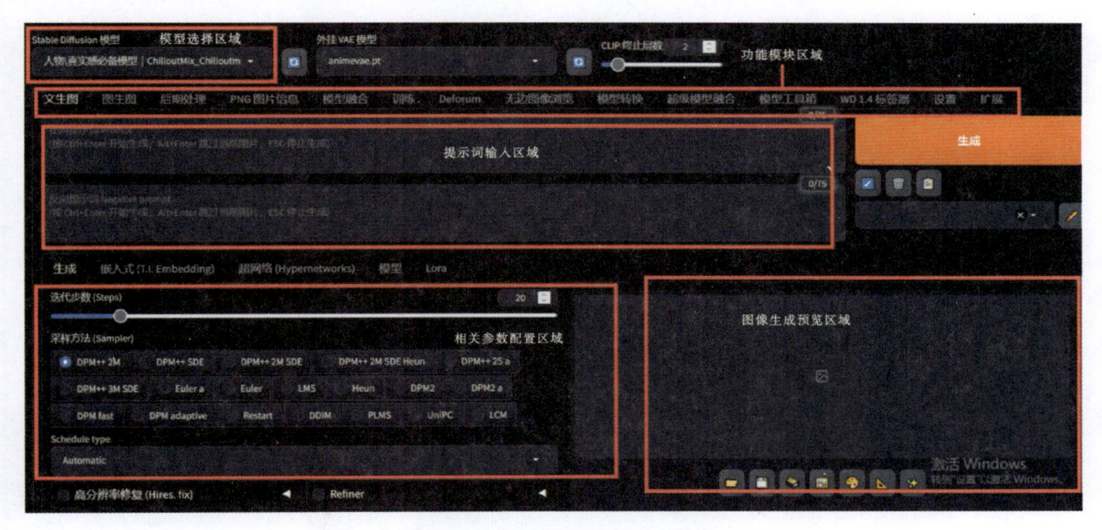

图 3.1.1　界面的 5 个主要区域

3.1.1 模型选择区域

位于界面顶部的模型选择区域包含一个下拉列表，允许用户从一系列可用模型中挑选一个特定模型。通过选择不同的模型，用户可以体验到多样化的风格、效果和功能，从而在图像生成过程中获得不同的视觉体验。例如，Realistic Vision 是一个流行的模型，它有一个专门用于局部重绘的相关模型——Realistic Vision inpainting。

Stable Diffusion 模型列表中提供了基础的、3 种不同的图像生成模型：Dreambooth、

SD 1.5 和 realisticVisionV13_v13，如图 3.1.2 所示，每种模型都有其特点和应用场景。

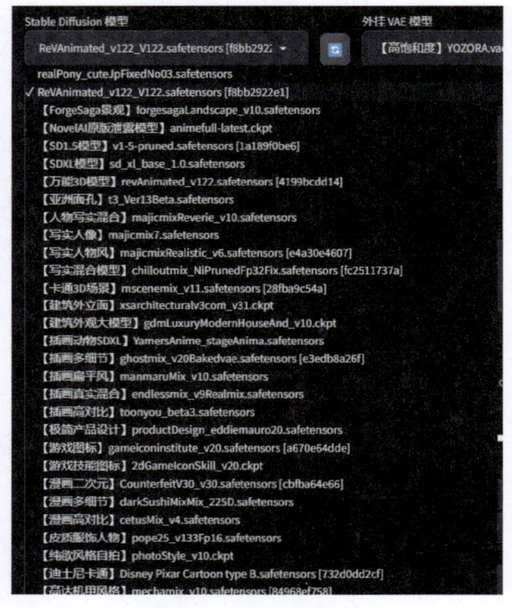

图 3.1.2　模型列表

1. Dreambooth

Dreambooth 模型专注于创造梦幻般的超现实图像，通过强调艺术性和抽象元素，为用户提供视觉上的吸引力和想象力。它生成的图像通常具有鲜明的色彩、独特的形状和幻想场景，深受艺术家、摄影师以及欣赏非传统和空灵美的人群的喜爱。

2. SD 1.5

SD 1.5 即 Stable Diffusion 1.5，是该系列的另一个版本。该模型能够生成高质量的图像，包括人脸、风景、物体等，并且可以通过引入条件信息实现风格迁移、图像修复等多样化的图像生成任务。它在图像生成的稳定性、细节处理、生成速度等方面进行了改进，提高了图像生成的质量和速度，适合追求高质量图像生成的用户。Stable Diffusion 1.5 不仅适用于图像生成，还可以应用于文本生成、音频生成等多个领域。图 3.1.3 所示是利用 Stable Diffusion 1.5 生成的一幅油画作品。

图 3.1.3　SD 1.5 生成的油画

3. 人物 majicmix realistic 麦橘写实模型

人物 majicmix realistic 麦橘写实模型专注于生成逼真的图像，更注重图像的真实感和细节，适合需要高度逼真视觉效果的应用场景。采用了先进的图像处理技术来增强生成图像的现实感。在明暗光影控制上表现得非常到位，能够很好地模拟光影在人物皮肤上的效果，使生成的图像具有较高的真实感，细致地展现人物特征，包括眼睛、神态、小雀斑、小痣等细节，甚至在男性人物的表现上，从肌肉到血管都显得非常真实。

在色彩和背景质感方面，麦橘写实模型表现更出色，尤其擅长处理饱和度高的颜色和图案，如鲜艳的衣服、花朵、金色首饰等。该模型具有良好的兼容性和可扩展性，可以方便地与其他面部 Lora 结合使用，丰富了生成的图像内容。麦橘写实模型在保持初代 majicmix 光影特点的基础上增加了真实感，同时保留了面部的基本美感，使生成的人物形象既具有艺术感又符合审美需求，如图 3.1.4 所示。采用了先进的深度学习技术，可以自动学习并提取图像中的特征，生成高质量的图像。模型具有良好的稳定性和可扩展性，在艺术创作、游戏设计、虚拟现实等领域有广泛的应用。

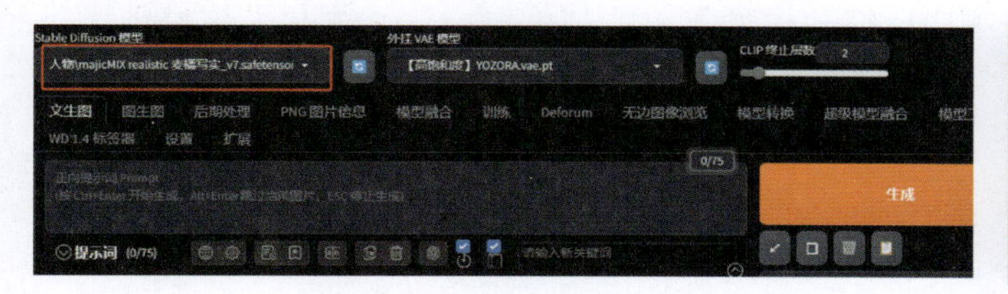

图 3.1.4　majicmix realistic 大模型生成的人物图片

3.1.2 功能模块区域

功能选项卡汇集了 Stable Diffusion 的各种功能，不同的整合包会有不同的选项卡。本书使用的 Stable Diffusion WebUI（秋葉大神制作）版本的选项卡界面如图 3.1.5 所示。位于界面中部的功能模块区域由多个选项卡组成，每个选项卡代表一个特定的功能模块。这些模块可能包含文生图、图生图、后期处理、PNG 图片信息、模型融合、训练、Deforum、无边图像浏览以及系统设置等。用户可以通过切换选项卡来访问并使用这些功能。

各选项卡的说明如下。

文生图：允许用户通过文字提示词生成图像。

图生图：结合图像和提示词生成图像。

后期处理：用于放大图像的分辨率，提高图像质量。

PNG 图片信息：导入 Stable Diffusion 生成的图像，以反推出可能使用的提示词。

图 3.1.5　选项卡界面

模型融合：允许用户对模型库进行合并和融合，以优化模型性能。

训练：提供训练功能，让用户能够训练自己的模型。

Additional Networks：集成 Lora 微调模型插件，增强模型的灵活性和表现力。

模型转换：支持将模型转换为 Checkpoint 格式，方便模型的保存和迁移。

图库浏览器：一个图像查看工具，便于用户浏览和管理图像库。

WD 1.4 标签器（Tagger）：从图像中反推并生成提示词，帮助用户理解图像生成背后的逻辑。

3.1.3 提示词输入区域

紧邻功能模块区域下方的提示词输入区域允许用户输入用于指导模型生成期望图像的提示词。该区域特别区分了正向和反向提示词，使用户能够更精确地控制生成图像的风格和内容，提示词对于生成图片有直接影响。

正向提示词是用户希望在图像中出现的元素或特征，如“雄伟的山脉”或“梵·高风格的星空”，它们可以是具体的物体、场景、动作或情感表达。反向提示词则用于排除不希望出现的元素，如“无人群的海滩”或“避免现代建筑”，它们帮助确保生成的图像符合用户的期望。

此外，软件可以提供权重设置功能，让用户指定哪些提示词更重要，从而影响模型的生成决策。生成图像后，用户可以提供反馈，软件根据这些反馈调整生成算法，以提高图像的满意度。通过不断的用户反馈和模型学习，软件可以逐步优化，更好地满足用户的创意需求。

3.1.4 相关参数配置区域

通常位于提示词输入区域下方。这一区域提供了丰富的可调节参数和选项，使用户能够实现对生成过程的精细控制。用户可以调整的参数包括但不限于以下几种：图像分辨率，这直接影响生成图像的清晰度和细节展现。生成步数决定了 AI 模型在生成图像时执行的迭代次数，步数越多，模型有更多机会细化图像的细节。批次大小涉及每次生成过程中同时处理的图像数量，这可以影响生成效率和资源分配。

此外，用户还可以根据需要调整其他高级参数，如 SEED 种子，这可以增加或减少图像的随机性，创造出更加多样化或平滑的视觉效果，以及图像的长宽比，以适应不同的展示需求或特定格式。提供预设的参数配置选项，供用户快速选择，如针对不同风格或主题的图像生成，预设一套优化后的参数组合。同时，用户可以保存和加载自己的参数配置，方便在未来的项目中重复使用。

3.1.5 图像生成预览区域

图像生成预览区域是用户交互体验中不可或缺的一部分，通常位于软件界面的底部或侧边，为用户提供了一个直观的平台来实时查看生成的图像效果。这个区域的设计旨在帮助用户快速评估生成图像的质量和风格，确保它们符合用户的创意愿景。

在图像生成预览区域，用户可以观察到 AI 模型根据输入的提示词和调整的参数实时生成的图像。预览功能不仅展示了图像的当前状态，还允许用户在生成过程中进行动态的微调。用户可以即时看到调整参数后的效果变化，如分辨率的提高、色彩的调整或是细节的增强，从而做出更加精确的调整。

为了提高效率，预览区域可以提供缩放功能，使用户能够细致查看图像的特定部分，检查细节是否符合预期。此外，预览区域还可以支持多图像对比视图，让用户同时查看多个生成版本，比较不同参数设置下的效果差异，选择最满意的结果。

用户若满意预览区域图像，可以选择保存或进一步编辑。如果需要重新生成，用户可以基于当前预览的反馈，调整提示词或参数设置，然后重新启动生成。

Stable Diffusion 的使用过程极为简便。用户只需输入一段描述性的文本，AI 便能在几秒内生成一张与之匹配的精美图片。接下来，通过一个简单的实例，指导大家如何快速制作出心仪的图片。

步骤 1：访问 CIVITAI 或者 Liblib 主页，在 images（图片）页面挑选一张喜欢的图片，并单击图片右下角的复制按钮。

步骤 2：操作后，会弹出一个包含图片信息的面板。单击 Prompt 旁的 Copy prompt（复制提示词）按钮，即可复制正向和反向提示词，粘贴到输入面板（图 3.1.6）。

图 3.1.6　输入提示词

步骤 3：将复制的提示词粘贴到 Stable Diffusion 的“正向提示词”（postive prompt）输入框中。同样地，复制 negative prompt（否定提示）并填入 Stable Diffusion 的“反向提示词”（negative prompt）输入框中。根据图片信息面板中的生成数据，对文生图的相应参数进行设置（图 3.1.7）。

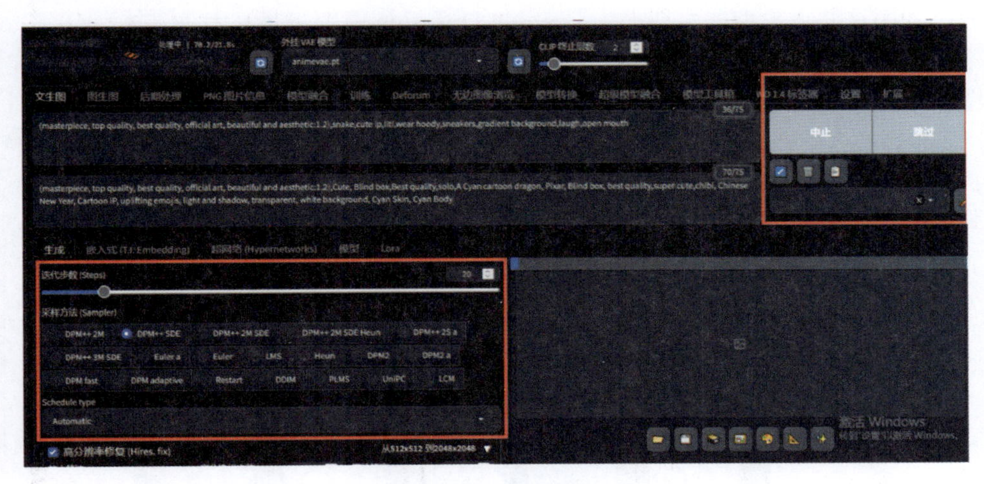

图 3.1.7　参数设置

步骤 4：单击“生成”按钮，即可快速生成相应的图像，效果如图 3.1.8 所示。由于使用了不同的主模型，生成的图像效果可能会有所差异。

图 3.1.8　生成的图片

3.2 Stable Diffusion 模型选择与管理

用户在安装完 Stable Diffusion 之后，都急切地想要尝试从网上找到提示词来生成图像。然而，所生成的图像与他人分享的成果大相径庭。差异的关键原因在于选择了不恰当的模型。在 Stable Diffusion 中，模型的选择对生成图像的质量起着至关重要的作用。不同的模型对应着不同的风格和细节处理能力，因此，选择合适的模型是获得理想图像的关键。

本节内容将介绍 Stable Diffusion 模型的基础知识，指导读者如何快速下载并安装多种模型，以满足个性化需求。帮助读者更精准地控制生成过程，从而得到更符合预期的图像。

Stable Diffusion 与其他 AI 绘画模型相比，最大的优势在于其开源特性。这一特性吸引了开源社区的众多贡献者，他们不断地为 Stable Diffusion 补充新的开源模型和扩展插件。

这些贡献极大地丰富了 Stable Diffusion 的功能，使其在图像生成领域变得更加强大和灵活。

3.2.1 认识 Stable Diffusion 中的大模型

在 Stable Diffusion 中，所谓的“大模型”指的是那些经过精心训练，旨在生成高质量、多样化和具有创造性图像的深度学习模型。这些模型通常构建在庞大的训练数据集上，并采用复杂的网络结构，使它们能够生成与输入条件紧密相关的各种风格和类型的图像。

大模型在 Stable Diffusion 的核心功能中扮演着至关重要的角色。它们强大的生成能力使用户能够创作出丰富多样的图像作品。例如，Stable Diffusion xl 或更高级版本的模型，它们不仅拥有更多的参数，还具备更加复杂的网络架构，这使它们能够输出细节更丰富、质量更高的图像。

通过利用这些大模型的生成能力，Stable Diffusion 能够满足从专业艺术创作到日常娱乐等不同场景的需求，为用户提供了一个强大而灵活的工具，以实现无限的创意可能。

图 3.2.1 所示为“Stable Diffusion 模型”文件夹内的模型资源，其中显示的是用户计算机中已经安装好的大模型，用户可以在 Stable Diffusion 模型下拉列表中选择想要使用的大模型。

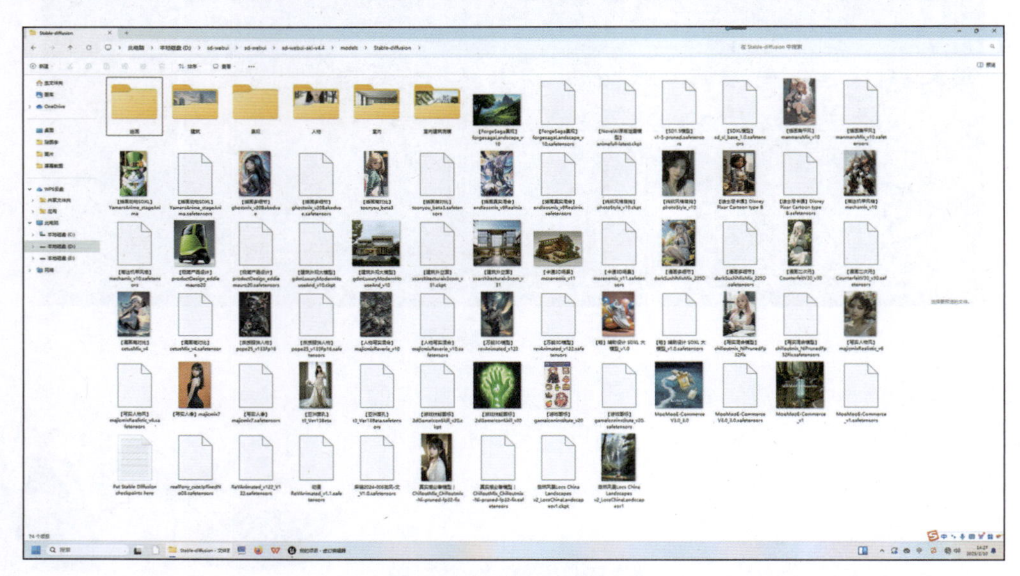

图 3.2.1　已经安装的大模型

大模型由于其庞大的参数量，具备强大的学习能力，能够捕捉并学习数据中复杂的模式和关系。这些参数赋予了模型更高的表示能力，使其能够生成更为复杂和精细的输出。然而，要充分利用这些参数，需要大量的训练数据，这不仅有助于避免过拟合，还能增强模型的泛化能力。图 3.2.2 所示为 Stable Diffusion 软件界面中显示的大模型界面。

图 3.2.2　Stable Diffusion 软件界面中显示的大模型

在 Stable Diffusion 的背景下，所谓的大模型，是指具有更复杂网络结构和参数设置的版本。这些版本虽然能够生成更高质量的图像，但同时也需要更多的计算资源和更长的生成时间。因此，在使用这些大模型时，需要在图像质量、生成速度和资源消耗之间做出权衡。

训练和运行大模型需要消耗相当多的计算资源，通常涉及高性能的 GPU 或 TPU，以及相应的内存和存储空间。模型的参数众多和处理大量数据导致训练时间较长，需要更多的时间来完成训练过程。但当有足够的数据和计算资源支持时，大模型往往能够实现更高的准确度，并在面对多样化的输入时展现出更好的可塑性。

为了提升大模型的训练效率和性能，通常需要采用复杂的优化策略和技术，例如正则化、批量归一化以及仔细选择优化器等。大模型通常具备执行多种任务的能力，能够通过微调来适应不同的应用场景。

值得注意的是，大模型的开发和维护成本相对较高，这不仅因为需要大量的计算资源，还可能涉及硬件投资。此外，大模型的训练和运行过程中会消耗大量的电力，这可能会对环境产生一定的影响。

选择不同类型大模型，提示词内容相同，参数设置系列相同，产生的最终效果会有所不同，图 3.2.3 所示为使用相同提示词、相同参数设置，由于大模型不同产生最终不同的图片效果。

图 3.2.3　不同类型大模型生成的图片

1. 下载并安装大模型

通常情况下，安装完 Stable Diffusion 之后，只有几个大模型可以使用，如果想让 Stable Diffusion 画出更多的图像类型，则需要安装更多的大模型。大模型又称为 chekpoint，文件扩展名通常为 safetemsors 或者 ckpt，其文件较大，一般在 3G～5G。

2. 绘世启动器大模型下载与安装模型的操作方法

（1）打开绘世启动器程序，在主界面左侧单击“模型管理”按钮，进入其界面，默认进入“Stable Diffusion模型”选项卡，下面的列表中显示的都是大模型，选择相应的大模型后，单击“下载”按钮，如图 3.2.4 所示。

（2）执行操作后，在弹出的命令行窗口中，根据提示按 Enter 键确认，即可自动下载相应的大模型，底部会显示下载进度和速度，如图 3.2.5 所示。

（3）大模型下载完成后，在“Stable Diffusion 模型”下拉列表框的右侧单击“刷新”按钮，即可看到安装好的大模型。

3. CIVITA、Liblib AI 大模型下载与安装模型的操作方法

除了通过绘世启动器下载大模型，用户还可以去 CIVITA、Liblib AI 等模型网站下载

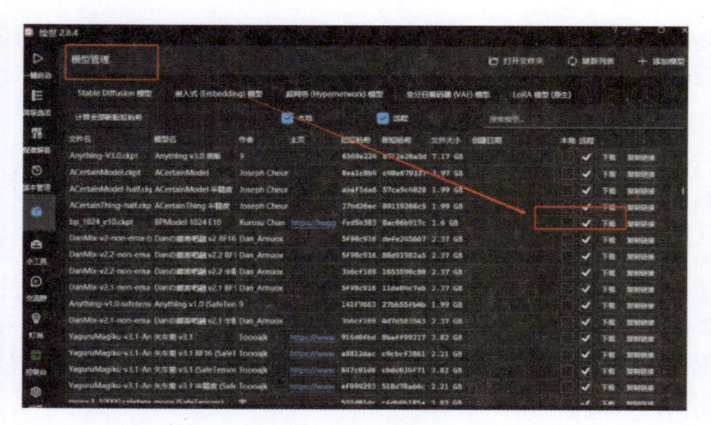

图 3.2.4 “Stable Diffusion 模型”选项卡

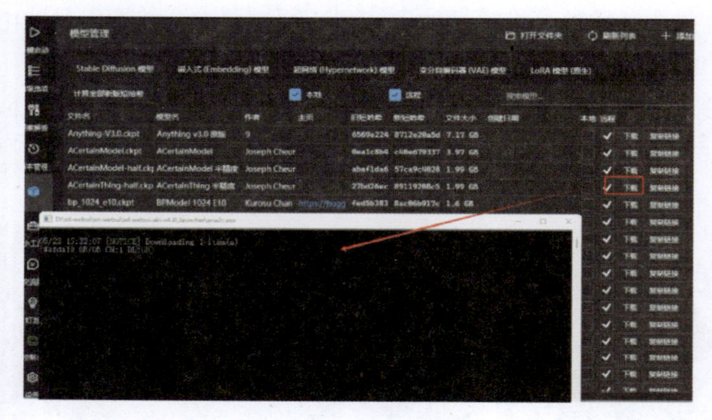

图 3.2.5 大模型下载

更多的模型。以 Liblib AI 网站为例，在“模型广场”页面中，可以根据缩略图来选择相应的模型，执行操作后，进入该模型的详情页面，单击页面右侧的“下载模型”按钮，如图 3.2.6 所示。

下载好模型后，将其放到对应的文件夹中，才能让 Stable Diffusion 识别到这些模型。将大模型放置在 sd-webui-aki\sd-webui-aki-v4\models\Stable-diffusion 文件夹中，如图 3.2.7 所示。

打开 Stable Diffusion 软件界面，在 Stable Diffusion 模型中下拉选择，就可以找到在 Liblib AI 网站下载好的大模型，表示大模型安装完成。

图 3.2.6 Liblib AI 中的大模型

4. 大模型的切换

Stable Diffusion 生成的图像质量好不好，归根结底就是看大模型好不好，因此要选择合适的大模型去绘图。切换大模型的操作方法如下。

进入 Stable Diffusion 的“文生图”页面，默认的大模型为【漫画二次元】CounterfeitV30_v30，输入相应的正向提示词和反向提示词，如图 3.2.8 所示。

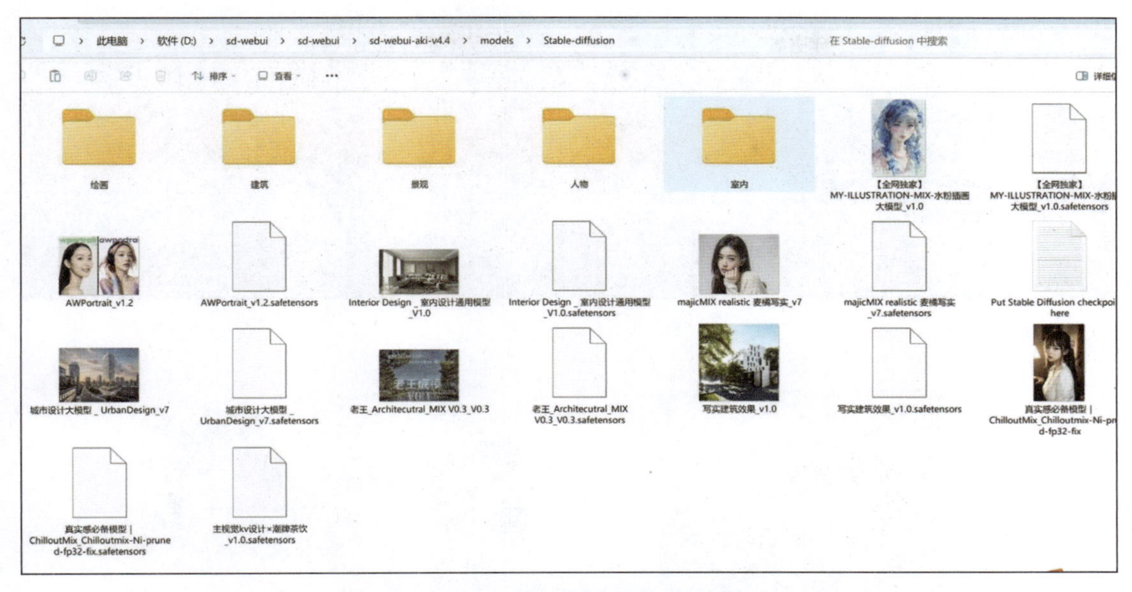

图 3.2.7　将大模型放置在模型文件夹内

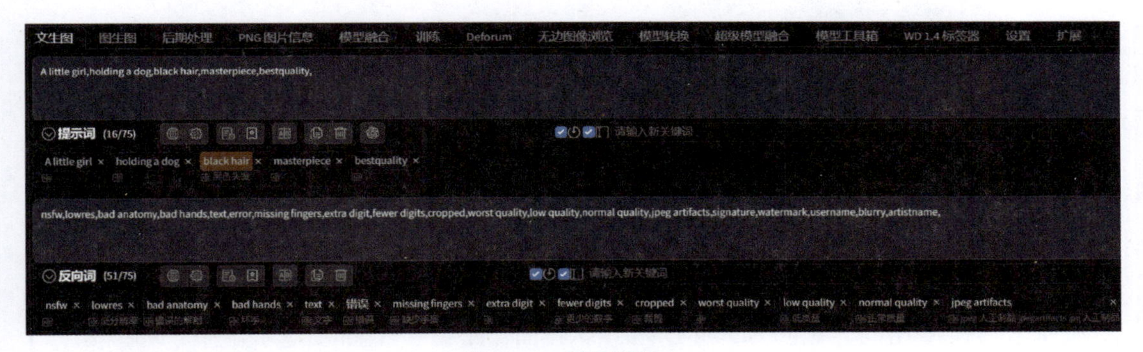

图 3.2.8　提示词输入

图 3.2.9　生成的图片

对生成参数进行适当的调整，单击“生成”按钮，即可生成与提示词描述相对应的图像，画面偏插画二维风格，效果如图 3.2.9 所示。

选择相应的采样方法，在“Stable Diffusion 模型”下拉列表中选择【迪士尼卡通】Disney Pixar Cartoon type B，如图 3.2.10 所示。注意，切换大模型需要等待一定的时间，用户可以进入“控制台”窗口中查看大模型的加载时间，加载完成后大模型才能生效。

大模型加载完成后，单击“生成”按钮，即可生成迪士尼动画风格的图像，效果如图 3.2.11 所示。即使是完全相同的提示词，选择的大模型不一样，生成的图像效果也不一样。

实践操作：首先从 CIVITA 或者 Liblib AI 网站找到一个适合自己的素材，单击进入模型详细信息，单击“下载”按钮下载，具体情况如图 3.2.12 所示。将下载好的模型放置在

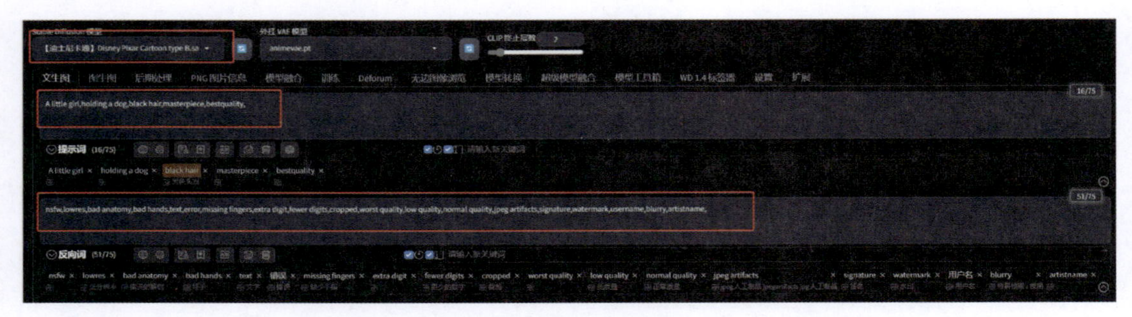

图 3.2.10　更改大模型

图 3.2.11　更改后生成图片

图 3.2.12　下载模型

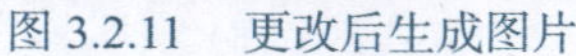

D:\ProgranFiles stable-diffusion-webui\models 文件夹内，最终效果如图 3.2.13 所示。

从网上或者自己选择一个适配模型主题的图片，放置在与模型同一个文件夹内（D:\ProgranFiles stable-diffusion-webui\models）。

选择模型，右击，复制模型的命名信息，将模型的信息复制到图片中，重新命名，图片命名与模型相同。刷新 Stable Diffusion 界面，最终模型图片显示出来，如图 3.2.14 所示。

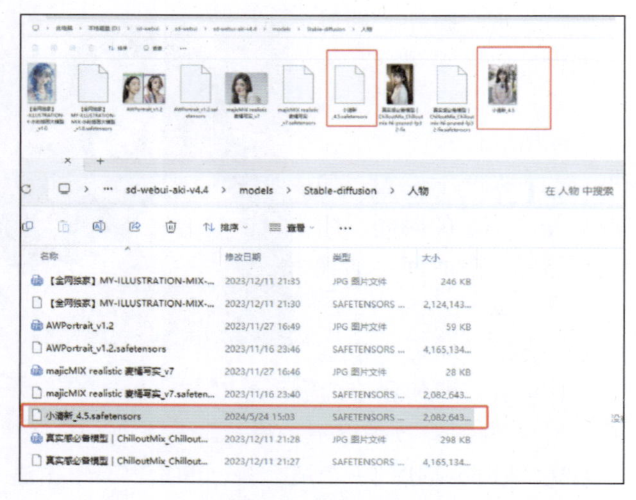

图 3.2.13　存储在文件夹内

图 3.2.14　模型适配的图片

在 Stable Diffusion 中显示模型效果缩略图：用户可以在对应模型的文件夹中放一张该模型生成的效果图，然后将图片名称与模型名称设为一致，这样在 Stable Diffusion 的模型菜单中即可看到对应的缩略图。

3.2.2 认识 Stable Diffusion 中的 Lora 小模型

Lora 即 Low-Rank Adaptation，是一种用于微调大型 AI 模型的技术。在 Stable Diffusion 的上下文中，Lora 模型允许用户通过微调来改变生成图像的风格和特征，而不需要重新训练整个模型。这种技术通过在模型的特定部分引入低秩矩阵来实现，从而减少了所需的计算资源和存储空间。

作为 Stable Diffusion 中广受欢迎的微调模型，专门设计用于解决大型语言模型的微调难题。它通过训练低秩矩阵来调整大型主模型，实现画面风格或角色的个性化定制。Lora 技术的优势在于其能够冻结预训练模型的权重，同时在每个 Transformer 块中注入可训练的层——这些层被称为秩分解矩阵。这种方法显著减少了模型训练时所需的可训练参数数量和 GPU 显存需求，因为大部分模型权重在训练过程中不需要计算梯度。

图 3.2.15 所示为“Stable Diffusion 模型”文件夹内的 Lora 模型资源，其中显示的是用户计算机中已经安装好的 Lora 模型，用户可以在 Lora 模型列表中选择想要使用的大模型。

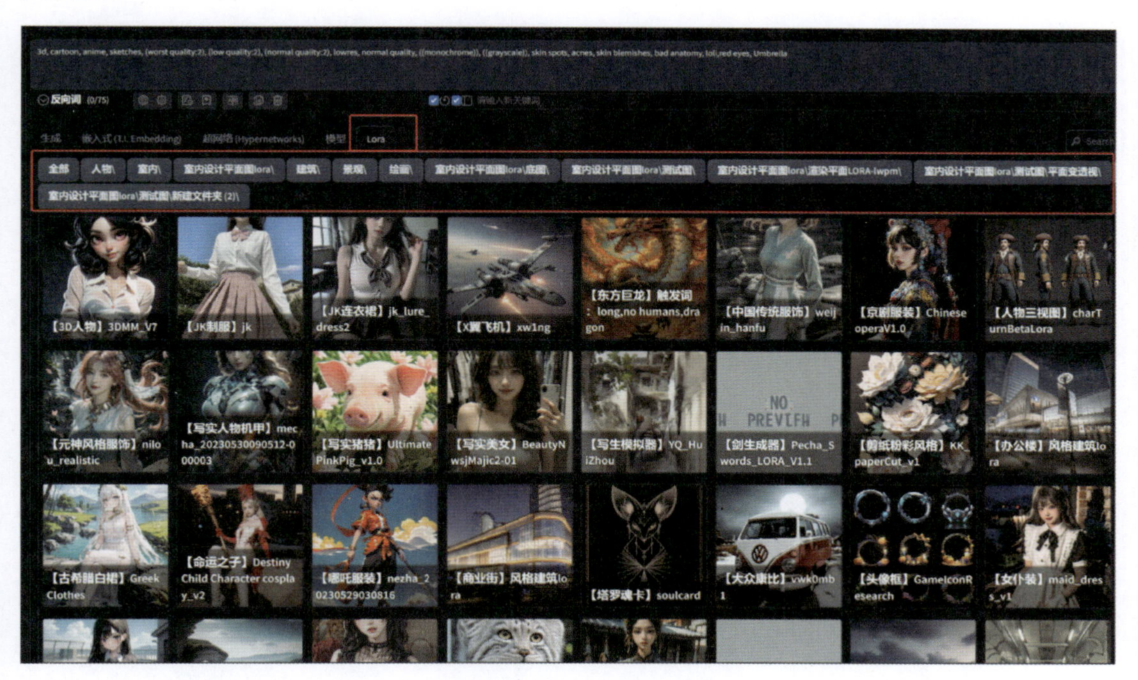

图 3.2.15　Lora 小模型

Lora 模型的主要特点是轻量级和高效，通常只有基础 Stable Diffusion 模型大小的 1%～10%，这使下载和训练过程更加快速和便捷。此外，Lora 模型专门设计用于调整图像的特定方面，如色彩、构图和形态，为用户提供了更大的灵活性和控制力。

使用 Lora 模型进行微调，可以显著减少训练所需的参数数量，从而降低显存占用和计算量。训练过程也更加迅速，通常只需要少量的训练数据（甚至一张图片）和较短的训练时间。此外，Lora 模型能够在保持 Stable Diffusion 模型原有能力的同时，学习并优化特定特征。这不仅意味着训练过程更加迅速，也使模型能够在更短的时间内达到预期效果。

Lora 模型在微调过程中能够很好地保持基础 Stable Diffusion 模型的原有能力，因此它们在获得新特征的同时，并不会损失在原始模型上训练得到的强大图像生成能力。这种能力使 Lora 模型非常适合用于个性化和创新性的艺术创作，用户可以通过微调来探索新的视觉效果，而不必担心破坏已有的图像质量。随着 AI 技术的不断发展，Lora 模型有望在图像生成和艺术创作领域扮演越来越重要的角色。

1. Lora 模型实践方向

Lora 模型可以应用于多种 AI 绘画领域，包括但不限于写实绘画、动漫风格、3D 渲染、中国传统艺术、游戏美术、插画创作、建筑设计可视化、机甲设计、摄影后期处理和图像细节增强等。这为用户提供了广泛的创作可能性。

Lora 模型定制特定的人物，这是 Lora 目前应用最广泛的功能。训练完成的 Lora 模型可以用于生成具有特定人物特征的图像。在 Stable Diffusion 模型中加载 Lora 模型的权重，并提供相应的文本提示，即可生成具有定制特征的人物图像。图 3.2.16 所示为 Lora 微调模型生成的人物形象。

图 3.2.16　Lora 小模型为 Lora 微调模型定制生成图片

Lora 模型定制动漫风格：动漫风格的图像通常具有鲜明的色彩、夸张的表现手法和特定的人物设计。通过训练 Lora 模型，可以使其学习并掌握动漫风格的特征，例如大眼睛、尖下巴的人物造型，或者特定的光影效果和色彩搭配。在微调过程中，可以通过提供大量动漫风格的图像作为训练数据，让 Lora 模型学习并内化这些风格元素，从而在生成新图像时能够重现或模仿这种风格。图 3.2.17 所示为 Lora 微调模型生成的人物形象。

插画创作往往需要独特的艺术风格和创意表达。Lora 模型可以针对插画师的个人风格或者特定的插画流派进行训练。Lora 模型可以通过学习这些特征并在生成图像时应用它们，从而辅助插画师创作出与其风格一致的作品。

图 3.2.17　Lora 小模型为动漫 Lora 微调模型定制生成动漫风格图片

在建筑设计领域，可视化是一个重要的环节，它帮助设计师和客户更直观地理解建筑的最终形态。Lora 模型可以被训练来理解和生成特定的建筑风格，如现代主义、哥特式或未来派等。通过微调，Lora 模型能够捕捉建筑设计的关键视觉元素，如建筑的线条、形状、材料质感和环境融合等，并在生成图像时提供高质量的建筑可视化效果，如图 3.2.18 所示。

图 3.2.18　Lora 小模型为 Lora 模型定制生成建筑图片

摄影后期处理是对拍摄完成的照片进行色彩调整、对比度优化、细节增强等操作的过程。Lora 模型可以被训练来模拟特定的后期处理效果，如复古滤镜、黑白效果或者特定的色彩分级，如图 3.2.19 所示。通过学习一组具有特定后期效果的图像，Lora 模型可以在新的摄影作品中应用这些效果，从而加快后期处理流程，或者为摄影师提供新的创意工具。

图 3.2.19　Lora 小模型为 Lora 模型定制生成摄影作品图片

Lora 模型的使用需要注意以下两点。

（1）Lora 模型标签。遵循 <lora:Lora-FILENAME:WEIGHT> 这样的语法，其中 Lora-FILENAME 是要用到的 Lora 模型的文件名（不包含后缀名），WEIGHT 则是设置模型的权重。

（2）Lora 模型触发词。有的 Lora 模型需要特定的触发词才能激活，例如，realisticVisionV200_v20 模型的触发词就是 archmodel, depth of field, real world background, road, tree, wood。这意味着触发词需要与匹配的 Checkpoint 模型一起使用。

2. 下载并安装 Lora 模型

Civitai 和 Liblib AI 网站上汇集了许多 Lora 微调模型，它们各具特色，为用户提供了丰富的选择，从定制喜爱的人物形象到创造令人赞叹的艺术风格，Lora 都能满足。用户甚至可以根据自己的喜好，训练专属于自己的 Lora 模型，这使 Lora 成了 Stable Diffusion 中不可或缺的重要组成部分。图 3.2.20 所示为 Liblib 网站的 Lora 模型。

图 3.2.20　Liblib 网站的 Lora 模型

在使用 Lora 之前，需要设置 Lora 的目录，以避免模型目录在不同位置导致重复复制 Lora 微调模型的问题。打开设置选项卡，进入 AdditionalNetworks，将目录设置为 D:\ProgranFiles stable-diffusion-webui\models\lora。请注意，这里 D:\Program Files\ 是编者的 Stable Diffusion 软件的安装位置，读者需要根据自己的安装目录进行相应的设置。

保存设置后重启系统，Lora 微调模型的目录设置将会被修改，如图 3.2.21 所示。

3. Lora 模型的添加

Lora 模型专门设计用于调整图像的特定方面，如色彩、构图和形态，为用户提供了更大的灵活性和控制力。Lora 模型为人物添加衣服质感的操作方法如下。

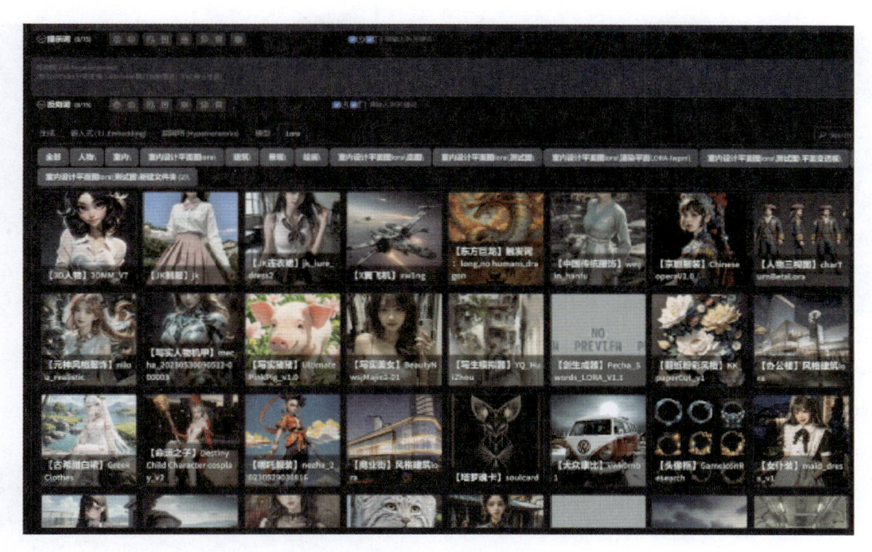

图 3.2.21　Lora 在 Stable Diffusion 显示

进入 Stable Diffusion 的“文生图”页面，大模型选择【插画高对比】toonyou_beta3，输入相应的正向提示词和反向提示词，如图 3.2.22 所示。

图 3.2.22　提示词输入

对生成参数进行适当的调整，效果如图 3.2.23 所示。

图 3.2.23　根据大模型和提示词生成的人物

对生成效果进行适当的调整，单击 Lora 按钮，再添加选择需要的 Lora 的模型【镭射衣服饰】LASER-V1.lora 模型（权重设置为 0.9），加载模型。

Lora 模型加载完成后，单击“生成”按钮，即可生成 Lora 风格的图像，效果如图 3.2.24 所示。即使是完全相同的提示词，添加的 Lora 模型不一样，生成的图像效果也完全不一样。

图 3.2.24　Lora 模型修改人物衣服质感

4. Lora 模型的缩略图制作

从 Civitai 和 Liblib AI 网站找到一个适合自己的素材，单击进入模型详细信息，单击“下载”按钮下载。图 3.2.25 所示为下载模型。下载完成后，将下载好的模型放置在 D:\sd-webui\sd-webui\sd-webui-aki-v4.4\models\Lora 文件夹内。

图 3.2.25　下载模型

选择适配模型的照片：从网上或者自己选择一个适配模型主题的图片（图 3.2.26），放置在与模型同一个文件夹内。

命名和刷新：选择模型，右击，复制模型的命名信息，将模型的信息复制到照片中，进行重新命名，照片命名与模型同一个名称。刷新 Stable Diffusion 界面，最终模型图片显示出来，最终效果如图 3.2.27 所示。

图 3.2.26　适配图片

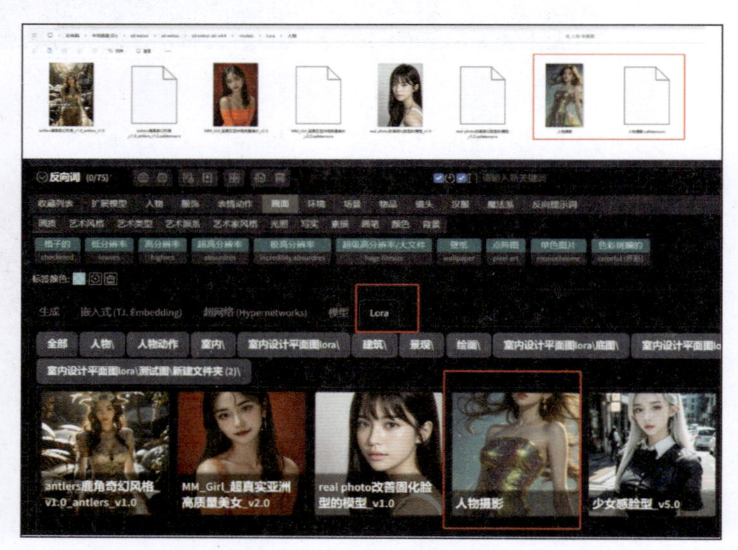

图 3.2.27　模型图片显示

用户可以在对应模型的文件夹中放一张该模型生成的效果图，然后将图片名称与模型名称设为一致，这样在 Stable Diffusion 的模型菜单中即可看到对应的缩略图。

3.3 提示词原理概述

Stable Diffusion 是一种基于扩散模型（diffusion model）的图像生成技术。它通过将文本提示转换成图像，实现了从文本到图像的转换。提示词（prompt）是 Stable Diffusion 绘画的基础，输入文本信息转化为图像。这一过程就像魔法师念动咒语，咒语质量的好坏影响魔法呈现的效果，所以对于提示词的运用有以下几个关键词。

1. 提示词分类

提示词分为正向提示词与反向提示词两种。

正向提示词：用于描述在生成图像时应该包含的元素或特性的词语或短语，位置如图 3.3.1 所示。

图 3.3.1　正向提示词界面

反向提示词：用于指导 AI 模型在生成图像时避免或排除某些不希望的元素或特性。位置在正向提示词输入框下方，如图 3.3.2 所示。

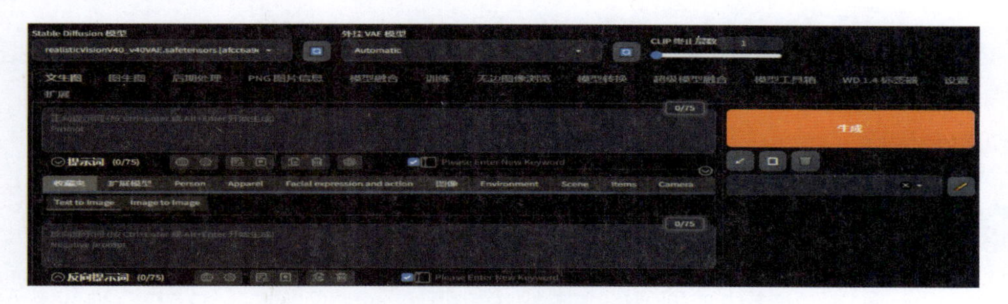

图 3.3.2　反向提示词界面

2. 提示词的类型

提示词包括场景、视角、环境、构图等不同的类型，不同的提示词可以组成不同的画面效果图，如图 3.3.3 所示。

3. 提示词的输入规范

提示词通常要求使用英文输入，并且遵循一定的格式规范。这是因为这些模型在训练时通常是基于英文文本和对应的图像数据集进行的。Stable Diffusion 提示词的一些基本格式规范需要使用者注意。

英文输入：提示词必须使用英文单词或短语。

逗号分隔：不同的词组或概念之间使用英文逗号分隔。这有助于模型理解每个独立的元素，并在生成图像时考虑它们。

类别 (Category)	描述 (Description)	示例 (Example)
基础与详细程度 (Basic & Detailed)	基础描述: Basic Description	医生的白大褂: Doctor' s White Coat
	详细描述: Detailed Description	带有裤子的白色护士服: White Nurse Uniform with Pants
人物相关 (People Related)	动作姿势描述: Pose Description	双臂张开: Arms Outstretched
	表情控制描述: Expression Control Description	微笑: Smile
	发型描述: Hairstyle Description	长直发: Long Straight Hair
艺术风格 (Artistic Style)	艺术家风格描述: Artistic Style Description	梵高风格: Van Gogh Style
	插画风格描述: Illustration Style Description	卡通风格: Cartoon Style
情感与情绪 (Emotions)	正面情绪描述: Positive Emotion Description	快乐: Joy
	负面情绪描述: Negative Emotion Description	悲伤: Sadness
场景与环境 (Scenes & Environments)	自然景观描述: Natural Scene Description	日落: Sunset
	城市景观描述: Urban Scene Description	城市天际线: City Skyline
颜色与光影 (Colors & Lighting)	颜色描述: Color Description	红色: Red
	光影效果描述: Lighting Effect Description	阴影: Shadow
技术与效果 (Techniques & Effects)	画质标签描述: Video Quality Description	4K
	艺术效果描述: Artistic Effect Description	油画: Oil Painting
构图与视角 (Composition & Perspective)	镜头视角描述: Camera Perspective Description	超广角: Ultra-Wide Angle

图 3.3.3　不同的提示词可以组成不同的画面效果图

权重调整：通过在词组前添加冒号和数字（如 concept:1.5），可以为特定的概念设置权重。权重决定了模型在生成图像时对该概念的重视程度。

避免重复：尽量避免在提示词中重复使用相同的词组或概念，除非有意强调它。

保持简洁：尽管可以在提示词中包含许多细节，但保持简洁通常有助于模型更好地理解用户的意图。

注意语法和拼写：虽然模型可能在一定程度上容忍语法错误或拼写错误，但保持正确的语法和拼写通常有助于提高生成图像的质量。

4. 提示词与生成图像的关系

提示词是生成图像的指导，但最终的生成结果还受到模型本身的能力、训练数据以及随机噪声等因素的影响。因此，在使用提示词时，需要考虑到这些因素，并根据实际情况进行调整和优化。

3.3.1 正向提示词

正向提示词是指需要生成图像的文本描述。例如，想要绘制一个穿着旗袍的美女在镜子前拍照，可以将这句话扩展成以下提示词。

主要部分为：穿着旗袍的女性，优雅的姿态，旗袍图案复杂和鲜艳色彩。同时，为了强调面部特征、妆容的加持，可以继续添加：亚洲面孔、素雅淡妆、手持相机，现代摄影，中景。最后希望生成的图像具有高度的真实感和丰富的细节，可以添加：高清画质，大师级作品，丰富的细节，真实的光照，真实的质感，8K，电影级镜头。

再用英文翻译一下，就得到以下词汇：women wearing cheongsam, elegant posture, cheongsam pattern complex and bright colors, women squatting in front of the mirror, Asian face, simple and elegant makeup, handheld camera, modern photography, medium shot, high-definition picture quality, master works, rich details, real lighting, real texture, 8K, movie grade lens。

将以上英文输入正向提示词的图框中，注意每个短语之间需要用逗号隔开，如图 3.3.4 所示。单击“生成”按钮，静待运算逻辑完成，最终生成图片，如图 3.3.5 所示。

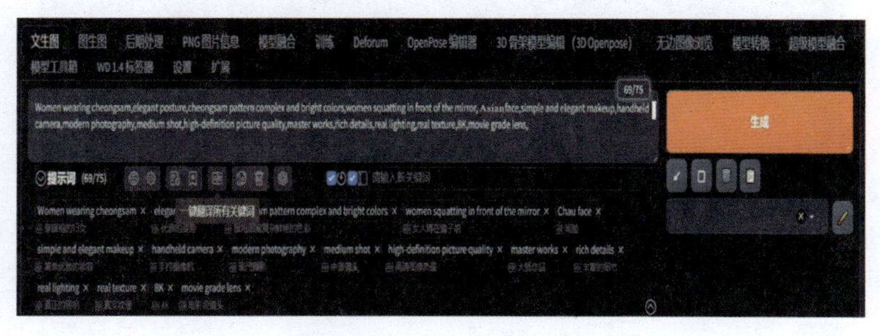

图 3.3.4　提示词输入示例

图 3.3.5　AI 生成图片

3.3.2 反向提示词

AI 绘图最大的问题是会出现很多随机的情况，会出现稀奇古怪的部分，如多余的手指和腿、混乱的结构等。Stable Diffusion 中的反向提示词是用来描述不希望在所生成图像中出现的特征或元素的提示词。反向提示词可以帮助模型排除某些特定的内容或特征，从而使生成的图像更加符合用户的需求。

下面在上一例效果的基础上，输入相应的反向提示词，对图像进行优化和调整。图 3.3.5 所示画面颜色过于艳丽，想把色调调得素雅一点，具体操作方法如下。

除了颜色，不想在图片里面出现以下内容：低质量的画面、人体比例崩坏、多余的手指等情况。

输入：颜色素雅，NSFW，最差质量，低分辨率，崩坏的人体比例，非正常画面质感，皮肤斑点，丑陋，残缺变异的手，多余的四肢，缺胳膊，多余的腿。

英文翻译为：plain color, NSFW, worst quality, lowres, broken body proportions, abnormal picture texture, skin spots, ugliness, mutilated hands, extra limbs, missing arms, extra legs。

将其输入反向提示词图框内，如图 3.3.6 所示。单击“生成”按钮，等待生成图片结束，最终生成图片如图 3.3.7 所示。

图 3.3.6　正向、反向提示词示例

图 3.3.7　AI 生成人物图片

新生成画面在之前画面基础上改变了旗袍、周围环境的色彩，从比较艳丽的画面变为较为素雅的颜色。可以根据这一规律，在后面的生图中将不想要的物体、建筑、人物等都写在反向提示词里，以便能更好地生成出与自己意向符合的图像，进而增加画面的质量。

反向提示词的编写需要根据生成图片来进行实时调整，但也有通用的提示词可以在一开始就加入进去，这样能更好地提高效率和画面质量，如图 3.3.8 所示。

反向提示词	描述
worst quality	减少图像的低质量特征，避免图像看起来粗糙或模糊
low quality	类似 worst quality ，但可能涵盖的范围更广
normal quality	避免图像质量的正常化或标准化，确保图像质量更高
lowres	避免图像分辨率降低，确保图像清晰
bad anatomy	减少或避免人体解剖结构的不正确或不合逻辑的渲染
bad hands	避免手部特征的错误渲染
nsfw	避免生成不适宜在工作场所查看的内容
watermark	确保生成的图像不包含水印
monochrome	避免图像以单色形式渲染
grayscale	避免图像以灰度形式渲染
color	在某些情况下，可能用于减少或避免特定的颜色特征
text	避免图像中包含文字或文本
error	避免图像中出现错误或异常
missing fingers , extra digit	确保生成的图像中人体部分或元素完整且准确
权重	反向提示词通常可以配合权重使用，如 (badhandv4:1.4) ，权重越高，影响越大

图 3.3.8　不同提示词使用方法展示

3.4 提示词书写语法

Stable Diffusion 的提示词是一个或一组特定的文本指令，用于指导 Stable Diffusion 这类深度学习图像生成模型生成特定内容、风格或特征的图像。提示词定义了用户想要生成图像的期望，包括但不限于图像的主题、风格、色彩、情感、细节特征、构图等元素。

在定义 Stable Diffusion 的提示词时，可以考虑到以下几个方面。

主题性：提示词应明确指出生成图像的主要对象或场景，如“日落”“城市夜景”。

风格性：可以指定图像的艺术风格或视觉风格，如“梵・高风格”“赛博朋克”。

色彩性：指定图像的主要色彩或色彩搭配，如“暖色调”“黑白”。

情感性：描述图像的情感或氛围，如“宁静”“神秘”。

细节性：提供图像中应包含的具体细节，如“一只微笑的猫”。

构图性：指定图像的布局或构图，如“三分法构图”。

技术性：可能包括对图像质量、分辨率或输出格式的要求。

排除性：明确指出不希望出现在图像中的元素或特征。

上下文性：在某些情况下，提示词可能需要包含上下文信息，以帮助模型理解生成图像的背景。

创造性：提示词可以是创造性的，鼓励模型生成独特的、新颖的图像。

例如，一个完整的 Stable Diffusion 提示词可能是：“一个穿着古典服装的女士，坐在维多利亚时代的图书馆中，周围是书架和古老的油画，整个场景笼罩在柔和的黄色灯光下，给人一种温馨而神秘的感觉，高分辨率，适合打印成海报。”

这个定义强调了提示词在指导图像生成过程中的作用，以及如何通过不同的维度来丰富和细化生成的图像内容。

3.4.1 提示词书写公式

提示词的结构：画面 + 主体 + 描述；场景 + 物品描述；画风描述 + 画质提升词；Lora,（如果有的话）；负面词。

撰写公式为：设定 + 主体 + 风格。提示词书写公式示例见表 3.4.1。

表 3.4.1　提示词书写公式示例

设定	画质	8K，高清，超清画质，CG，渲染，电影级氛围……
	镜头	全身，远景，近景，四分之一侧面，中景，俯瞰……
	灯光	自然光，霞光，LED 灯光，丁达尔现象，柔光，白炽灯光……
	构图	居中，三分，一点斜透视，两点透视，横幅，16∶9……
主体	谁	一个可爱的女孩，一个男孩，一条狗……
	在哪里	雪山草丛，在室内空间，背景在森林里，背景在海滩边……
	何时	夏天的夜空，傍晚，初秋的早上，初春的下午……
	干什么	跳着舞蹈，奔跑，在拿着笔，正在写作业……
风格		科幻风格，中国风，可爱卡通，水墨插画……

注意：提示词与提示词之间用逗号隔开，并且一定是英文逗号；提示词可以换行，但每行的结尾也要加英文逗号；每个提示词默认权重是 1，但是提示词越靠前分配的权重会越高；提示词总数控制在 75 词以内。

例如：living room, sofa, venetian blinds, table, micro-cement ceiling, wood flooring, modern chandelier, 16K, HDR, realistic, natural light。

如图 3.4.1 和图 3.4.2 所示，其提示词如下。

图 3.4.1 效果图实践 1

图 3.4.2 效果图实践 2

主体：（小空间：1.5），室内，公共活动空间，（艺术形式的柱式：1.3），艺术柱子，曲线天花板，（橱柜：1.2），（艺术装饰，长凳，沙发），艺术吊灯，丰富的灯光效果，摆满书籍和装饰品的书架，苏州园林风格的装饰，反光木地板，百叶窗，艺术，优雅，充满震撼的力量。

风格：现代风格。

设定：高清画质，大师级作品，真实感，令人震撼的画面，8K，真实材质，丰富的细节，电影级氛围感。

3.4.2 画面语法解析

提示词的画面语法通常指的是在生成文本、图像或其他形式的创意内容时，用于指导 AI 生成特定风格或内容的指令或关键词。这些提示词可以是具体的描述、风格要求、主题元素等，它们可以帮助 AI 更准确地理解设计者的意图，并生成符合预期的结果。

1. 画质和风格

AI 提示词中的画质和风格是两个不同的概念，它们分别影响生成内容的视觉效果和艺术表现。

在 AI 提示词中表述画质，通常是指描述生成图像或视频的清晰度、分辨率、色彩质量等视觉特征。以下是一些常见的画质描述，用于指导 AI 生成特定视觉效果的内容。

高清晰度：图像或视频具有很高的细节水平，没有模糊或失真。例如：“高清晰度，细节丰富，无模糊”。

高分辨率：图像或视频具有较高的像素密度，通常用 4K、8K 等来表示。例如：“4K 分辨率，清晰细腻”。

超高清：比标准高清更高质量的图像或视频。例如：“超高清画质，细节精致。”

艺术风格描述：CG、二次元、3D 渲染、海报、真人照片、油画、水墨画等。

构图镜头描述：画面中人物的占比，是半身像还是全身像，正面、俯视还是侧面等。

光线或色调描述：自然光线、聚光、背光、鲜艳、暗淡、冷色调或暖色调。

使用这些画质描述作为 AI 提示词的一部分，可以帮助 AI 更准确地理解并生成符合用户期望的视觉效果。

图 3.4.3 所示为使用画质和风格提示词生成人物图像。

图 3.4.3　AI 使用画质和风格提示词生成人物图像

正向提示词：最佳质量，杰作，高分辨率，逼真的照片效果，暗室摄影，高清画质，8K，柔和的光线，体积光照明，真实自然的摄影，背景虚化，远景一个女孩，发饰，项链，珠宝，美丽的脸庞，半身像，泰因德尔效应，边缘光照明，双色照明，长发，蓝色的眼睛，典雅，优雅，电影氛围感。

反向提示词：(低质量：2)，(正常质量：2)，低分辨率，多余的眼睛，糟糕的手，混乱的肢体，分割，割裂，混乱。

2. 画面内容

画面内容包括主体和环境。以人物为例，主体的描述通常包括以下两个方面：特征、姿势。特征描述通常包括人的五官、年龄、皮肤、毛发、服饰及其他装饰细节特征等，如白色裙子、黄色裙子、黑色裙子等（图 3.4.4）。

姿势：即主体的动态，如坐姿、立姿、跑步等，图 3.4.5 所示为不同姿势提示词生成的图片。

图 3.4.4　AI 生成人物特征图像

图 3.4.5　AI 生成人物姿势图像

画面内容中的环境通常是指 AI 在进行图像识别、场景理解或生成图像时所涉及的背景或场景。这可以包括自然景观、城市环境、室内场景等。AI 通过分析图像中的特征、对象和它们之间的关系来理解或生成相应的环境内容，图 3.4.6 和图 3.4.7 所示为生成的图书馆空间图像。

图 3.4.6　AI 生成图书馆空间图像 1

图 3.4.7　AI 生成图书馆空间图像 2

3.4.3 提示词权重解析

1. 提示词的顺序

提示词的顺序可以理解为提示词在生成图像过程中的逻辑优先级，不同的顺序可能会影响模型对提示词的解释和图像生成的结果。一般来说，越靠前的提示词权重越大，越能影响图像生成。如图 3.4.8 所示，提示词中“猫”和“高墙”的顺序不同，生成的构图也完全不同。

（a）high walls, cat　　（b）cat, high walls

图 3.4.8　提示词中“猫”和“高墙”的顺序不同，生成的构图不同

2. 括号的作用

在 Stable Diffusion 中的默认情况下，关键词的权重系数为 1。括号用于调整提示词的权重，从而影响生成图像的特征，不同类型括号有不同的作用。

（1）小括号：用来增加提示词的权重。每增加一层小括号，提示词的权重会相应增加 1.1 倍。加 *N* 层括号代表增加原始权重 1.1 倍的 *N* 次方。

如：(keyword)，权重增加到默认的 1.1 倍。

((keyword))，权重增加到 1.1 的平方倍，即 1.21 倍。

（2）中括号：用来降低提示词的权重。与小括号相反，每增加一层中括号，提示词的权重会相应减少到默认的 0.9 倍。加 *N* 层括号代表增加原始权重 0.9 倍的 *N* 次方。

如：[keyword]，权重减少到默认的 0.9 倍。

[[keyword]]，权重减少到 0.9 的平方倍，即 0.81 倍。

此外，“关键词:*N*”的格式可直接指定关键词的权重，*N* 为一个数字，代表该关键词的权重为原始权重的倍数。数值范围通常在 0.1～100，数值低于 1 表示降低权重，高于 1 表示增加权重。

不建议设置权重超过 2 倍，这极可能导致画面过于不稳定或画质急剧降低。

例如，如果想要生成一个图像，其中包含蓝头发和红头发，但希望蓝头发更加突出，可以设置权重：“blue hair:0.7”，如图 3.4.9 所示。

3. a AND b 关键词混合

关键词混合，使用 AND 或 | 可以把两个提示词连接起来，表示这两个元素会交替出现，达到融合的效果。图 3.4.10 所示为使用下列提示词生成的图像。

正向提示词：8K, masterpiece, highly detailed, highest puality, durian AND persimmon。

图 3.4.9　突出蓝色头发的图像

中文：8K，杰作，画面精细，最高画质，榴莲和柿子。

4. a | b 关键词平衡

在提示词中使用“a | b”模式，通常表示用户想要在生成的图像中包含两种不同的特征或元素，并且这两种特征在生成过程中具有某种程度的平衡或选择性。这里的“|”符号可以被理解为“或”（OR）的意思，但具体如何解释和应用这种模式，取决于模型的具体实现和用户的具体需求。

例如，“rhino | horse”的意思是交替画出犀牛和马，绘画出包含这两种动物特征的形象，如图 3.4.11 所示。

图 3.4.10　榴莲 AND 柿子结合生成图

图 3.4.11　提示词 rhino | horse 生成图

3.5 采样方法

Stable Diffusion 通过模拟物理过程中的“扩散”现象来生成图像。整个生成过程开始于一个充满随机噪声的图像，然后通过算法逐步去除噪声，恢复出清晰的细节。每一步中，系统都会生成一个中间图像，并与输入的提示词进行比较，调整图像以更好地匹配这些提示词。采样方法在这个过程中起到关键作用，它决定了如何一步步地去除噪声，添加细节，直到生成符合提示词的图片。

Stable Diffusion 的采样方法有很多，如图 3.5.1 所示，这里介绍几款场景采样方法。

Euler：简单快速，适合初步预览或生成草图，适用于插画、漫画风格图像。

Euler a：采样器因其简单性而运行速度较快，适合需要快速预览结果的场景。

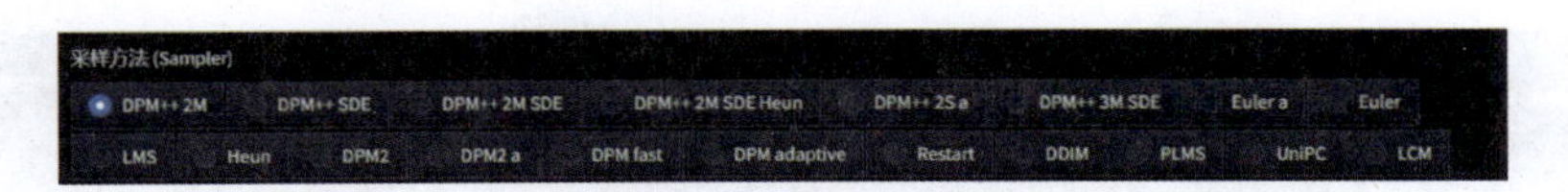

图 3.5.1　采样方法示意

Heun：比 Euler 更精确，但速度稍慢，适合需要一定细节和清晰度的图像，如中等复杂度的插画。

LMS：准确性高但速度较慢，适合需要高清晰度和细节的图像，如专业插画或艺术作品。

DPM++ 2M：生成速度快，图像质量高，适合高质量的艺术作品、复杂的场景和人物。

DPM++ SDE：生成的图像质量优秀，但计算速度较慢，适合需要极高细节和真实感的图像，如逼真的风景画或肖像。

DPM++ 2M SDE：结合了 2M 和 SDE 的优点，生成高质量的图像，适合需要高质量和细节的复杂图像，如精细的艺术作品。

UniPC：通过统一预测器和校正器生成高质量的图像，能够在较少的步骤中达到理想的效果，适合需要快速生成高质量图像的场景，如快速原型设计或初步草图。

选择哪种采样器，主要取决于需要生成的图像类型和时间要求。如果需要快速生成，可以选择 Euler a 或 Heun。如果需要生成高质量的艺术作品，可以选择 DPM++ 2M 或 DPM++ SDE。通过选择合适的采样器，可以更有效地利用 Stable Diffusion 创作出想要的图像。

3.6　迭代步数

迭代步数（通常称为“采样步数”或 Steps）是一个关键参数。它决定了生成图像时，算法需要执行多少次迭代来逐步从噪声中恢复出清晰的图像。每一步迭代都相当于在图像上“雕刻”细节，逐步去除噪声，增加清晰度。

迭代的步数越多，生成的图像通常越清晰，细节越丰富，生成图像所需的时间越长。但过多的步数可能会导致计算资源的浪费，尤其是在图像已经足够清晰的情况下。如果需要快速预览结果，可以选择较少的步数；如果需要更高质量的图像，可以选择较多的步数，选择合适的步数可以确保在合理的时间内生成高质量的图像，图 3.6.1 和图 3.6.2 所示为迭代步数 5 和迭代步数 30 的区别。

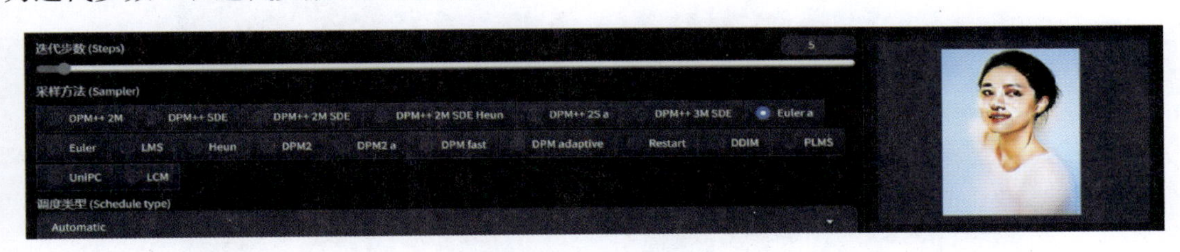

图 3.6.1　迭代步数 5

不同的迭代方式出的图也不一样，这里做个实践，文生图出一张照片，然后锁定随机种子，分别输入不同的迭代步数，观察其变化。很明显迭代步数 30 的效果要远远比迭代步数 5 的好。

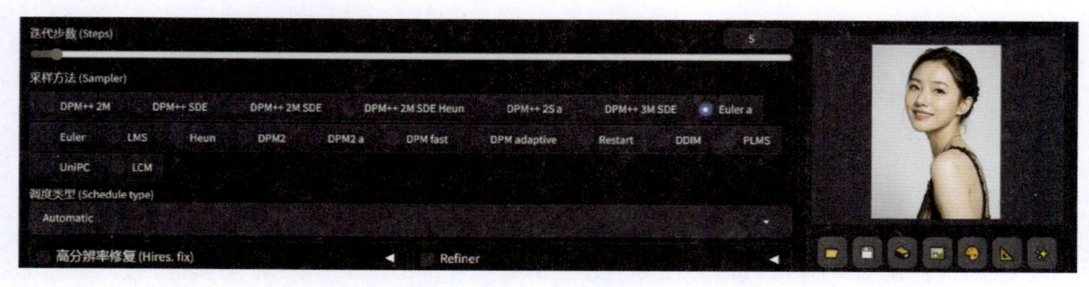

图 3.6.2　迭代步数 30

图 3.6.3 所示为迭代步数 5～35 的图片变化，从迭代步数 15 开始，画面的变化就比较细微，所以一般迭代步数保持在 18～30 即可，过高的迭代步数对图像的画质提升收益较少，仅仅是对细节进行了改变，得不偿失，大家可以根据自己计算机的配置、画面需求量进行调整。

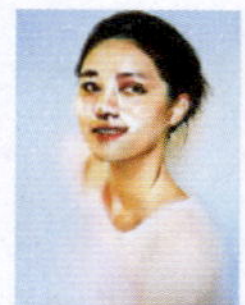

迭代步数5　迭代步数10　迭代步数15　迭代步数20　迭代步数25　迭代步数30　迭代步数35

图 3.6.3　迭代步数 5～35 示意图

3.7 高分辨率修复

高分辨率修复可以将 Stable Diffusion 生成的图进行二次放大，因为直接出高清分辨率的图，会增加显存的使用率，2K 以上的图片需要 6G 以上显存的支撑，所以这里使用高分辨率修复可以分批次进行图片的高清修复，不然需要通过 Tile 先进行细节增加，再发送到后期进行放大，直接单击高分辨率修复可以减少一定的工作量，未开启和开启高分辨率修复所生成情况如图 3.7.1 和图 3.7.2 所示。

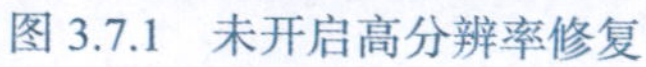

图 3.7.1　未开启高分辨率修复

图 3.7.2　开启高分辨率修复

一般情况下，写实类算法选择 R-ESRGAN 4x+，二次元效果选择 R-ESRGAN 4x+

Anime6B。

3.8 批次数量

批次数量分为总批次数和单批数量。总批次数是指显卡一次性生成的图像批数，单批数量是指显卡一次生成的图像数量。调整好总批次数和单批数量，每次单击“生成”按钮，生成的图片总数量 = 总批次数 × 单批数量，具体参数如图 3.8.1 和图 3.8.2 所示。

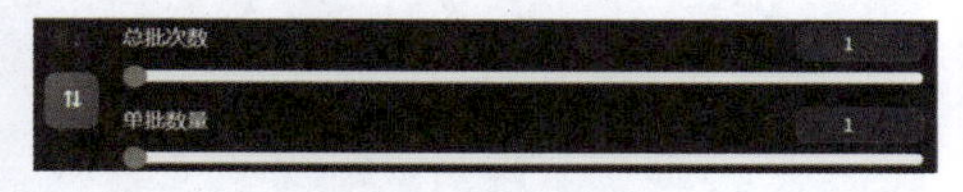

图 3.8.1　总批次数和单批数量示意图

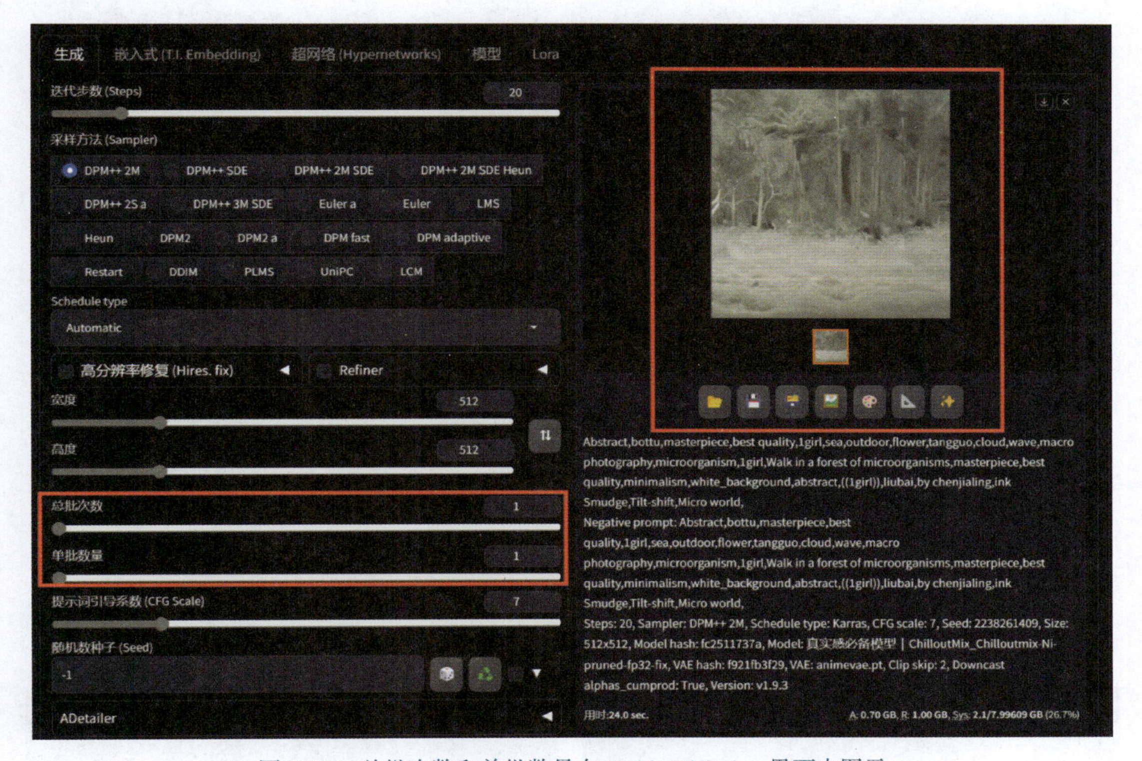

图 3.8.2　总批次数和单批数量在 Stable Diffusion 界面中图示

调整这些参数可以帮助用户根据需要生成不同数量的图像。通过增加或减少总批次数，可以控制生成图像的批次。需要更多的批次，可以将总批次数设置为更大的数字。通过调整单批数量，可以控制每个批次中生成的图像数量。如果需要每个批次中有更多的图像，可以增加单批数量。

如果需要生成大量的图像，可以增加总批次数或单批数量；如果需要生成少量的图像，可以减少这些参数的值。举例来说，如果设置如下数字：总批次数为 2，单批数量为 3，生成的图片数量则为 6。这意味着将生成 2 个批次，每个批次 3 个图像，总共生成 6 个图像，如图 3.8.3 所示。

如果需要生成更多的图像，可以增加总批次数或单批数量。例如，将总批次数增加到

4，而单批数量保持为 3，将生成 4 个批次，每个批次 3 个图像，总共生成 12 个图像。当总批次数或单批数量增加时，其生成图片用时也会增加。图 3.8.3 所示是以总批次数为 2、单批数量为 3 时生成的图片数量示意。

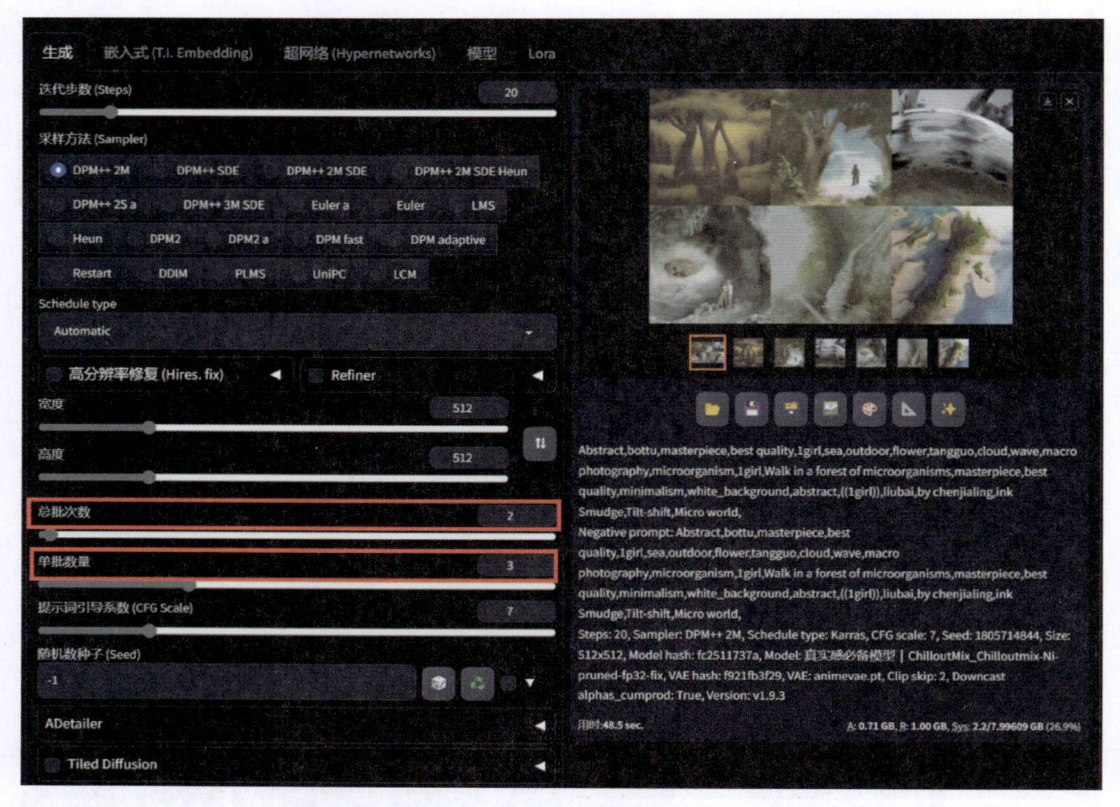

图 3.8.3　总批次数为 2 和单批数量为 3 时生成的图片

当总批次数或单批数量降低时，其生成图片用时也会降低，如图 3.8.4 所示。如果硬件资源有限，在生成大量图像时需要分配更多的时间或使用更强大的硬件。

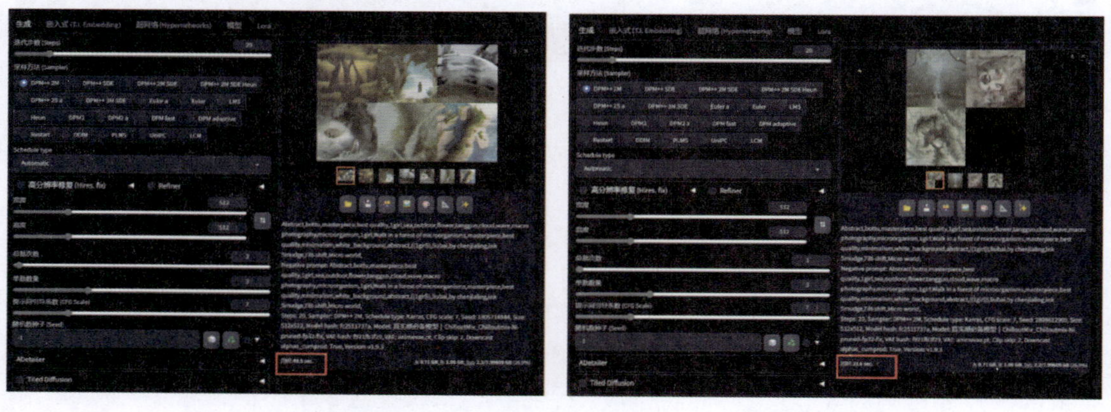

图 3.8.4　总批次数和单批数量变化时，生成图片数量用时对比

调整 Stable Diffusion 的批次参数是一个细致的过程，它要求用户根据自己的具体需求

来平衡图像生成的数量和质量。通过设定合适的总批次数和单批数量，用户可以灵活地控制生成图像的总量。例如，设定较小的批次参数值适合进行初步的概念验证或快速迭代，而较大的参数值则适合需要大量图像输出的复杂项目。在实际操作中，用户应考虑自身的硬件资源和处理能力，避免因参数设置不当而导致的系统过载或生成效率低下。此外，通过监控生成过程和结果，用户可以及时调整参数，优化生成效果。自动化脚本的使用可以进一步提高效率，减少重复性工作。随着对工具的熟悉度提高，用户可以探索更多高级技巧，以实现更高质量的图像生成。

3.9 输出分辨率

输出分辨率对图像的生成有着显著影响，不仅决定了图像的品质，同时还影响着整个画面的构图。图 3.9.1 中红线框所示为 Stable Diffusion 中用于调整图像分辨率（画幅）的控制选项。

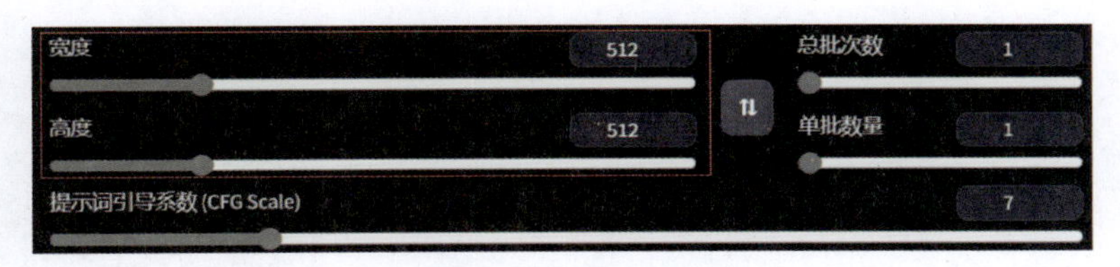

图 3.9.1　分辨率（画幅）

Stable Diffusion 中的预制输出尺寸是 512 × 512 像素，输出数值的大小决定了画面的信息量。大图上才能有足够多的空间表现出构图中的场地纹理、人物脸部表情、饰品纹样等复杂的细节。相反，画幅越小，细节也会简化，甚至出现画面大片的模糊，构图单一。如图 3.9.2 所示，在相同的正向提示词下，不同输出尺寸绘出的图片包含的画面信息有明显的差异。

图 3.9.2　两种分辨率输出的图片对比

正向提示词：blue sky, cloud, a cat, grass, flowers。

中文：蓝天，云朵，一只猫，草地，花丛。

当然生成的图像尺寸越大，模型需要处理的像素和数据就越多，使运算量变多，导致生成过程变慢。

在图 3.9.2 中，同样是 a cat，高画幅时画面中出现了两只猫，这与提示词中描述的不符，其原因是 AI 模型的运算机制造成的。

绝大多数的模型都是在 512×512 像素下进行的，因此当输出较大尺寸（如 1024×1024 像素）时，AI 会试图将多幅图像的内容嵌入同一个画面上，这就导致了画面中出现一个以上提示词内容的现象，如果此时输出的是与人物相关的画面，则有可能出现多人、多角度、肢体拼接等情况。解决办法是需要添加更多的正反向提示词，来保证主体画面的稳定，同时丰富输出图片的细节内容。当然，如果提示词本来就少，也可以先生成较小的图像，然后通过其他附加功能将其放大为大图。

如图 3.9.3 所示，增加了正向环境提示词之后，画面的主体信息也得到了恢复，同时画面也没有失去平衡，前、中、后景层次清晰，构图完整。

正向提示词：blue sky, cloud, distant mountain, a cat, grass, flowers。

中文：蓝天，云朵，远山，一只猫，草地，花丛。

图 3.9.4 所示为不同画幅下的正常效果对比。相比之下，右图的主体内容维持了最初一只猫的状态，其整体环境画面内容完整，前、中、后景层次清晰。

图 3.9.3　增加提示词后的输出效果

图 3.9.4　不相同画幅下的正常效果对比

3.10 随机数种子

在 Stable Diffusion 模型中，随机数种子（通常称为 Seed）是一个重要的概念，它用于确保生成过程的可重复性。Seed 控制面板如图 3.10.1 所示。

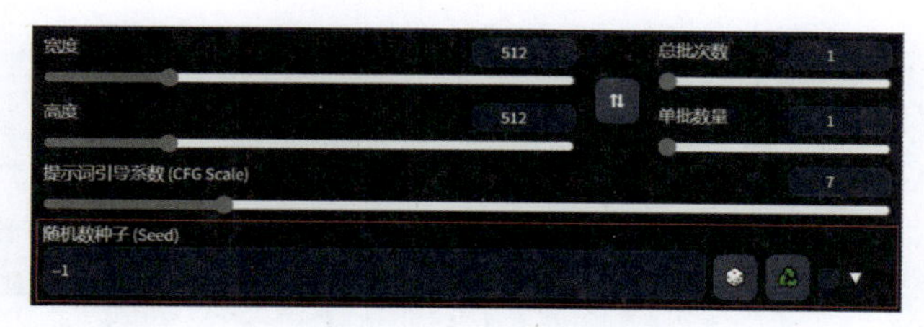

图 3.10.1 Seed 控制面板

Seed 的初始设置为 –1，所表示的含义是可根据提示词生成任意形象。

在相同的提示词下，随机数种子为 –1 所生成的图像可以是任何一个样貌，如图 3.10.2 所示。

图 3.10.2 相同的提示词在 Seed 为 –1 时制作出的不同效果图

图 3.10.2 中两张不同图片相同的提示词如下。

正向提示词：bestquality, professionalphotography, masterpiece, interior, sofa, floor, L-shaped carpet, (minimalism:1.5), full view。

中文：最佳品质，专业摄影，杰作，室内，沙发，地板，L 形地毯，（极简主义：1.5），全景。

反向提示词：worst quality, low quality, lowers, error, cropped, JPEG artifacts, out of frame, watermake, signature。

中文：最差质量，低质量，错误，裁剪，JPEG 伪影，画面外，水印，签名。

随机数种子的一个重要概念就是确保生成过程的可重复性，而 –1 的 Seed 却可以产生任意效果的图像，那么控制的方法就藏在数值里。当完成一张图片的输出后，单击数值栏右侧的绿色循环箭头图标，会发现 Seed 值一栏出现了一串详细的数字，如图 3.10.3 和图 3.10.4 所示。

图 3.10.3 使用上一次生成所使用的随机数种子按钮

图 3.10.4 数值栏出现的上一次图片生成所用的精确随机数种子

得到该 Seed 之后，即便进行了提示词的略微调整，产生的图片场景也基本一致，如图 3.10.5 所示。

图 3.10.5 修改后的提示词如下。

正向提示词：bestquality, professionalphotography, masterpiece, interior, sofa, floor, square carpet, (minimalism:1.5), full view。

图 3.10.5　输入精确随机数种子绘制图

中文：最佳品质，专业摄影，杰作，室内，沙发，地板，方形地毯，(极简主义：1.5)，全景。

反向提示词：worst quality, low quality, lowers, error, cropped, JPEG artifacts, out of frame, watermake, signature。

中文：最差质量，低质量，错误，裁剪，JPEG 伪影，画面外，水印，签名。

同样，多次单击“生成”按钮，得到图 3.10.6 中的两张图片。

图 3.10.6　输入精确随机数种子绘制出来的两张图对比

由此可见，精确控制的 Seed，能很好地在原有的框架内对图片进行调整。

3.11 生成布局解析

Stable Diffusion 的“生成布局”分为生成区域和生图区域两个模块。本节介绍生成区域和生图区域的各个命令的功能含义。

“生成区域”是在输入提示词和模型等一系列参数过程中，进行生图前设定的区域。

“生图区域”是呈现生图后进行保存、后期处理等功能的区域。每个区域在进行 AI 生图的过程中，前后顺序步骤不同，首先讲解“生成布局”区域，如图 3.11.1 所示。

“生成区域”中的生成按钮为 AI 绘图设置完毕后，进行生图时单击的按钮，单击后 Stable Diffusion 即进入生图逻辑中，直至生图完毕。在“生成”按钮下方共有 4 个不同命令的功能按钮。各个按钮的功能如图 3.11.2 所示。

图 3.11.1　生成布局解析按钮图示

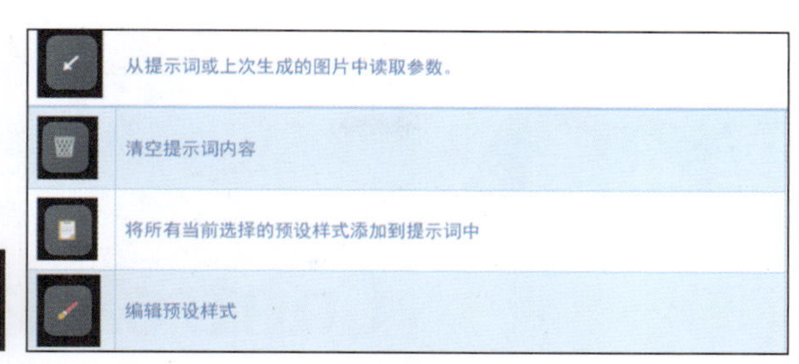

图 3.11.2　生成区域按钮功能

图 3.11.3 所示为生成布局页面示意图。

“生图区域”最大区域为显示成图结果区域，经过扩散原理生成的图片最终显示在此。最下方为 7 个不同功能按钮，各个按钮的功能如图 3.11.4 所示。

图 3.11.3　图片生成布局页面示意图

图 3.11.4　生图区域按钮功能

以 ■ 为例，即将生成后图片和生成的参数直接发送到图生图模式，在图生图模式使用局部重画、涂鸦等功能，对生成的图进行二次编辑，如图 3.11.5 所示。

以上即 Stable Diffusion 生成布局解析，需要在使用 AI 绘图中举一反三，灵活运用。

图 3.11.5　生图模式到图生图模式切换页面对比

第 4 章 ControlNet 简述

4.1 ControlNet 插件安装与基础配置

4.1.1 安装步骤详解

ControlNet 是一种专为与预训练图像扩散模型配合使用的先进神经网络模型，它通过接收如边缘图、分割图、关键点等调节图像数据，进行分解重组，再精确地引导图像生成。ControlNet 的架构基于一个与 Stable Diffusion 模型参数一致的神经网络副本，并利用外部条件向量进行训练，增强其控制力。在反向传播过程中，ControlNet 调整其可训练副本和零卷积层的权重，逐步优化以适应学习过程。它的特点是支持从硬边缘检测到姿态识别等多种预处理器和模型，使用户能够根据具体需求调整参数和选择模型，从而实现个性化的图像生成效果，如图 4.1.1 所示。

图 4.1.1　调节图像示意

安装插件可分为从“可下载”安装和从网址安装。

1. 从“可下载”安装

如图 4.1.2 所示，打开 Stable Diffusion 界面，单击扩展界面，单击“加载扩展列表”按钮，等待刷新，刷新完毕会出现一系列插件名称，在下方搜索栏输入 ControlNet，会自动刷出 ControlNet 插件，单击安装即可。安装完毕会提醒“安装完毕”，之后重启 Stable Diffusion WebUI 即可。（因编者已经安装 ControlNet 插件，所以列表里不再显示该插件。）

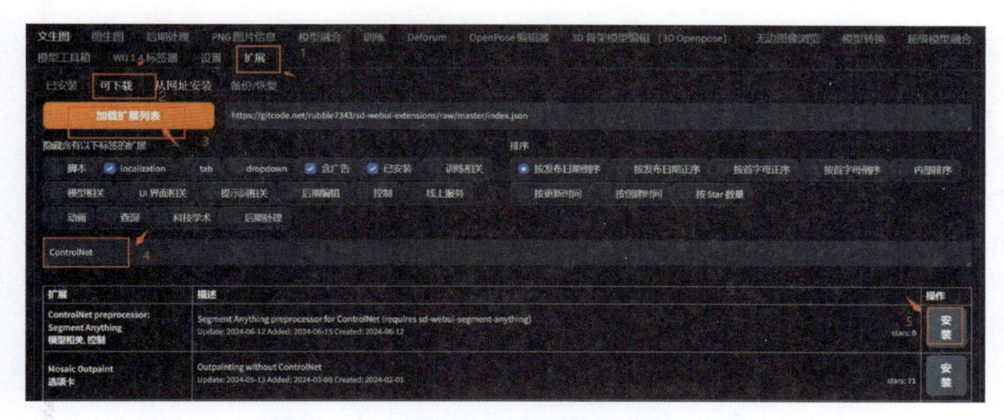

图 4.1.2　ControlNet 从“可下载”安装界面示意

2. 从网址安装

打开 Stable Diffusion 界面，单击“扩展”选项卡，选择“从网址安装”。复制图 4.1.3 内的网址并粘贴在“扩展的 git 仓库网址”中，单击“安装”按钮，显示“Installed into stable-diffusion-webui\extensions\sd-webui-controlnet. Use Installed tab to restart”，则表示安装成功。因编者已经安装 ControlNet 插件，所以显示：AssertionError: Extension directory already exists（扩展目录已存在）。

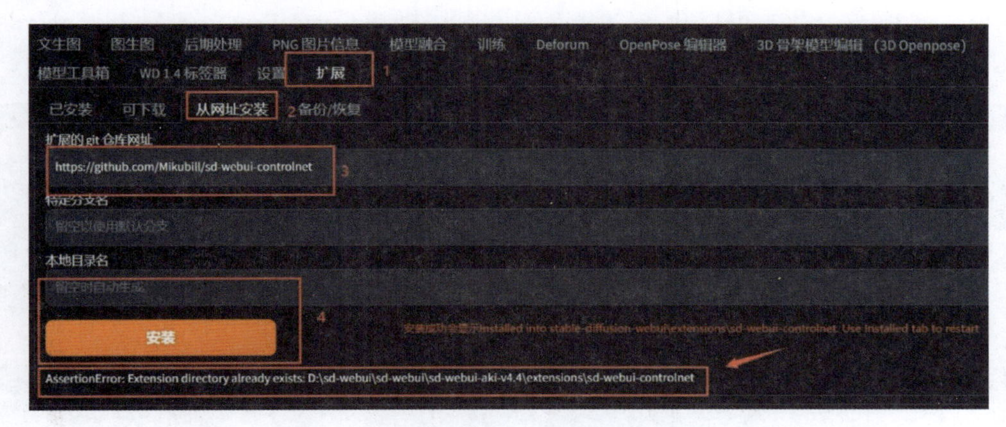

图 4.1.3　ControlNet 从网址安装界面示意

如图 4.1.4 所示操作步骤，单击左侧的“已安装”区块，单击“检查更新”按钮，等待刷新完毕，在列表内出现 sd-webui-controlnet，证明加载成功。这时单击“应用并重新启动 UI”按钮，Stable Diffusion 会自动关闭重启，待重新进入，就会在下面看到 ControlNet 界面，如图 4.1.5 所示。

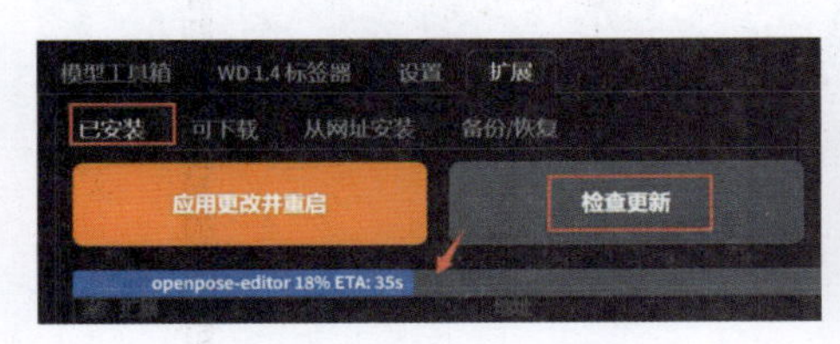

图 4.1.4　已安装界面示意

图 4.1.5　ControlNet 界面

4.1.2 模型的安装

首先安装 ControlNet 模型。打开网站：GitHub，输入 ControlNet，相应界面会出现后缀为 pth 和 yaml 的文件，下载后缀为 pth 的文件即可，一共有 14 个，下载方式为单击“文件大小”右侧的下载小箭头。下载完成后，将 14 个文件放入 Stable Diffusion 根目录下的 extensions\sd-webui-controlnet\models 中。

图 4.1.6 所示为下载示意图，其中后缀为 yaml 的是配置文件，安装后 UI 自动生成，无须下载。

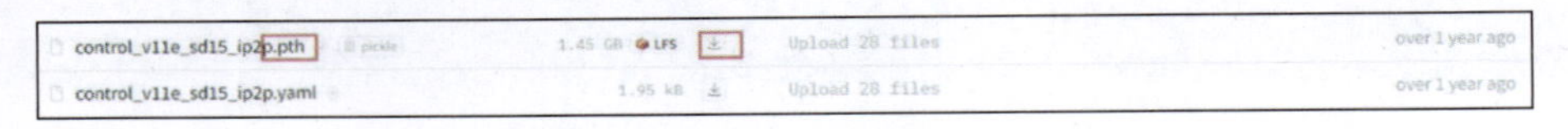

图 4.1.6 下载示意

4.2 ControlNet 设置与界面介绍

ControlNet 设置与界面见图 4.2.1，基本设置在设置界面最下方的 ControlNet 区域。其中大部分均选择默认即可，如果 Controlnet 界面只有一个单元选项卡或者想根据需求调整单元选项卡个数，可以单击“设置”界面，找到 ControlNet，在 Multi-ControlNet: ControlNet 单元数量中设置想要的值，单击保存设置并重启 WebUI。

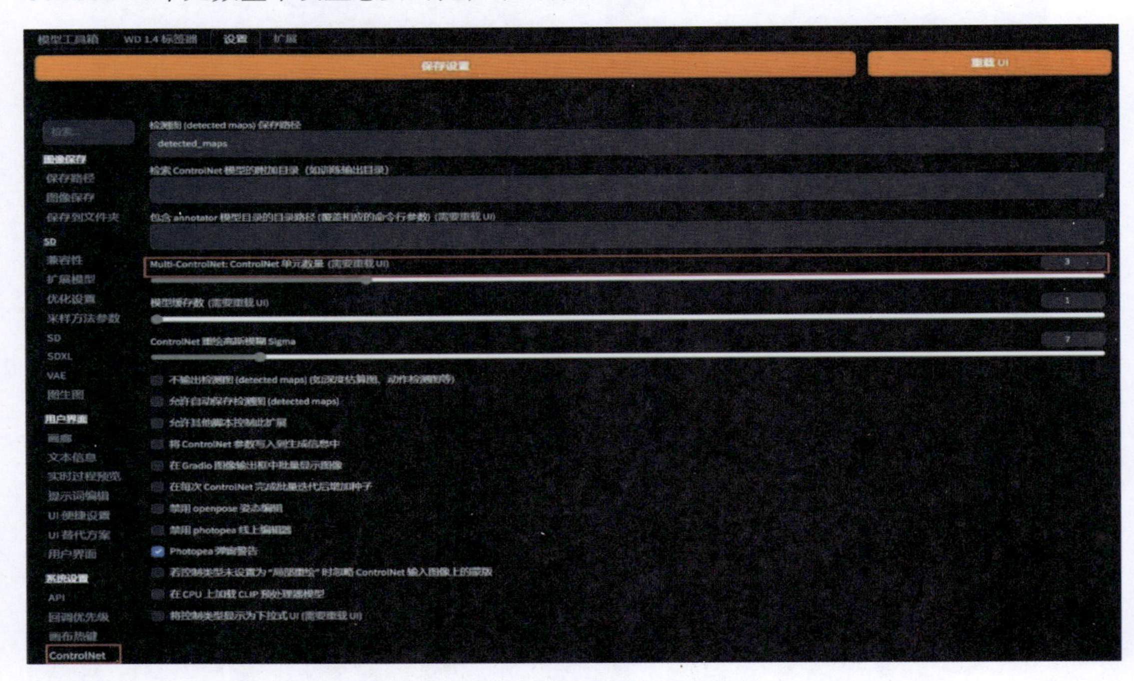

图 4.2.1 ControlNet 设置与界面

ControlNet 界面（图 4.2.2）整体区域划分如下。

单元数量区：这里可以同时开启好几个控制单元。

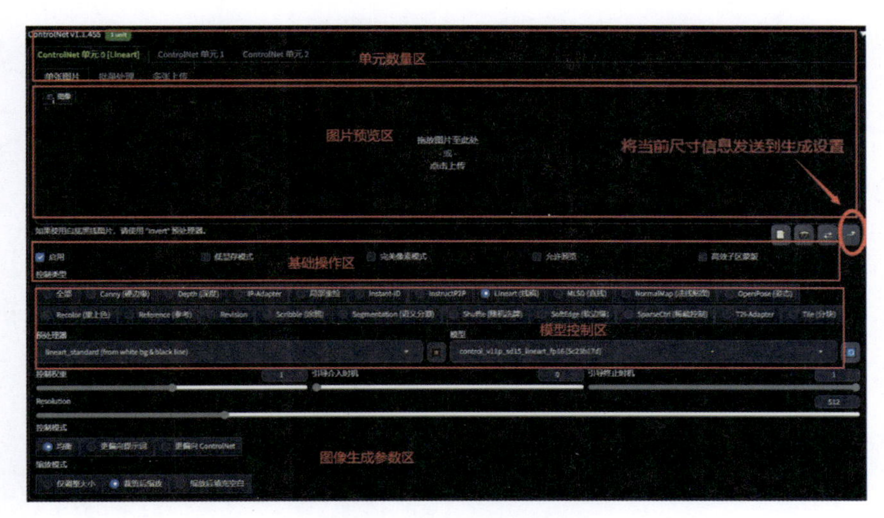

图 4.2.2　ControlNet 界面

图片预览区：为上传调节图像的区域，左面显示上传的调节图，右面显示预处理后的图片。

启用：是否启用当前 ControlNet 功能，只有全选后 ControlNet 功能才启动，如添加多个控制单元，每一个都需要勾选。

低显存模式：如果显卡低于 6G，建议勾选该选项，能更好地优化性能。

完美像素模式：提升 ControlNet 自适应预处理器分辨率。

允许预览：预览预处理的效果。

模型控制区：分为控制类型、预处理器、模型。

控制类型：单击需要的控制类型，会自动加载对应的预处理器和模型。

预处理器：每一个控制器都不止一个预处理器，下拉菜单会显示多个预处理器，根据需求选择合适的预处理器，通常和模型搭配使用。

模型：也就是下载的各种模型，每个模型都有不同的功能，按需选择。

控制权重：ControlNet 输出的权重大小，权重越大，处理后的调节图像越像。

引导介入时机：迭代步数从哪一步开始介入图像的处理，设置为 0，则代表从一开始就介入，设置为 0.5，则代表从中间步数的时候介入处理。

引导终止时机：从哪一步结束对图像的处理。

控制模式：均衡（提示词与调节图像对最终结果平衡）、更偏向提示词（最终结果偏向提示词）、更偏向 ControlNet（最终结果偏向处理后的调节图像）。

缩放模式：仅调整大小（直接拉伸，比例不对会出现变形）；裁剪后缩放（比例不对会丢失部分原图内容）；缩放后填充空白（比例不对会在原图多出的部分上产生新的内容）。

4.2.1 ControlNet 控制类型概览

ControlNet 是一种用于控制 AI 图像生成的插件，它通过条件生成对抗网络（conditional generative adversarial networks）技术生成图像，并允许用户对生成的图像进行精细控制。

表 4.2.1 是 ControlNet 控制类型的概览。

表 4.2.1　ControlNet 控制类型概览

序列	控制器名称	预处理器	模　型	对应场景
1	Canny （硬边缘）	Canny invert	control_v11p_sd15_canny	图像、照片、边缘硬朗的曲线画面
2	Depth （深度感知）	depth_midas depth_zoe depth_leres++ depth_leres	control_v11f1p_sd15_depth	想要生成具有空间感的画面：室内、风景等
3	Normal （法线贴图）	normal_bae normal_midas normal_dsine	control_v11p_sd15_normalbae	根据图像生成具有凹凸感的图片
4	OpenPose （姿态控制）	openpose_full openpose_hand openpose_faceonly openpose_face openpose dw_openpose_full densepose_parula densepose animal_openpose	control_v11p_sd15_openpose	控制动物、人物姿态，提取人物骨骼姿势
5	MLSD （直线控制）	MLSD invert	control_v11p_sd15_mlsd	直线段识别，适合直线类图片，如建筑
6	Lineart （线稿提取）	lineart_standard invert lineart_realistic lineart_coarse lineart_anime_denoise lineart_ anime	control_v11p_sd15_lineart control_v11p_sd15s2_lineart_anime	线稿识别，适合黑白线稿上色，以及想要做出精细画面的图像
7	SoftEdge （软边缘控制）	SoftEdge_PiDiNet SoftEdge_PiDiNetSafe SoftEdge_ HEDSafe softedge_hed	control_v11p_sd15_softedge	适合处理具有细腻毛发的图片
8	Scribble （涂鸦与草图控制）	scribble_pidinet invert scribble_xdog scribble_hed	control_v11p_sd15_scribble	涂鸦风格的图片，生成图自由度较高

续表

序列	控制器名称	预处理器	模　　型	对应场景
9	Seg （语义分割）	seg_ofade20k seg_ufade20k seg_ofcoco seg_anime_face mobile_sam	control_v11p_sd15_seg	根据色块生成不同的物体，识别物体对应色块进行画面的区分
10	Shuffle （随机化控制）	Shuffle	control_v11e_sd15_shuffle	
11	Tile （分块）	tile_resample tile_colorfix+sharp tile_colorfix blur_gaussian	control_v11f1e_sd15_tile	让一张模糊的图片变成高清的图片，或者让一张不清晰的图片变成超多细节的图片
12	Inpaint （局部重绘）	inpaint_only inpaint_only+lama Inpaint_Global_Harmonious	control_v11p_sd15_inpaint	
13	InstructP2P （指令式图像变换）	none	control_v11e_sd15_ip2p	改变画面背景
14	Recolor （重上色）	recolor_luminance recolor_intensity	sai_xl_recolor_128lora	对已有画面进行颜色更改，多用于旧照片修复、线稿上色
15	IP-Adapter （风格迁移）	ip-adapter-autoip-adapter_clip_hip-adapter_pulidip-adapter_face_id_plusip-adapter_face_idip-adapter_clip_sdxl_plus_vith ip-adapter_clip_g	ip-adapter_xl ip-adapter_sdxl_vit-h ip-adapter-plus_sdxl_vit-h ip-adapter-faceid_sdxl ip-adapter-plus-face_sdxl_vit-h ip-adapter-face id-plusv2_sdxl	2 个控制单元配合使用，将一单元的画面风格迁移到二单元内
16	InstantID （换脸技术）	instant_id_face_keypoints instant_id_face_embedding	control_instant_id_sdxl ip-adapter_instant_id_sdxl	控制器和预处理器有固定搭配和顺序，能很顺滑地进行人物换脸

ControlNet 的引入极大地丰富了 AI 图像生成的控制力，使创意表达和细节调整更加精准和多样化。其多种控制类型不仅满足了从艺术设计到计算机视觉的广泛应用的需求，还推动了图像生成技术向更高层次的精细控制和个性化定制迈进。随着技术的不断进步

和模型的持续优化，ControlNet 无疑将在未来的图像处理和创作领域扮演着越来越重要的角色。

4.2.2 AI 图欣赏

图 4.2.3 所示为编者自绘夏日街景。

图 4.2.3　夏日街景

4.3 Canny（硬边缘）控制

4.3.1 Canny 边缘检测原理

Canny 边缘检测是一种高效的图像处理算法，专门用于从图片中提取边缘信息，生成类似线稿的效果。虽然它与手绘线稿在视觉效果上有所相似，但 Canny 算法的工作原理更为系统和科学。其核心机制涉及多个步骤：首先对图像进行平滑处理以减少噪声，然后计算图像的梯度，通过非极大值抑制来细化边缘，接着应用双阈值技术来确定边缘的强度，最后通过边缘连接将这些边缘片段连接成完整的线条，这一连贯的处理流程确保了边缘检测的准确性和可靠性，图 4.3.1 所示为 Canny 操作页面。

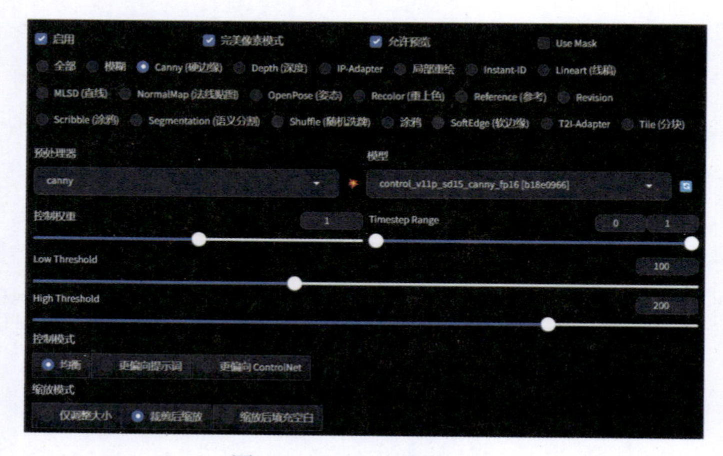

图 4.3.1　Canny 操作页面

图 4.3.2 所示为 Canny 预处理器处理界面，其原理是先把参考图的线稿识别出来，之后围绕着线稿做一圈围合式的线稿生成，与 Lineart 不同的是，Canny 是双线，而 Lineart 是单线。

图 4.3.2　Canny 预处理器界面

1. Canny 算法步骤

图像平滑：使用高斯滤波器对图像进行平滑处理，以去除噪声。高斯滤波器通过其邻域像素的加权平均来平滑图像，减少噪声对边缘检测的影响。

计算梯度：对平滑后的图像使用 Sobel 算子或其他梯度算子来计算每个像素点的梯度大小和方向。梯度方向通常垂直于边缘方向，梯度大小表示边缘的强度。

非极大值抑制：对每个像素点，比较其梯度大小在其梯度方向上的邻域内是否最大。如果不是，则将该像素点的灰度值设置为 0，以抑制非边缘点，从而细化边缘。

双阈值处理：设置两个阈值，高阈值（maxVal）和低阈值（minVal）。梯度值大于高阈值的像素点被认为是强边缘点，梯度值小于低阈值的像素点被认为是非边缘点，被丢弃。对于梯度值介于两者之间的像素点，如果它们与强边缘点相连，则被认为是边缘的一部分，否则被丢弃。

边缘连接：利用滞后技术，即根据高阈值得到的边缘点作为种子点，通过 8 邻域搜索和低阈值条件，将断开的边缘连接起来，形成完整的边缘轮廓。

2. Canny 边缘检测的优势

高检测率：能够尽可能多地标识出图像中的实际边缘。

低误检率：误检非边缘的概率较小。

定位准确：检测到的边缘点位置与实际边缘点位置接近。

一一对应：检测到的边缘点与实际边缘点一一对应。

4.3.2 Canny 边缘检测应用案例

首先用文生图生出一个室内家居，然后进行风格调整。大模型选择“真实感必备模型”，Lora 选择“阳光房复古卧室客厅室内设计 V1.0”，输入提示词。

正向提示词：(HD quality, master works, realism, shocking pictures, 8K, real materials, rich details, movie-level atmosphere), panorama, interior design, sofa, coffee table, minimalism, bookshelf, sofa, blue sky, no one, palm trees, plants, potted plants, scenery, windows。

中文：（高清画质，大师作品，写实，震撼画面，8K，材质真实，细节丰富，电影级氛围），全景，室内设计，沙发，茶几，极简主义，书架，沙发，蓝天，无人，棕榈树，植物，盆栽，风景，窗户。

反向提示词：NSFW, (worst image quality:2), (low image quality:2), (monochrome, abnormal image quality:2), low image quality, blur。

中文：NSFW，（最差画质：2），（低画质：2），（单色，非正常画质：2），低画质，模糊。

采样方法为 DPM++2M，迭代步数为 35，生成图像的宽高比为 1024×512 像素，开启高清修复，高清算法选择 8x-NMKD-Superscale，放大倍数为 2，重回采样步数为 30，重绘幅度为 0.75，生成效果如图 4.3.3 所示。

图 4.3.3　AI 生成家居空间图像

在下拉页面打开 ControlNet 面板，将上文生成的图像导入控制单元图像框中，依次勾选“启用”“允许预览”“完美像素模式”，选择 Canny（硬边缘）控制器，预处理器选择 Canny（硬边缘检查），模型选择 control_v11p_sd15_canny，最后单击“预览”按钮，对参考图像预处理，得到图 4.3.4。线稿中可能会存在一些不需要的点，可以通过 Canny Low Threshold 和 Canny High Threshold 两个参数进行调整，也就是低阈值和高阈值。可以拖动进度条控制线条的强弱，阈值为 0～255，如果觉得线条繁杂，可以调高阈值。通过调整线条的强弱，会得到不同效果风格的线稿图。

图 4.3.4　Canny 控制器提取步骤

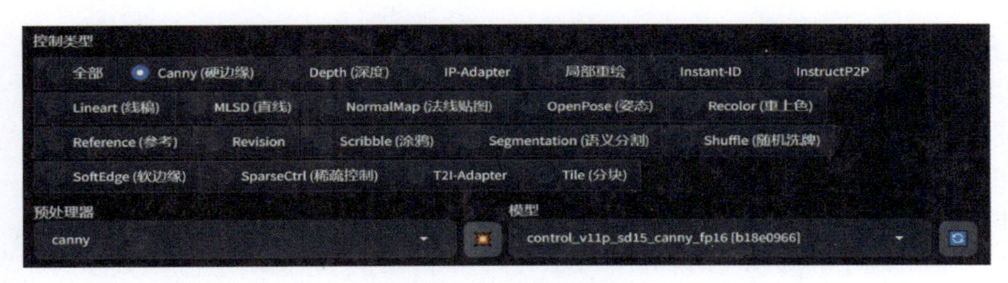

图　4.3.4（续）

更换大模型为“首发 | Outline Color 勾线彩画风 207”，其余参数均不变，单击“生成”按钮，生成图 4.3.5。

图 4.3.5　使用 Canny 更换风格生成图

可以尝试应用 Canny 创造出更多有意思的绘画案例。

4.4　Depth（深度）感知

4.4.1　深度图预处理器分析

Depth 功能通过从参考图像中提取深度信息来实现对图像空间深度关系的控制。它利用深度预处理器来生成深度图，根据深度图推测图像中各个物体的前后关系和距离感，进而生成结果。常见的深度预处理器包括 depth midas、depth zoe、depth leres++ 和 depth leres（图 4.4.1）。这些深度预处理器在细节和背景渲染方面各有侧重，用户可以根据具体需求选择合适的深度预处理器。

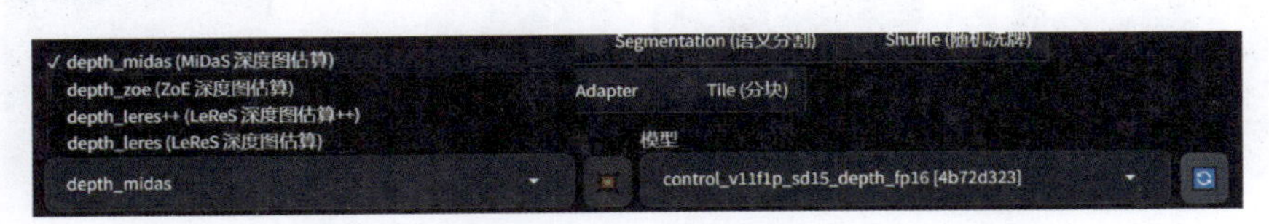

图 4.4.1　depth 预处理器示意

4.4.2 四个常见预处理器特点

depth_midas：经典的深度预处理器，也是最早的预处理器。

depth_leres：提供更多细节，但也倾向于渲染背景。

depth_leres++：前后景保留更多细节（推荐）。

depth_zoe：细节程度介于 Midas 和 Leres 之间，对于背景不想保留太多时推荐使用。

为了让大家理解得更透彻，我们先使用文生图生成一张带有街景的图，再使用这张图对四个预处理器进行分析。首先选用大模型“Dream Tech XL | 筑梦工业 XL”，Lora 选择“少女感脸型 moli_SDXL”“筑梦工业 | 全息投影 XL”，输入提示词。

正向提示词：HD quality, master works, masterpieces, 8K, cyberpunk style, techno cyberpunk, subtle use of light and shadow, realistic texture, a girl with long red hair standing in the street night scene, holding a glowing sword, techno sense, night core, charming anime characters, detailed ink illustrations, cloisonne style, neon city, strong close-up。

中文：高清画质，大师级作品，杰作，8K，赛博朋克风格，科技赛博朋克，微妙的光影运用，逼真的质感，一个红色长头发的女孩站在街道夜景中，拿着发光的剑，科技感，夜核，迷人的动漫人物，详细的墨水插图，景泰蓝风格，霓虹灯城市，强烈的特写。

图 4.4.2 AI 生成图（梦幻街道）

单击“生成”按钮，生成图 4.4.2。

将生成图导入 ControlNet 中，控制器选择 depth，分别使用 depth_leres、depth_leres++，depth_midas 和 depth_zoe 4 个预处理器，对图片进行处理，得到图 4.4.3。

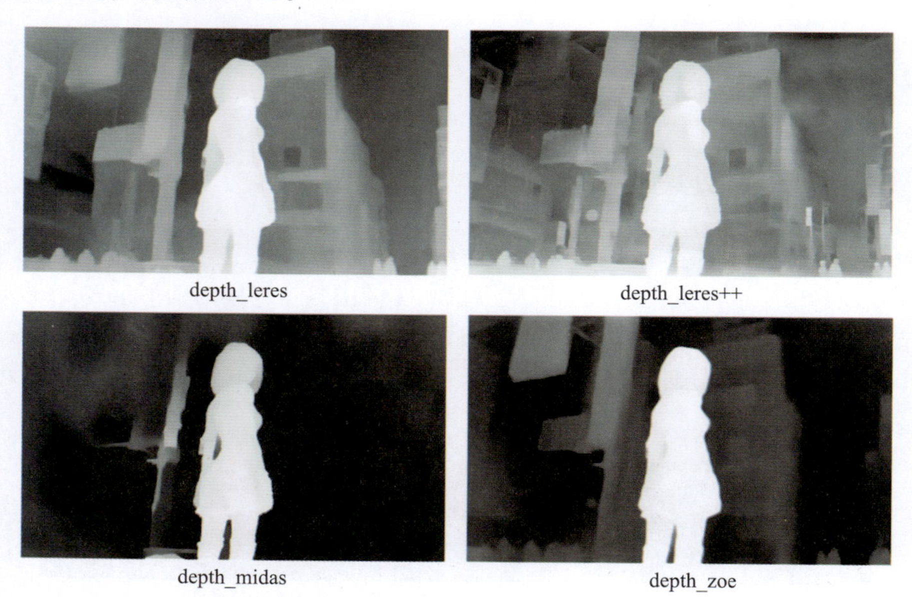

图 4.4.3 Depth 预处理器对比

depth_leres 保留了前景细节和后景细节；depth_leres++ 前景和后景的丰富度是最多的，包括身体、头发、建筑门窗等细节；而 depth_midas 作为最早推出的深度预处理器，前后景细节的保留是最少的；depth_zoe 对于前后景的细节保留介于 leres 系列和 depth_midas 之间。Depth 界面还有 "Remove Near %" 和 "Remove Background %" 两个选项（图 4.4.4），意为 "删除前景" 和 "删除后景"。从图 4.4.5 可以看出，不同的数据，对于前后景的删除有一定的影响，用户可以根据需求进行数值的修改。

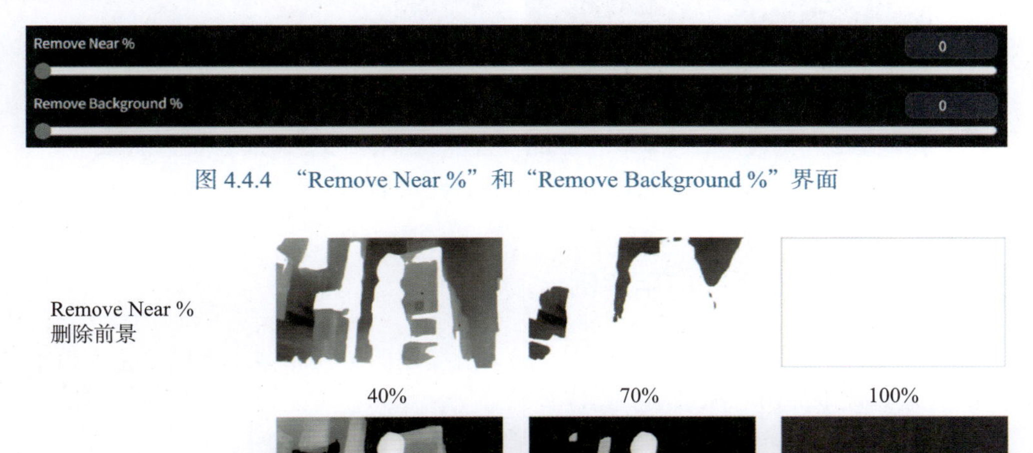

图 4.4.4　"Remove Near %" 和 "Remove Background %" 界面

Remove Near %
删除前景

40%　　70%　　100%

Remove Background %
删除后景

40%　　70%　　100%

图 4.5.5　"Remove Near %" 和 "Remove Background %" 测试图

4.5 Normal（法线贴图）

4.5.1 Normal 贴图的基础知识

Normal 贴图常用在 3D 建模中，通过用颜色的不同来模拟模型表面的凹凸变化，从而创造出更加贴近现实的肌理感。Normal 贴图记录了物体表面法线的方向信息，这些信息对于模拟光线与表面的相互作用至关重要，能够显著增强模型的真实感。

在 ControlNet 中，Normal 贴图作为一种条件输入，为图像生成过程提供了额外的指导信息。它使 ControlNet 插件在进行图像解码转译中，能够更细致地保存和输入输出创作者提供的图片，让 AI 更好地理解和重现光线如何在不同表面上反射和散射，从而在生成的图像中展现出更加丰富的细节和深度（图 4.5.1），同时 ControlNet 中的 Normal 还能根据生成的 Normal 贴图对前景、后景的细节进行二次创作，让画面更具艺术感。启用 Normal 后，和 Canny 一样，即便是微小的表面变化也能够被捕捉并表现出来，Normal 能极大地增强图像的立体感。

图 4.5.1　Normal 预处理结果预览

4.5.2 Normal 贴图的应用案例

可以使用 ControlNet 插件中的 NormlMap（法线贴图）控制器，将扁平化的山水画图像生成具有逼真效果的山水风景图。具体步骤如下。

首先选择大模型 Sanshi 人文风景，之后输入正向、反向提示词。

正向提示词：(HD quality, master works, realistic, stunning images, 8K, real materials, rich details, cinematic atmosphere), background outdoors, lake, reflection, landscape, sky, clouds。

中文：（高清画质，大师级作品，真实感，令人震撼的画面，8K，真实材质，丰富的细节，电影级氛围感），背景在户外，湖水，反射，风景，天空，云朵。

反向提示词：NSFW, (worst quality:2), (low quality:2), ((monochrome), messy background, blurry, bad picture, out of focus, messy terrain，((grayscale)), (bad quality:2)。

中文：NSFW，（最差画质：2），（低画质：2），（单色），杂乱的背景，模糊，糟糕的图片，失焦，杂乱的地形，((灰度))，（糟糕的画质：2）。

生成图像的分辨率设置为 768×512 像素，采样方法设置为 DPM++2M，迭代步数为 35。

打开 ControlNet 面板，勾选“启用”“完美像素模式”“低显存模式”“允许预览”。选择 Normal Map（法线贴图），预处理器会自动选择 normal_bae，模型选择默认选项，可单击“预览”按钮观察处理效果（图 4.5.2）。之后单击“生成”按钮，生成图 4.5.3。

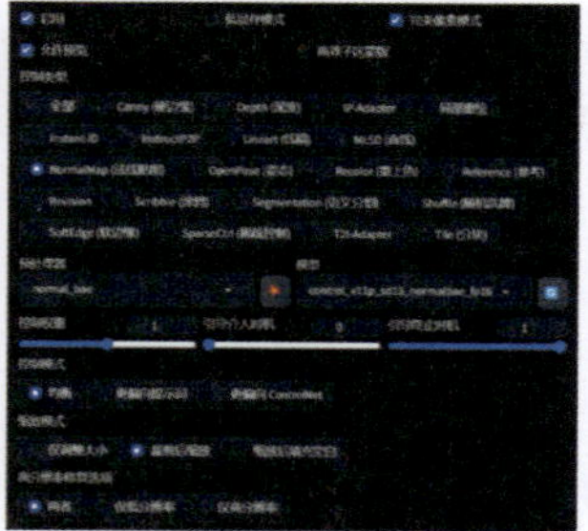

图 4.5.2　预处理结果预览和参数设置

图 4.5.3　生成的图片

若预处理器选择 normal_midas，则会出现不一样的效果。保持参数均不变的情况下，再次生成图 4.5.4。

图 4.5.4　normal_midas 预处理结果预览

图 4.5.5 和图 4.5.6 所示为不同预处理器生成图片，可以看出 normal_mop 预处理保留后景较多，而 normal_bae 预处理则对前景保留信息较多。

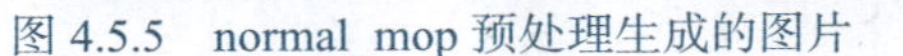

图 4.5.5　normal_mop 预处理生成的图片

图 4.5.6　normal_bae 预处理生成的图片

随着 ControlNet 技术的不断发展，Normal 贴图的应用潜力将得到进一步的挖掘和扩展。它将成为连接虚拟与现实、艺术与技术的桥梁，为创意工作者提供更强大的工具，以实现更加生动和真实的视觉创作。

4.6 OpenPose 姿态控制

OpenPose 用于对人物进行骨骼绑定，不仅能够控制单个人物的动作、手势和表情，还能够模拟多人的姿势，在预处理器选项中包含多种选项。

openpose_full（OpenPose 姿态、手部及脸部）：这是一个全面的姿态估计选项，包括人物的全身姿态、手部动作和面部表情的检测。这个选项适用于对人物的全身动作和表情进行全面控制的场景。

openpose_hand（OpenPose 姿态及手部）：这个选项专注人物的全身姿态和手部动作的检测，适用于需要特别关注人物手势和手部细节的应用。

openpose_faceonly（OpenPose 仅脸部）：此选项仅专注面部表情的检测，不包括身体姿态。适用于对人物面部表情进行分析和模拟的场景。

openpose_face（OpenPose 姿态及脸部）：包括一些基础的身体姿态信息，以辅助面部表情的分析。

dw_openpose_full（二阶蒸馏 - 全身姿态估计）：这是一个二阶蒸馏版本的姿态估计，可能在算法精度或性能上有所优化，适用于需要更高精度姿态估计的场景。

animal_openpose（OpenPose 姿态 - 动物）：这是一个专门针对动物的姿态估计选项，适用于分析和模拟动物动作的场景。

图 4.6.1 所示为 OpenPose 生成系列动作图。

图 4.6.1　OpenPose 生成系列动作图

4.6.1 OpenPose 讲解

首先，选择一幅真人姿势图像作为绘画的参考，因为真人图像可以提供更自然和准确的姿势信息。接着，将这幅图像输入 ControlNet 绘画系统中。输入一系列提示词，这些提示词将指导 AI 理解用户想要生成的图像的风格和特征。最终，AI 将根据输入的参考图像和提示词，生成一幅与参考人物具有相同姿势的新图像。

在 ControlNet 这个先进的图像处理系统中，用户可以通过一系列细致的步骤来实现对人物图片的精确控制和动态调整。在 ControlNet 中，首先导入一个人物图片。然后勾选“启用”“完美像素模式”“允许预览”选项，以确保人物被正确加载和显示（图 4.6.2）。采样迭代步数为 30，采样方法是 DPM++2M。接下来选择“控制类型”为 OpenPose，并在“预处理器”选项中选择 openpose_full，单击“预览”按钮。这个预处理器能够处理人物的姿势、手势和表情，其操作面板如图 4.6.2 所示，提供了一个直观的界面来调整和控制人物的动态表现。

图 4.6.2 OpenPose 操作界面

选择模型和输入相关提示词，选择大模型“（写实人像）majicmix7”。

正向提示词：8K, extremely detailed,（realistic, photo-realistic:1.37）, best quality,（1 Chinese text, Chinese clothes）, ground。

中文：8K，画面极为精细，（逼真，照片级逼真：1.37），最佳画质，（1 个中文文本，穿着中国服装），地面。

反向提示词：（worst quality:1.8）,（low quality:1.8）,（normal quality: 1.8）。

中文：（最差画质：1.8），（低画质：1.8），（普通画质：1.8）。

采样方法为 Euler a，迭代步数为 20，开启高清分辨率修复，放大倍数选择 2，放大算法选择 8x-NMKD-Superscale。

模型的选择和参数的设置如图 4.6.3 所示。

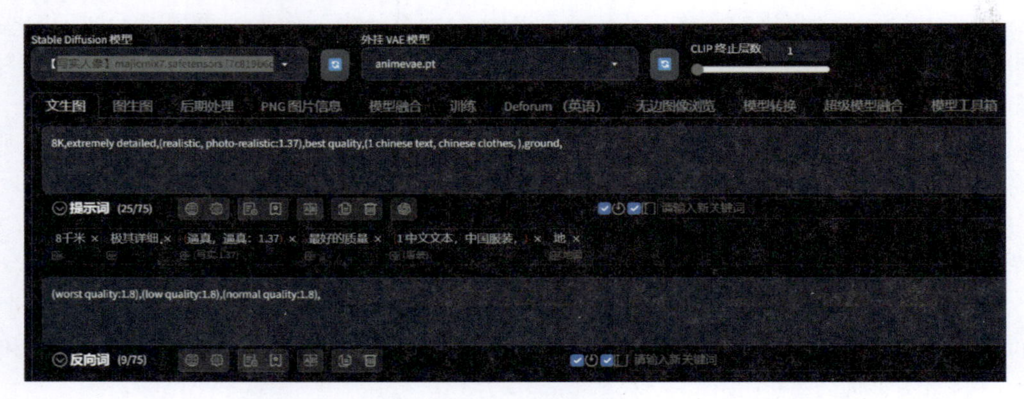

图 4.6.3　提示词输入界面

把生成的图像的分辨率设置为 512×768 像素。单击“生成”按钮，图中机器人的动作和手势基本上都保持一致了，如图 4.6.4 所示。

图 4.6.4　控制动作姿势最终生成的图片

4.6.2 OpenPose-face 讲解

在 ControlNet 中，导入人物图片。勾选“启用”“完美像素模式”“允许预览”选项。采样迭代步数为 30，采样方法是 DPM++2M。选择“控制类型”为 OpenPose，并在“预处理器”选项中选择 openpose_face，参数示意如图 4.6.5 所示。

图 4.6.5　OpenPose-face 选项选择

依旧选择大模型："（写实人像）majicmix7"。

正向提示词：8K, extremely detailed, (realistic, photo-realistic:1.37), best quality, (1 Chinese text, Chinese clothes,), ground。

中文：8K，画面极为精细，（逼真，照片级逼真：1.37），最佳画质，（1 个中文文本，穿着中国服装），地面。

反向提示词：(worst quality:1.8), (low quality:1.8), (normal quality: 1.8)。

中文：（最差画质：1.8），（低画质：1.8），（普通画质：1.8）。

提示词和模型选择如图 4.6.6 所示。

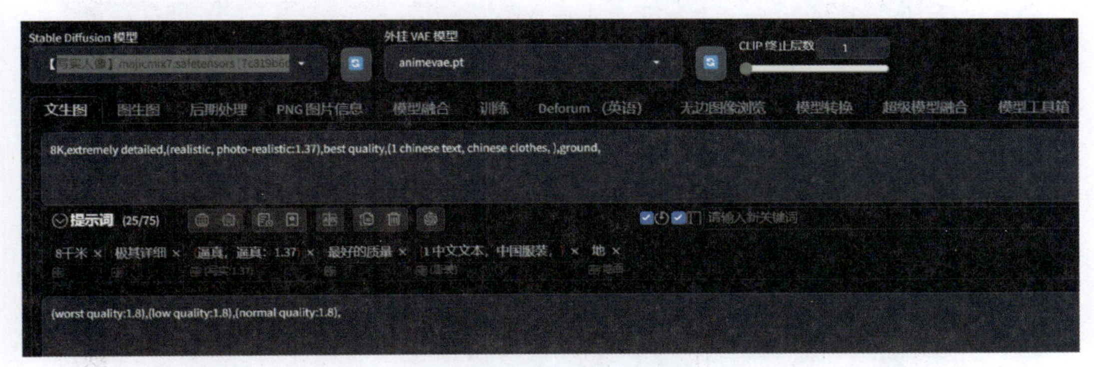

图 4.6.6　提示词和模型选择

生成的图像的分辨率设置为 512 × 768 像素。单击"生成"按钮，如图 4.6.7 所示，图中人的面部表情和原图基本上都保持一致。

图 4.6.7　最终生成的图效果

4.6.3 多个人物 OpenPose 讲解

OpenPose 预处理器是动作捕捉技术中的一个关键组件，它的核心功能在于能够精确地识别和追踪人物的姿态。不同于传统的预处理器，OpenPose 不仅能够处理单个人物的姿态，同时具备了控制多人姿态的能力。

这一特点在处理复杂场景时显得尤为突出，如在多人舞蹈表演或团队运动赛事中，它能够确保每个人物的动作都被精确捕捉和再现。这种能力极大地提高了动作数据的质量和准确性，使最终的用户体验更加丰富和真实。接下来将通过一张多人出现的照片为基础的控制 OpenPose 实现控制人物动作的案例制作，最终效果是参考图片中人物动作与生成的图片人物动作一致。

在 ControlNet 中，首先导入多个人物的图片。然后勾选“启用”“完美像素模式”“允许预览”选项，以确保人物被正确加载和显示。

采样迭代步数为 30，采样方法为 DPM++2M。接下来选择“控制类型”为 OpenPose，并在“预处理器”选项中选择 openpose_full，单击“预览”按钮。这个预处理器能够处理人物的姿势、手势和表情，其操作面板如图 4.6.8 所示，提供了一个直观的界面来调整和控制人物的动态表现。

图 4.6.8　初始选项设置

选择大模型“（写实人像）majicmix7”。

正向提示词：8K, extremely detailed,（realistic, photo-realistic:1.37）, best quality,（1 Chinese text, Chinese clothes）, ground。

中文：8K，画面极为精细，（逼真，照片级逼真：1.37），最佳画质，（1 个中文文本，穿着中国服装），地面。

反向提示词：（worst quality:1.8），（low quality:1.8），（normal quality: 1.8）。

中文：（最差画质：1.8），（低画质：1.8），（普通画质：1.8）。

采样方法是 DPM++2M，采样迭代步数为 30，开启高清分辨率修复，放大倍数选择 2，放大算法选择 8x-NMKD-Superscale。

提示词的输入如图 4.6.9 所示。

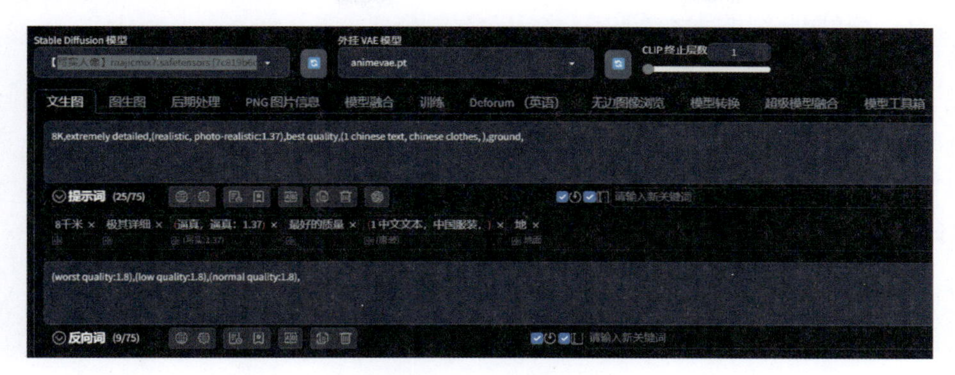

图 4.6.9　提示词的输入

输出设置：把生成的图像的分辨率设置为 512×768 像素。单击“生成”按钮，图中人的姿势及面部表情和原图基本上都保持一致，如图 4.6.10 所示。

图 4.6.10　生成图片

OpenPose 不仅能够控制单个人物的动作、手势和表情，还能够模拟多人场景的姿势，使最终效果与参考图的动作、手势和表情达到一致，用户可以自行进行探索。

4.7 MLSD（直线控制）

4.7.1 直线检测技术介绍

在 Stable Diffusion 的应用实践中，MLSD 常被用于精准提取目标图像中的直线线条。通过这些线条信息的控制，用户能够有效地指导 Stable Diffusion 生成图像的过程。特别是在建筑设计和室内设计领域，直线元素的使用尤为频繁，因此 MLSD 在这些领域的应用中显得尤为重要。

在 Stable Diffusion 的 ControlNet 插件框架内，MLSD 作为一个内置组件，通过简化的操作界面为用户提供了便捷的访问路径。用户仅需启动 ControlNet 插件，并选择 MLSD 功能模块，即可快速进入操作界面，如图 4.7.1 所示。MLSD 在 Stable Diffusion 中的应用，不仅体现了其在实时线段检测技术上的先进性，也展示了其在创意图像生成中的强大控制能力。通过精细的线条提取和控制，MLSD 极大地丰富了设计领域的创作可能性，为艺术家和设计师提供了一个强大的工具。

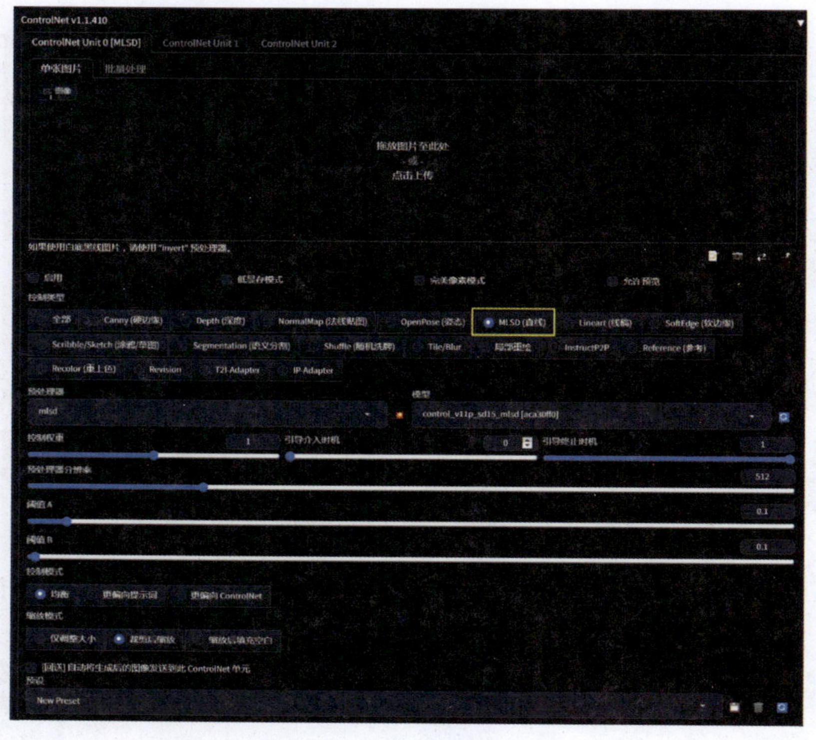

图 4.7.1　MLSD 位置示意图

在使用 MLSD 时，预处理器与所对应模型仅有一个，故不再多介绍。下面介绍 MLSD 的阈值 A 和阈值 B 控制的内容。

阈值 A 和阈值 B 是软件内置的名称，其英文名称为 MLSD Value Threshold 和 MLSD Distance Threshold，都可用于控制对画面直线提取的精细度，但又有所区别。

1. 阈值 A

阈值 A（MLSD Value Threshold）这个参数用于筛选线稿的直线强度，即过滤掉不直的线条，只保留最直的线条。其数值范围是 0.01～2。当 Value 阈值 A 增大时，被过滤掉的线条变多，图像中的线稿逐渐减少。为对比数值范围大小对于图片中直线的提取的影响，先在 ControlNet 中上传一张室内卧室效果图，保持阈值 B 不动，阈值 A 调整为 0.1，单击“预览”按钮，生成一张 MLSD 的线稿图，如图 4.7.2 所示。

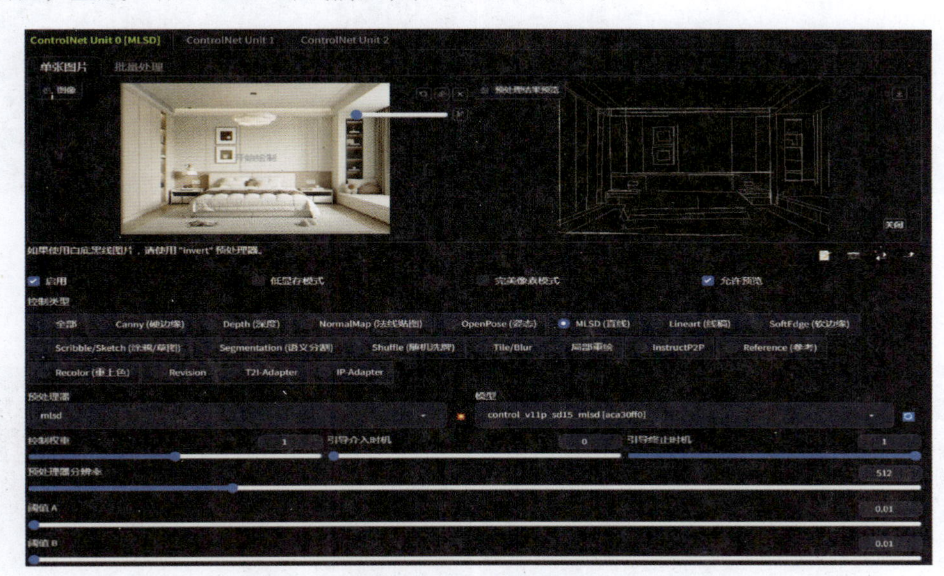

图 4.7.2　MLSD 阈值 A 调整为 0.1 示意图

再保持阈值 B 不动，阈值 A 调整为 1，单击“预览”按钮，生成一张 MLSD 的线稿图，如图 4.7.3 所示。

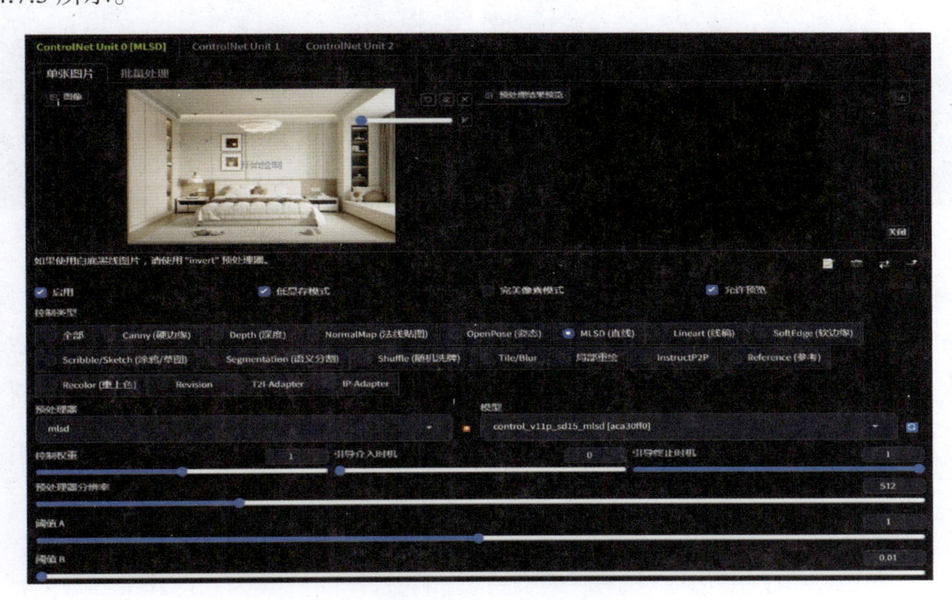

图 4.7.3　MLSD 阈值 A 调整为 1 示意图

对比两张图发现当阈值 A 调整数值为 1 或者大于 1 时，就会出现预览生成图案为一张全黑的图，在多次尝试调整为 0.1、0.2、0.3、0.4、0.5、0.6 等时，发现 0.01 与 0.1 生成的图基本一致，如图 4.7.4 所示。

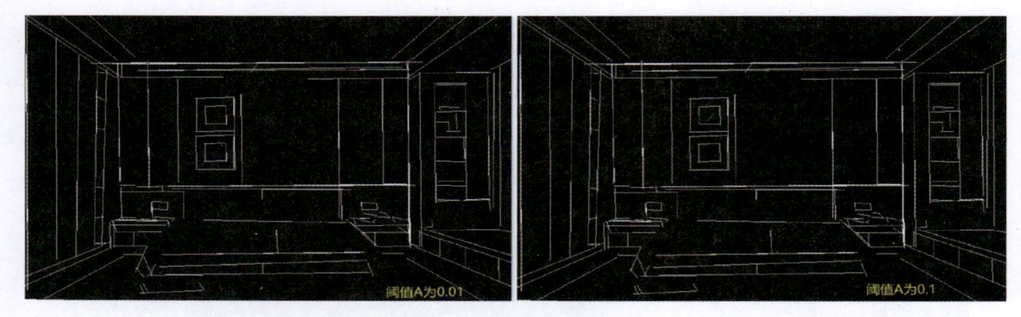

图 4.7.4　MLSD 阈值 A 调整为 0.01 与 0.1 生成图对比

在对比阈值 A 数值分别调整为 0.1、0.3、0.5、0.7 等图时，发现 0.01 与 0.1 生成的图基本一致，如图 4.7.5 所示。

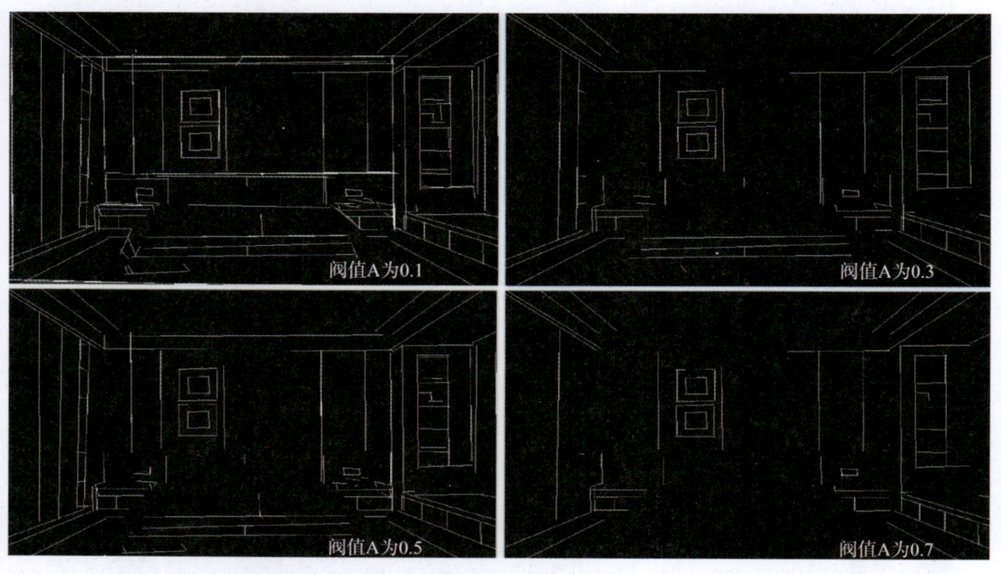

图 4.7.5　MLSD 阈值 A 分别调整为 0.1、0.3、0.5、0.7 生成图对比

由此可以发现阈值 A 调整数值为 0.01～0.1 时，生成图片基本一致，在数值调整为 0.1～1 时，数值越大，所生成的图像中直线段越少。当超过 1 时，图像中的所有直线段都会被过滤掉。

2. 阈值 B

阈值 B（MLSD Distance Threshold）数值范围是 0.01～20，这个参数用于筛选线条的长度，即过短的直线会被筛选掉。这有助于过滤掉对内容布局和分析没有太大帮助，甚至可能对最终画面造成干扰的短直线。

对比阈值 B 数值范围选择对于直线筛选的影响，选择阈值 A 为 0.1，其余参数保持不变，选取阈值 B 数值分别为 0.01、0.1、1 生成 MLSD 线稿图作为对比，如图 4.7.6 所示。

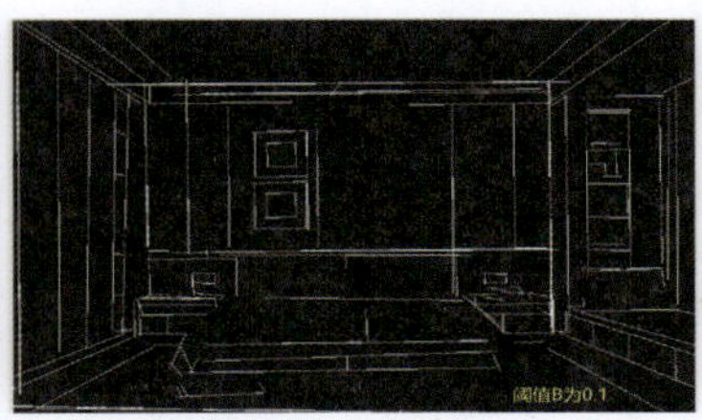

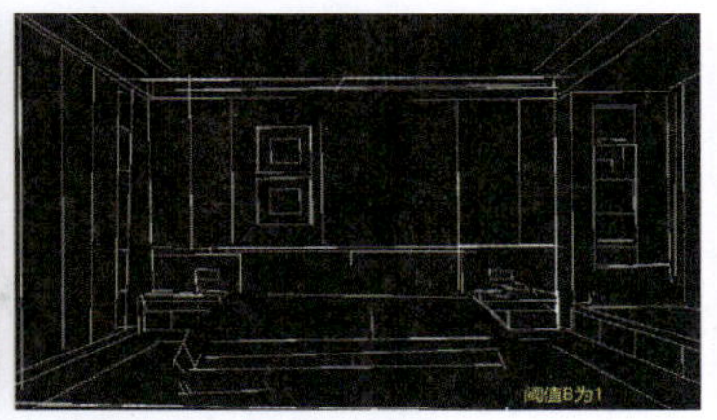

图 4.7.6　MLSD 阈值 B 分别调整为 0.01、0.1、1 生成图对比

由此可以发现阈值 B 在 0.01～1 时，生成的线稿图基本没有变化。保持参数相同，再选取阈值 B 分别为 1、5、10、20 生成的图进行对比，如图 4.7.7 所示。

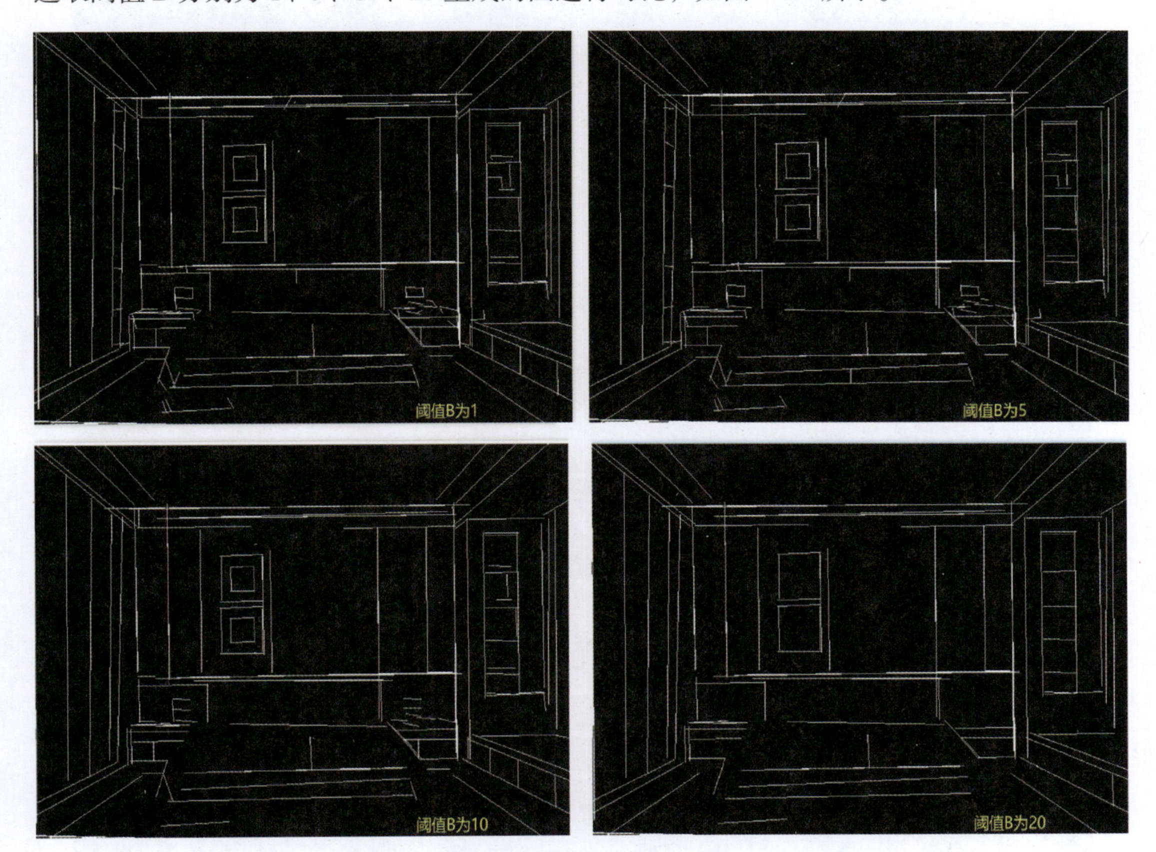

图 4.7.7　MLSD 阈值 B 分别调整为 1、5、10、20 生成图对比

在应用 MLSD 算法以生成线段控制图时，参数阈值 B 的取值范围对生成结果具有重要影响。经过观察，当阈值 B 在 1～20 的区间内调节时，线稿图中的短线段数量随之减少，而这些短线段往往源自原图中的装饰性元素。值得注意的是，在此过程中，房间的基本框架结构保持了良好的稳定性。

因此，若目标是在调整装饰风格的同时保持房间构造的一致性，合理调整阈值 B 是实现该目标的关键。通过提升阈值 B 的数值，可以有效降低装饰元素杂线对生成图像的干扰，增强对图像结构的控制度。这样的调整策略，旨在优化生成图像的质量，确保其更好地满足既定的创作要求。

4.7.2 直线控制在图像生成中的控制作用

在上一小节对 MLSD 原理及具体参数的阐述下，本小节对于 MLSD 在生成图像中的控制应用进行介绍。首先是利用文生图来生成图像。大模型选择为“Interior Design 通用模型”，采样方法为 Euler a，迭代步数为 50，宽度为 1024，高度为 512，提示词为引导系数为 7，随机种子数为 –1。

正向提示词可以输入卧室，现代极简主义风格，希望生成的图像具有高度的真实感和丰富的细节，并且想要有自然的光线，可以添加一下词汇，输入提示词，如图 4.7.8 所示。

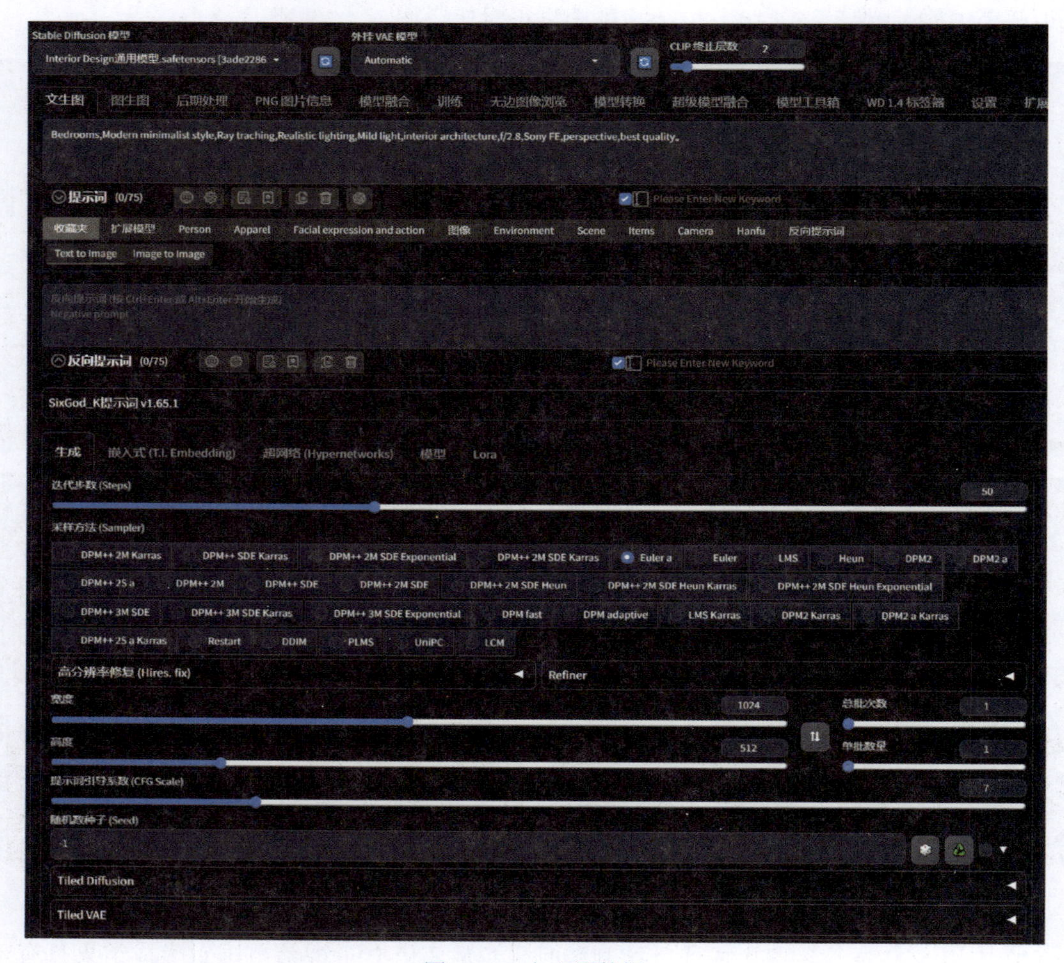

图 4.7.8　文生图数据

正向提示词：bedrooms, modern minimalist style, ray traching, realistic lighting, mild light, interior architecture, f/2.8, Sony FE, perspective, best quality。

中文：卧室，现代极简风格，光线引导，逼真的照明，柔和的光线，室内建筑，f/2.8，索尼 FE，透视，最佳质量。

单击“生成”按钮，生成图 4.7.9。

将生成的图导入 ControlNet 中，单击“低显存模式”“完美像素模式”和“允许预览”。在控制类型中选择 MLSD，在阈值 A 中选择 0.1，阈值 B 中选择 1，单击“预览”按钮，生成 MLSD 线稿图，如图 4.7.10 所示。

图 4.7.9　文生图效果

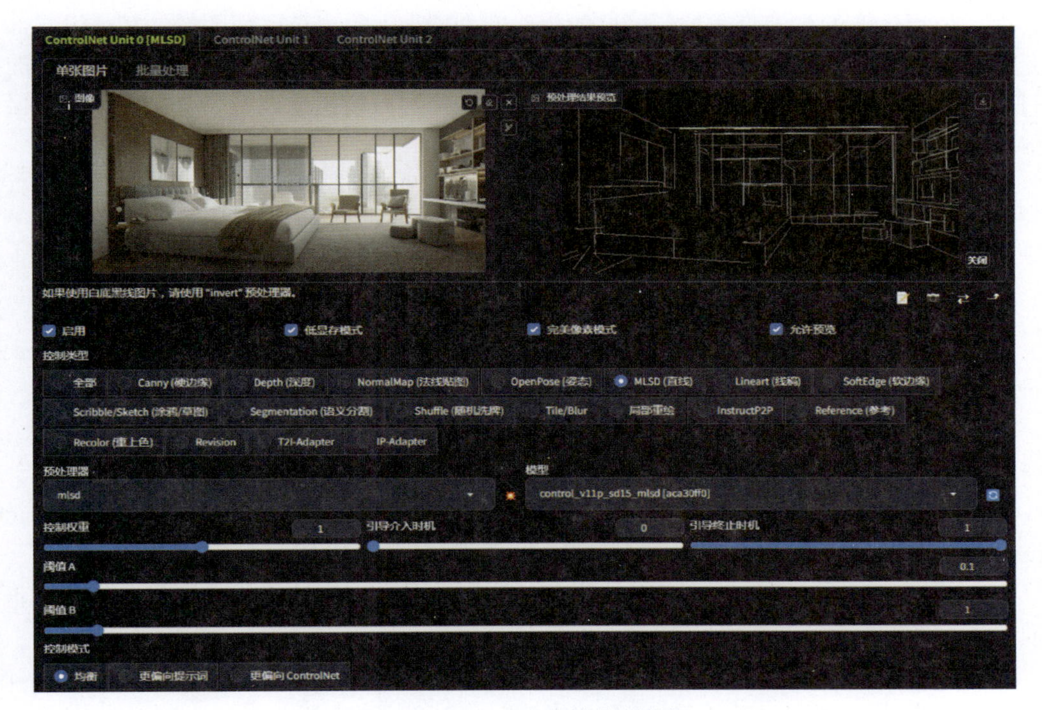

图 4.7.10　MLSD 直线控制数据

随后将提示词中的 modern minimalist style（现代极简风格）改为 industrial style（工业风格）。

正向提示词：bedrooms, industrial style, realistic lighting, mild light, interior architecture, f/2.8, Sony FE, perspective, best quality。

中文：卧室，工业风格，光线引导，逼真的照明，室内建筑，f/2.8，索尼 FE，透视，最佳质量。

单击“生成”按钮，生成图 4.7.11。

图 4.7.11　MLSD 直线控制生成图片

在对生成图像与原始图像进行细致的对比分析后，室内效果图在风格层面经历了显著的转变。值得注意的是，直线控制区域的精确度表现得尤为出色，而图像的其他组成部分则是基于提供的文本提示词进行了智能生成。MLSD 算法在应用于建筑或室内效果图的编辑过程中，特别擅长在保持布局不变的同时，对风格进行精确地调整和变换，从而确保了生成结果能够精准地反映使用者的设计意图和需求。

接下来进行一个家具案例，继续探索 MLSD 的实践技巧。

依旧先使用文生图创作一幅家具图像。

大模型选择“SDXL 通用室内设计 MAX”，做一个简单且具有极简主义风格的家具一角，该家具为沙发，且整体色调为暖灰色，输入提示词。

正向提示词：(HD quality, master works, best quality, professional photography, masterpieces), Interior, sofa, floor, carpet, minimalist style, natural light, grey, warm tones。

中文：（高清画质，大师级作品，最佳品质，专业摄影，杰作），室内，沙发，地板，地毯，极简主义风格，自然的光线，灰色，暖色调。

反向提示词：worst image quality, low image quality, lowres, errors, cropping, chaotic structure, confusion, splitting, abnormal quality。

中文：最差画质，低画质，低分辨率，错误，剪裁，混乱的结构，错乱，分裂，非正常质量。

采样方式为 Euler a，迭代步数为 35，开启高清修复，高清算法选择 R-ESRGAN_4x+ Anime6B，放大倍数为 2，高分迭代步数为 30，重绘幅度为 0.75。图片尺寸选择：1024 × 512 像素。单击“生成”按钮，单次批量为 1，生成图 4.7.12。

将图 4.7.12 拖入 ControlNet 图像窗口，控制器选择 MLSD 控制类型，预处理器选择 mlsd(M-LSD 直线线条检测）单击 ■ 图标进行运行预处理（runpreprocessor），得到图 4.7.13。由此可见，MLSD 会以线段的方式把图片结构勾画出来。权重保持默认 1，控制模式选择均衡，缩放模式选择“缩放后填充空白”。

把提示词中的 minimalism（极简主义）更改为 rococo（洛可可主义）。

正向提示词：(HD quality, master works, best quality, professional photography, masterpieces), Interior, sofa, floor, carpet, (rococo:1.5), natural light, grey, warm tones。

图 4.7.12　文生图家具图片

图 4.7.13　MLSD 预处理画面

中文：（高清画质，大师级作品，最佳品质，专业摄影，杰作），室内，沙发，地板，地毯，（洛可可主义：1.5），自然的光线，灰色，暖色调。

反向提示词：worst image quality, low image quality, lowres, errors, cropping, chaotic structure, confusion, splitting, abnormal quality。

中文：最差画质，低画质，低分辨率，错误，剪裁，混乱的结构，错乱，分裂，非正常质量。

单击"生成"按钮，生成图 4.7.14。

得出的图像整体结构不变，室内的整体风格却发生了明显的变化，直线部分得到了精准的控制，曲线部分由 Stable Diffusion 绘画自由发挥。

图 4.7.14　修改后的图片

4.8　Lineart（线稿提取）

Lineart 模型的核心优势在于其能够将任何图像转换成清晰的线稿形式，从而固定和简化视觉内容，确保画面的可控性和构图的精确性。这种转换不仅捕捉了原始图像的结构，还通过智能调整线条的粗细和深浅来呈现图像的深度，提供了比传统 Canny 模型更高级的控制能力。Lineart 模型将图像转换成线稿形式的大体逻辑为：它可以将图片转化为纯线稿画面，通过与原图基本一致的线稿画面形式，进而固定生成画面内容，确保生成画面与原图保持一致性。Lineart 模型特别适合用于黑线白底图的上色工作，它通过专门的训练优化了线条艺术的生成，使艺术家可以基于这些线稿进行更自由的创作，无论是细节的深化还是色彩的填充，都能在保持原始画面精神的同时，展现出个性化的艺术风格。它的线条有粗细深浅的区别，相比 Canny 模型，Lineart 不仅能够控制构图，还可以更好地还原图片深度。用户可以举一反三地将 Lineart 模型应用到不同的艺术专业之中，开发其更多的可能性。

Lineart 的预处理器分为 5 种，详见图 4.8.1。

- Lineart_anime：适合从动漫图片中提取线稿图。
- Lineart_anime_denoise：适合从动漫图片中提取线稿图，并去掉噪声点。
- Lineart_coarse：从图片中粗略提取线稿图，忽略不突出的细节，生图时自由度更高。
- Lineart_realistic：从真实视觉的图片中提取线稿图。
- Lineart_standard：从图片提取线稿图的标准版处理器。

图 4.8.1　Lineart 5 种预处理器

4.8.1 不同预处理器的线稿提取

Lineart 提取图片的操作方法如下。

首先，单击 ControlNet 选项，打开 ControlNet 的操作界面，之后在操作界面中找到 Lineart 处理器，在如图 4.8.2 所示的位置，选择 Lineart，并勾选“启用”“低显存模式”“完美像素模式”“允许预览”即完成 Lineart 模型的前期调用。

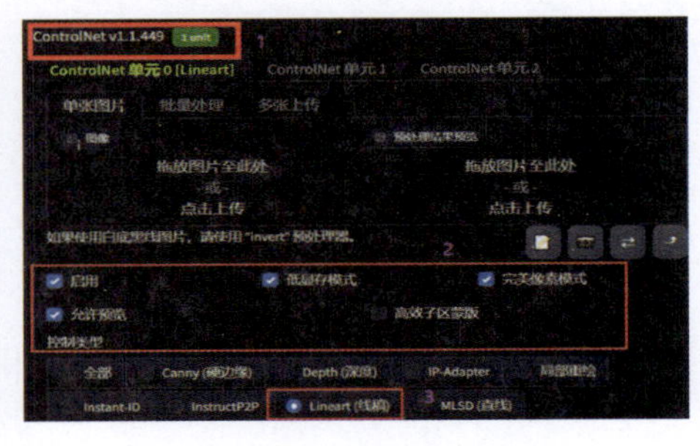

图 4.8.2　Lineart 调用示意图

然后，针对不同风格的图片选择相应的预处理器。为了展示 5 种不同预处理器对线稿提取产生的不同画面影响，分别对 5 种预处理器进行生图比较。

选择主模型为 ReVAnimated。准备生成一个带有山水的玻璃瓶子，体现瓶中世界的氛围感。

正向提示词：HD quality, master works, rich details, (Chinese style:1.2), artwork, glass surrounded by mountains and rivers, glass bottles, transparent water, undulating mountains, blue theme, surreal dream style, light tracing, dreamlike scenes, trees, natural light, jungle。

中文：高清画质、大师级作品，丰富的细节，（中国风：1.2），艺术品，山水环绕的玻璃杯，玻璃瓶，透明的水，起伏的高山，蓝色主题，超现实主义的梦想风格，光线追踪，梦幻场景，树木，自然光，丛林。

反向提示词：NSFW, very bad morphing, painting, (worst quality, low quality, normal quality:1.7), lowres, blur, text, blur。

中文：NSFW，非常糟糕的变形，绘画，（最差质量，低质量，正常质量：1.7），低分辨率，模糊，文本，模糊。

生成图片如图 4.8.3 所示。

图 4.8.3　瓶中世界生成图

下面比较不同的预处理器，为保证结果具有参考性，正向、反向提示词均不改动，只改变预处理器，生成的线稿形式和图片如下。

（1）使用 Lineart_anime 对图片线稿提取，如图 4.8.4 所示。

（2）使用 Lineart_anime_denoise 预处理器生成的图像，如图 4.8.5 所示。

（3）使用 Lineart_coarse 预处理器生成的图像，如图 4.8.6 所示。

（4）使用 Lineart_realistic 预处理器生成的图像，如图 4.8.7 所示。

图 4.8.4　Lineart_anime 预处理器生成图像

图 4.8.5　Lineart_anime_denoise 预处理器生成图像

图 4.8.6　Lineart_coarse 预处理器生成图像

图 4.8.7　Lineart_realistic 预处理器生成图像

（5）使用 Lineart_standard（from white bg & black line）预处理器生成的图像，如图 4.8.8 所示。

图 4.8.8　Lineart_standard（from white bg & black line）预处理器生成图像

4.8.2 线稿在艺术创作中的运用

在线稿提取的具体运用上，主要体现于在固定原图相对多物体的基础上，能将更多的风格元素体现在创作中。以场景氛围图为例，模型选用 AWPainting，先使用文生图生成一张图片，之后使用这张图片进行颜色修改。

正向提示词：HD quality, master works, stunning images, soft color scheme, rich details, solo, girl, back, standing, long hair, (Chinese girl: 1.2), black hair, back to the audience, (red light: 1.1), fireworks, fireworks show, Spring Festival, New Year, (fireworks: 1.1), long sleeve, Chinese dragon, blue theme, Chinese architectural background。

中文：高清画质，大师级作品，震撼人心的画面，柔和的配色，丰富的细节，独奏，女孩，背影，站立，长发，(中国女孩:1.2)，黑色头发，背对着观众，(红灯:1.1)，礼花，烟花表演，春节，新年，(烟花: 1.1)，长袖，中国龙，蓝色主题，中国建筑背景。

反向提示词：NSFW, ugly characters, huge eyes, confused faces, (bad and mutated hands: 1.3), (worst quality: 2), (low quality picture: 1.5), extra limbs, chaotic building structure, too many hands, too many feet, distorted limbs, wrong light and shadow。

中文：NSFW，丑陋的人物，巨大的眼睛，混乱的脸，(坏的和变异的手：1.3)，(最差的质量：2)，(低质量画面：1.5)，多余的肢体，混乱的建筑结构，多余的手，多余的脚，扭曲的肢体，错误的光影。

采样方法为 Eular a，迭代步数为 35，画面宽度为 1024，高度为 512，开启高清修复，选择 2 倍，放大算法为 R-ESRGAN 4x+ Anime6B，如图 4.8.9 所示，之后单击“生成”按钮，生成图 4.8.10。

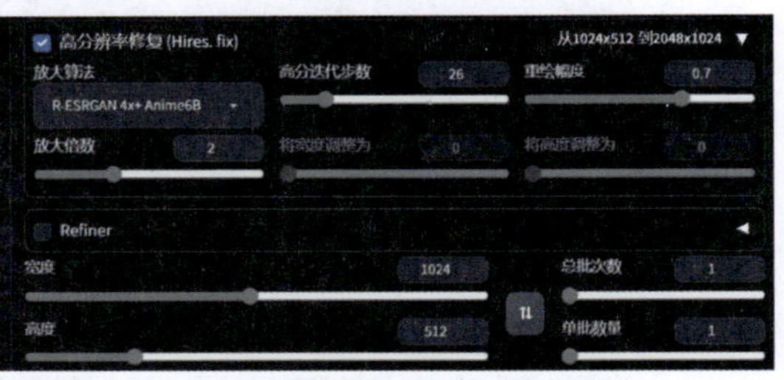

图 4.8.9 参数界面

图 4.8.10 蓝色风格中国春节

下一步打开 ControlNet 面板，单击 Lineart，将生成的图片上传至界面中，单击“启用”按钮并勾选相应的必要参数后，在预处理器中选择 Lineart_anime 预处理器，单击爆炸图标，生成相应线稿图，检查细节是否均已还原，如图 4.8.11 所示。

图 4.8.11　Lineart_anime 预处理器生成图

这里将正向提示词中的蓝色主题改为红色主题，其余提示词不变。在此基础可生成出更改后的图片，如图 4.8.12 所示。

图 4.8.12　Lineart_anime 预处理器生成红色主题中国春节

把这张图变为写实风格，将模型替换为“城市设计大模型 | UrbanDesign”，提示词均不变化，单击生成图 4.8.13，由此便将上一张图的物体保留下来，只对其中氛围和所要调整的物体进行了修改和调整。

图 4.8.13　改为写实风格后生成的图片

4.9 SoftEdge（软边缘控制）

4.9.1 软边缘检测技术原理介绍

SoftEdge 是 ControlNet 中的一种预处理器，主要用于边缘检测和图像处理。其核心功能是通过识别图像中的边缘特征，生成清晰的边缘轮廓，从而为后续的图像生成提供精确的控制。SoftEdge 主要针对目标图，进行软化边缘的线条提取，没有 Canny 锐利，也没有 Lineart 丰富，SoftEdge 识别的图案线条较为柔和，比较适合做头发类型的线条的提取，具体处理图像区别如图 4.9.1 所示。

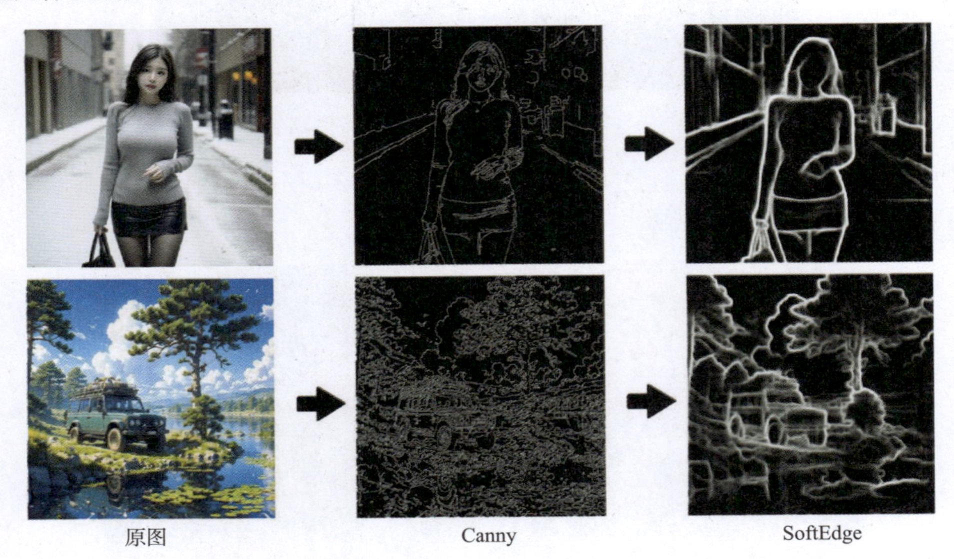

图 4.9.1　Cany 和 SoftEdge 区别

Stable Diffusion 中的软边缘控制技术是一种边缘检测方法，它在图像生成过程中起到关键作用，尤其是在需要精细控制图像边缘细节时。相比 Canny，SoftEdge 能保留出更多细致的边缘，如画面的细微处理、衣服中褶皱，进而再出图时限制因素较少，能更自由地发挥 AI 绘画的可能性。

SoftEdge 检测技术优势如下。

（1）SoftEdge 检测技术：这种技术是 ControlNet 1.0 中 HED 边缘检测的升级版。SoftEdge 技术能够保留图像中更多的细节，相较于 Canny 边缘检测，它在处理图像时能够提供更加平滑和自然的边缘过渡效果。

（2）预处理器的选择：SoftEdge 提供了不同的预处理器选项，包括 SoftEdge_HED、SoftEdge_PiDiNet 等，这些预处理器按照结果质量排序，带有 Safe 后缀的预处理器可以防止生成的图像带有不良内容。

（3）边缘细节的保留：SoftEdge 技术在提取边缘时，能够更好地保留图像的原始结构和细节，这在进行图像着色和风格化时尤为重要，因为它可以确保生成的图像在视觉上更加连贯和自然。

（4）应用场景：SoftEdge 技术可以应用于多种场景，比如从线稿上色开始，通过边缘检测模型提取线稿，然后根据提示词和风格模型对图像进行着色和风格化。

（5）参数调整：在使用 SoftEdge 技术时，可以通过调整相关参数来优化边缘检测的效果，如调整 Control Weight（控制权重占比）、Starting Control Step（引导介入时机）和 Ending Control Step（引导终止时机）等。

图 4.9.2～图 4.9.5 所示为使用同一张图编者自制墨麒麟 AI 图生成的 SoftEdge 处理图、Canny 处理图、Lineart 处理图对比，可以看出 SoftEdge 介于 Lineart 和 Canny 之间。SoftEdge 处理的图片线条较为柔和、粗线条较多、细线条较少；Canny 处理的线条，细线较多，根本原因为 Canny 处理线条是以原线稿的线为中心进行包围式绘制，线条细腻且复杂；Lineart 处理的线条则为前两者的中和，粗细均有，且保留前后景细节。

图 4.9.2　原图

图 4.9.3　SoftEdge 处理图

图 4.9.4　Canny 处理图

图 4.9.5　Lineart 处理图

将上面 3 种处理方式分别进行 AI 图画生成，具体参数：大模型为 AWPortrait_v1.3.safetensors，Lora: 麒麟 _v1.0/ 白泽 MARS. 可爱 3D 形象。

正向提示词：(HD quality, master works, movie level atmosphere, real hair, real details), cute unicorn, colorful scales, gold theme, clever, rich details, delicate features, claws, head gems, (background in bamboo forest, bamboo:1.2), smile。

单击“生成”按钮，生成图 4.9.6～图 4.9.8。

图 4.9.6　SoftEdge 生成图

图 4.9.7　Canny 生成图

图 4.9.8　Lineart 生成图

可以看出 SoftEdge 可以保留更多前后景，且头发的质感基本还原，Canny 则对后景的处理发生很大的变化，头发细节发生了一定量的随机变化；Lineart 则头发前后景变化较少。但发质的随机变化比 SoftEdge 略微多一些。总体来说 SoftEdge 在柔性细节保留上较好。

4.9.2　SoftEdge 在图像中的应用解析

SoftEdge 有四个常见处理器分别为 SoftEdge_PiDiNet（软边缘检测 -PiDiNet 算法）、SoftEdge_PiDiNetSafe（软边缘检测 - 保守 PiDiNet 算法）、SoftEdge_HEDSafe（软边缘检测 - 保守 HED 算法）、SoftEdge_HED（软边缘检测 - HED 算法），几者的区别如下。

依旧选取 4.4.1 小节文生图墨麒麟作为底图，将图导入 ControlNet，选择 SoftEdge 控制器，分别选择 SoftEdge_HED 和 SoftEdge_PiDiNet 预处理器，生成图 4.9.9 和图 4.9.10。观察两者处理后图片的区别。首先 SoftEdge_HED 对于 SoftEdge_PiDiNet 所保留细节更多，包括细节的毛发；背后的景色；地面土壤、植被细节、五官塑造，且线条有粗有细，平面感较强。而 SoftEdge_PiDiNet 生出的图纵深感较强，细节保留不多的同时可以让 AI 有更多的处理空间。

图 4.9.9　SoftEdge_HED 处理图（细节更多）

图 4.9.10　SoftEdge_PiDiNet 处理图（可发挥空间更多）

设置出图参数，生出图做对比。使用上一小节的大模型和 Lora，正向、反向提示词均保持不变，采样方法选择 Euler a，迭代步数为 35，开启高清修复，高清算法选择 8x-NMKD-Superscale，放大倍数为 2，重回采样步数为 30，重绘幅度为 0.75。ControlNet 中将图片尺寸发送到生成设置，保证处理图片大小与生成图片大小一致，控制权重默认为 1，控制模式选择“均衡”，缩放模式选择“缩放后填充空白”，之后单击“生成”按钮，生成图 4.9.11 和图 4.9.12。

图 4.9.11　SoftEdge_HED 生成图（整体细节保留较多）

图 4.9.12　SoftEdge_PiDiNet 生成图（前后景重制）

可以看出 SoftEdge_HED 生成图中原图细节保留较为完整，身体上的毛发细节、纹理走向、背景的竹林个数、前景的植物姿态，都得到了很好的保留，只是在颜色上做出了改变。SoftEdge_PiDiNet 生成图则对毛发的走向和细节做出了一定的改变，在背景上重新进行了设定，增加了空间纵深，前景也做了一些改变，增加了凹凸和土块。整体来说，如果要保留原始图的细节和空间感，进行细微的改变时，SoftEdge_HED 是不错的选择；如果要对原图空间感进行改变，并且对于原图细节无太多限定的话，SoftEdge_PiDiNet 则更为适合。

SoftEdge_HEDSafe（软边缘检测 - 保守 HED 算法）、SoftEdge_PiDiNetSafe（软边缘检测 - 保守 PiDiNet 算法）两种算法只是在后面添加了 Safe，Safe 其实是前后景删除的效果，但数值已经被预制。

从图 4.9.13 和图 4.9.14 中可以看出，SoftEdge_HEDSafe 和 SoftEdge_PiDiNetSafe 在主体物细节保留上遵循了 SoftEdge_HED 和 SoftEdge_PiDiNet 的特性，最大的变化是这张图的前后景均进行了弱化，有些竹节和植物叶子的细节进行了删除，主体物的细节进行了保留，这就是 Safe 的作用。将正向提示词里的（背景在竹林里，竹林：1.2）词汇删除，单击“生成”按钮观察其区别。

图 4.9.13　SoftEdge_HEDSafe 处理图（前后景弱化，删除细节）

图 4.9.14　SoftEdge_PiDiNetSafe 处理图（前后景弱化，删除细节）

从图 4.9.15 和图 4.9.16 中可以看出，SoftEdge_HEDSafe 生成图背景从竹林变成了西式建筑的花墙，植物造型也进行一定量的变化。SoftEdge_PiDiNetSafe 生成图背景从竹林变成了森林。

下面尝试生成一个吉普车自驾的 AI 图例，模型选择 AWPainting，Lora 选择自驾旅途风景。

正向提示词：(HD quality, master works, realistic, stunning images, 8K, real materials, rich details, cinematic atmosphere), outdoor, turquoise Jeep, background outdoors, lake, reflection, landscape, grass, sky, clouds。

中文：（高清画质，大师级作品，真实感，令人震撼的画面，8K，真实材质，丰富的细节，电影级氛围感），户外，蓝绿色的吉普车，背景在户外，湖水，反射，风景，草地，天空，

图 4.9.15　SoftEdge_HEDSafe 生成图（背景变成了建筑花墙）

图 4.9.16　SoftEdge_PiDiNetSafe 生成图（背景变成了竹林）

云朵。

反向提示词：NSFW, (worst quality:2),lowres, ((monochrome)), ((grayscale)), watermark, blurred picture, ((grayscale)), (bad quality: 2), (low quality: 2), ((monochromatic)), ((gray)), abnormal picture。

中文：NSFW,（最差画质:2），低分辨率,((单色)),((灰度)),水印，图像模糊,((灰度)),（最差画质：2），（低画质：2），((单色)),((灰度)),图像异常。

打开 ControlNet 面板，勾选“启用”“完美像素模式”“允许预览”。选择 SoftEdge（软边缘），预处理器会自动选择 SoftEdge_pidinet，可单击“预览”按钮观察处理效果，详细设置如图 4.9.17 所示。之后单击“生成”按钮，生成图 4.9.18。

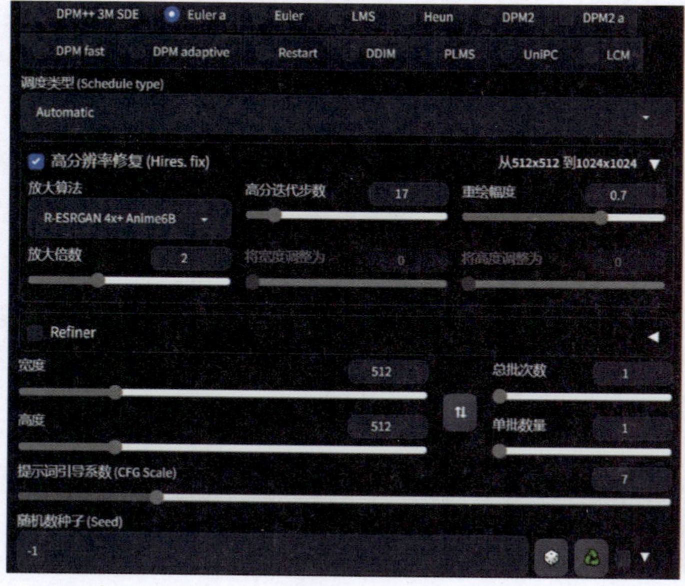

图 4.9.17　详细参数

图 4.9.18　参数设置与生成图片

下面为不同预处理器处理效果和生成图像。

图 4.9.19 所示为 SoftEdge_teed 预处理器效果图。

图 4.9.19　使用 SoftEdge_teed 预处理器生成图像

图 4.9.20 所示为 SoftEdge_hedsafe 预处理器效果图。

图 4.9.20　使用 SoftEdge_hedsafe 预处理器生成图像

图 4.9.21 是 SoftEdge 生成图片欣赏。

图 4.9.21　使用 SoftEdge 生成图像

4.10 Scribble（涂鸦）风格在创意项目中的应用

Scribble 风格就是通过粗略的线段涂鸦进而引导 AI 生成图片（图 4.10.1），适合没有太多基础的新手。

这里使用 Scribble，即涂鸦控制器去生成一张儿童插画风的图像。选用的主模型为"儿童绘本 MIX"，宽高比为 688×1024 像素，采样方法设置为 Euler a，采用 Scribble 涂鸦控制器生成图像，生成图 4.10.2，提示词参数如下。

图 4.10.1　AI 生成图片 1

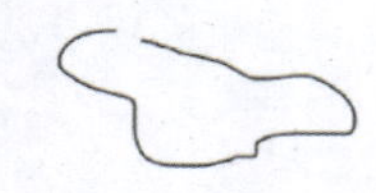

图 4.10.2　AI 生成图片 2

正向提示词：(HD quality, master works, realism, shocking pictures, 8K, real materials, rich details, movie-level atmosphere), small fresh painting style, healing style, a group of small animals playing on the grass, dogs:1.2, blue sky, white clouds, grasses。

中文：（高清画质，大师作品，写实，画面震撼，8K，材质真实，细节丰富，电影级氛围），小清新画风，治愈风格，一群在草地上玩耍的小动物，小狗：1.2，蓝天，白云，草地。

反向提示词：lowres, thick black lines:1.2, line sense:1.2, bright colors, messy limbs, messy branches:1.2, errors, cropping, worst quality, low quality, normal quality, blurry。

中文：低分辨率，粗黑线：1.2，线条感：1.2，明亮的颜色，混乱的肢体，混乱的分支：1.2，错误，裁剪，最差的质量，低质量，正常质量，模糊。

Scribble 的作用是将线条处理成 Stable Diffusion 能认知的黑底白线的数据图，但是线稿精细度没有 Canny 和 Lineart 细腻，但好处是可以让 Stable Diffusion 有更好的发挥余地，往往可以创造出更好的画面。

同样也能将彩色图像处理成 Stable Diffusion 能认知的黑底白线的数据图。Scribble 常用的预处理器有 3 种：scribble_pidinet（涂鸦 - 像素差分）、scribble_xdog（涂鸦 - 强化边缘）、scribble_hed（涂鸦 - 整体嵌套），参数界面见图 4.10.3。

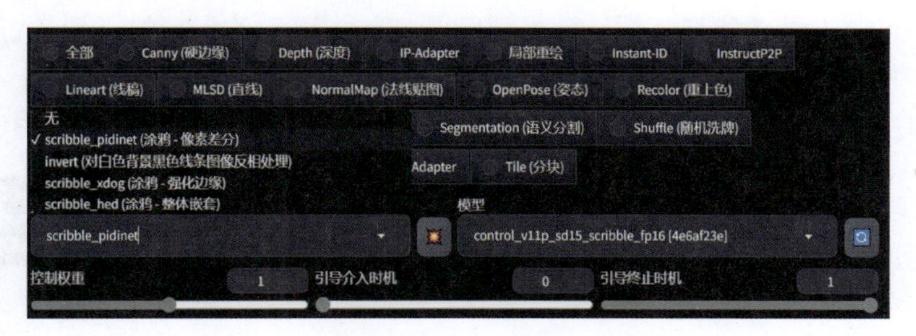

图 4.10.3　Scribble 的预处理器

这 3 种预处理器的区别是什么呢？可以将同一张图用 3 种处理器分别提取一下，如图 4.10.4 所示。

原图

scribble_hed
（涂鸦–整体嵌套）

scribble_pidinet
（涂鸦–像素差分）

scribble_xdog
（涂鸦–强化边缘）

图 4.10.4　Scribble 的预处理器解析

从图 4.10.4 可以看出，scribble_hed 和 scribble_pidinet 处理器的差别不是很大：scribble_hed 处理器对细节的处理是有优化的，scribble_pidinet 处理器更偏向于画面整体的统一性；选择 scribble_xdog 处理器后，下面会出现一个 scribble_xdog Threshold 的阈值条，阈值为 1～64，阈值不同，对细节的处理不同，数值越小，细节越多。

Scribble 还有一个特殊的涂鸦功能，在一张新画布上随意绘制，可以根据不同的关键词，生成不同的图像效果。同样的涂鸦手稿，根据 Scribble 生成后，关键词设置不同，生成的图像也不同，如图 4.10.5 所示，涂鸦一个三角形加正方形，分别生成城堡和大陆。

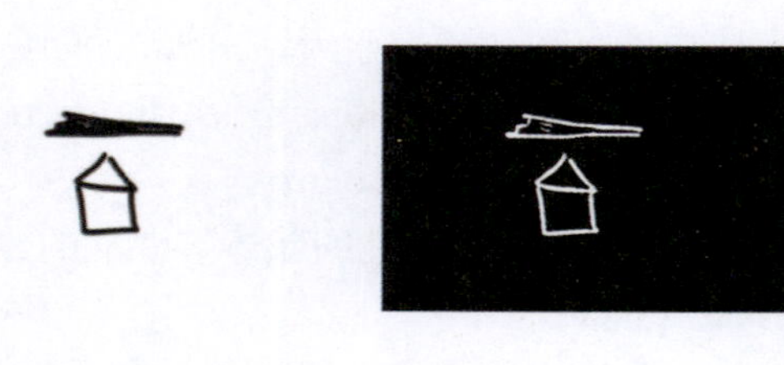

图 4.10.5　AI 生成图像

4.11　Segmentation（语义分割）

Segmentation（语义分割）是计算机视觉领域的一项任务，它的目标是将图像中的每个像素分配到一个特定的类别，从而实现对图像结构的更深入理解。

Segmentation 预处理器有 3 种，具体如图 4.11.1 所示。Segmentation 预处理器的命名遵循一个特定的格式，即“预处理器名称 + 训练框架 + 数据集名称”。以 seg_ofade20k 为例，它由 3 部分组成：预处理器名称 seg、训练框架 of 以及数据集名称 ade20k。这种命名方式清晰地表达了预处理器的功能和它所使用的训练框架与数据集。

seg_ofade20k (语义分割 - OneFormer 算法 - ADE20k 协议)
seg_ufade20k (语义分割 - UniFormer 算法 - ADE20k 协议)
seg_ofcoco (语义分割 - OneFormer 算法 - COCO 协议)

图 4.11.1　预处理器的分类

4.11.1　Segmentation 技术原理

Segmentation 以语义分割的方式对图像进行控制，可以通过颜色对照表准确控制物体，使设计师可以更加直观和准确地进行设计和布局。它不仅提高了设计的效率，还增强了设计的精确性和可行性，因此广泛应用于室内设计中。预处理器主要包含：seg_ofade20k 数据集；seg_ofcoco 数据集；seg_uade20k 数据集。

seg_ofade20k 数据集（scene parsing and semantic segmentation dataset）是一个大规模的语义分割数据集，包含约 25 000 张复杂日常场景的图像，并提供了这些图像中对象的像素级注释。该数据集的特点是标注详尽，它不仅包括对象的标注，还包括对象部件的标注。这使它能够同时识别 150 种不同的物体，为理解场景提供了更丰富的信息，细节表现优秀，处理图如图 4.11.2 所示。

seg_ofcoco 数据集（common objects in context）是另一个广泛使用的语义分割数据集。包含日常场景中的常见对象，并且提供了对象的实例分割和语义分割的注释。COCO 数据集可以同时识别 132 种物体，其整体性高，是评估语义分割模型性能的重要基准，处理图如图 4.11.3 所示。

图 4.11.2　seg_ofade20k 生成的分割图

图 4.11.3　seg_ofcoco 生成的分割图

通过这些命名规范和数据集的特点，可以清晰地了解每种预处理器的功能和应用场景，为语义分割任务提供了丰富的标注信息，尤其是 seg-u-ade20k 为探索无监督学习的可能性提供了新的视角。这些资源共同推动了语义分割技术的发展和创新。

4.11.2 Segmentation 在图像生成中的高级应用

在图像生成领域，Segmentation 技术的应用已经达到了令人瞩目的高度，极大地推动了创新性视觉内容的创作。通过 Segmentation 内容感知填充技术能够智能识别图像中的空白或缺失区域，从而生成与原图风格和内容高度一致的新像素，有效地填补图像中的空缺，恢复其完整性。另外，图像编辑与合成技术利用 Segmentation 对图像进行精确的编辑操作。无论是从复杂背景中移除或添加物体，还是替换背景，这项技术都能轻松实现，极大地提高了编辑工作的效率和灵活性。接下来通过一个室内图片风格的替换和室内图片屋顶的更改详细讲解 Segmentation 的具体应用。

首先是卧室风格的更换案例讲解。在 ControlNet 中，先导入一张室内图片。然后勾选“启用”“完美像素模式”“允许预览”选项，以确保室内图片被正确加载和显示。接下来选择“控制类型”为 Segmentation，并在“预处理器”选项中选择 seg_ofade20k，单击“预览”按钮，如图 4.11.4 所示。这个预处理器能够处理室内房间物体的布局，提供了一个直观的界面来调整和控制室内物体的表现。

图 4.11.4　使用预处理器后生成的预览效果图

接下来选择模型和输入相关提示词，大模型选择“真实感必备模型”，输入提示词，参数如下，具体界面如图 4.11.5 所示。

正向提示词：8K, CG, super detailed, hyper realistic, bedroom, curtains, dappled with light。

中文：8K，CG，超细节，超写实，卧室，窗帘，光线斑驳。

反向提示词：(worst quality:1.5), (low quality:1.5), (normal quality:1.5), lowres, humans。

中文：（最差画质：1.5），（低画质：1.5），（普通画质：1.5），低分辨率，人类。

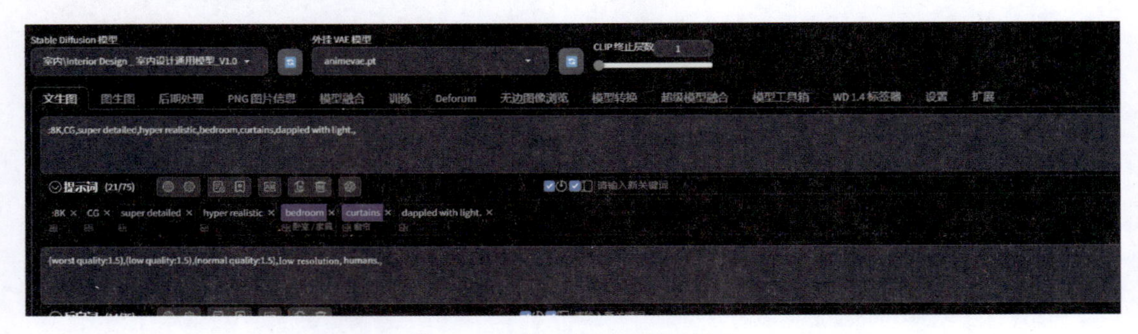

图 4.11.5　提示词输入界面示范

下面设置输出设置，分辨率设置为 768 × 512 像素，采样迭代步数 30，采样方法是 DPM++2M。以文生图的方式生成的图像如图 4.11.6 所示。

图 4.11.6　以文生图生成的卧室图像

如果对效果不满意，可以把提示词加上赛博朋克的描述。

正向提示词：8K, CG, super detailed, hyper realistic, bedroom, cyberpunk, future, the universe, technology, city, neon, curtains, dappled with light。

中文：8K，CG，超细节，超写实，卧室，赛博朋克，未来，宇宙，科技，城市，霓虹灯，窗帘，光线斑驳。

生成图 4.11.7，虽然纹理材质有很大变化，但两幅图的结构保持高度一致。

在 ControlNet 中导入一张室外虚拟图片，勾选“启用”“完美像素模式”“允许预览”选项，以确保室内图片被正确加载和显示。选择“控制类型”为 Segmentation，并在“预处理器”选项中选择 seg_ofcoco，单击“预览”按钮，得到图 4.11.8。这个预处理器能够处理室内房间物体的布局，提供了一个直观的界面来调整和控制室内物体的表现。

图 4.11.7 生成的赛博朋克图像

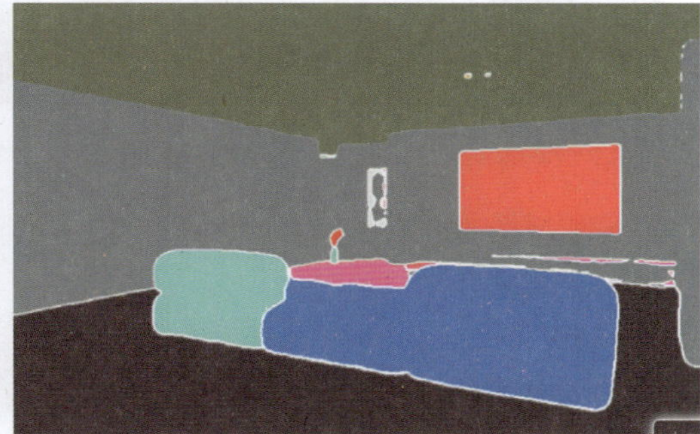

图 4.11.8 Segmentation 预处理后图像

接下来选择大模型“室内设计通用模型 _V1.0”，输入提示词。

正向提示词：8K, CG, super detailed, hyper realistic, bedroom, curtains, dappled with light。

中文：8K，CG，超细节，超写实，卧室，窗帘，光线斑驳。

反向提示词：(worst quality:1.5), (low quality:1.5), (normal quality:1.5), lowres, humans。

中文：(最差画质：1.5),(低画质：1.5),(普通画质：1.5)，低分辨率，人类。

设置输出参数，输出分辨率设置为 768 × 512 像素，采样迭代步数为 30，采样方法是 DPM++2M。以文生图的方式生成的图像如图 4.11.9 所示。

图 4.11.9 生成的图像

可以使用对照表颜色选择进行材质替换，从 COCO Segmentation 颜色对照表中选择 #3C8FFF 颜色码（玻璃），用这个颜色码填充地面的色块。

首先打开 Photoshop 对顶面颜色进行修改，使用选取工具选择地面，填充颜色 #3C8FFF（玻璃）颜色码，修改前与修改后颜色对比如图 4.11.10 所示。

图 4.11.10　修改前与修改后颜色对比

单击“生成”按钮，生成图 4.11.11，由于顶部颜色为修改玻璃图，最终图顶部为玻璃。

图像编辑与合成技术利用语义分割对图像进行精确的编辑操作，例如可以轻松地从复杂背景中移除或添加物体，或者替换背景，这在广告、建筑效果图和室内设计中极为常见。这些高级应用不仅极大地扩展了图像生成的可能性，而且为创意产业带来了深远的影响，推动了视觉艺术和内容制作向更高层次的发展。

图 4.11.11　生成图

4.12　Shuffle（随机化控制）

Shuffle 是指使用算法将原有图片进行打散，之后随机选择或排列元素，产生新颖的具有随机属性的图片。可以使用 Shuffle 将图片进行随机控制，对颜色选择、形状组合、纹理生成等进行随机组合，生成更多可变性的图案。可以利用这种随机性，激发自身的创造力，打破常规思维，为艺术创作带来新的灵感。

首先以文生图的形式，生成一个星球，具体步骤如下。

大模型选择“Dream Tech XL | 筑梦工业 XL”，该模型对于出绚丽的夜景和星河比较擅长，接着输入提示词。

正向提示词：HD picture quality, 8K Ultra HD, rich colors, cinematic atmosphere, planet, bright flashing, colorful light, night sky, nebulae, colorful, dreamy, mysterious universe, planet with a slight blue light, full of mystery starry sky, bright star rings revolve around the planet, light blue atmosphere。

中文：高清画质，8K 超高清，丰富的色彩，电影级氛围感，星球，璀璨闪烁，绚丽多彩的光，夜空，星云，五彩斑斓，梦幻，神秘的宇宙，星球发着微微的蓝光，充满着神秘感的星空，璀璨的星环围绕着星球旋转，淡蓝色的大气层。

反向提示词：NSFW, poor picture quality, abnormal structure, worst quality, lowres, sloppy picture, poor design sense, shape deformation, poor composition, simple design。

中文：NSFW，画面质量差，非正常结构，质量最差，低分辨率，潦草的画面，设计感差，形体变形，构图差，设计简单。

采样方法设置为 DPM++2M，迭代步数为 35，生成图像的分辨率设置为 768 × 512 像素，开启高清修复，放大倍数选择 2，放大算法选择 R-ESRGAN 4x+ Anime6B。

单击“生成”按钮，如图 4.12.1 所示。

图 4.12.1　预处理结果预览 1

璀璨的星球自带很多绚丽的色彩，对于随机化控制有很好的优势。

打开 ControlNet 面板，勾选“启用”“低显存模式”“完美像素模式”“允许预览”。选择 Shuffle 控制器，预处理器、模型均选择默认设置。单击“预览”按钮观察处理效果，预处理结果预览处显示的是一幅具有原图特点的扭曲画面（图 4.12.2），这是因为 Shuffle 本身就是将原始图片进行随机化处理，之后再重新编排组合，所以这里提取了原图里最明显的部分进行显示。

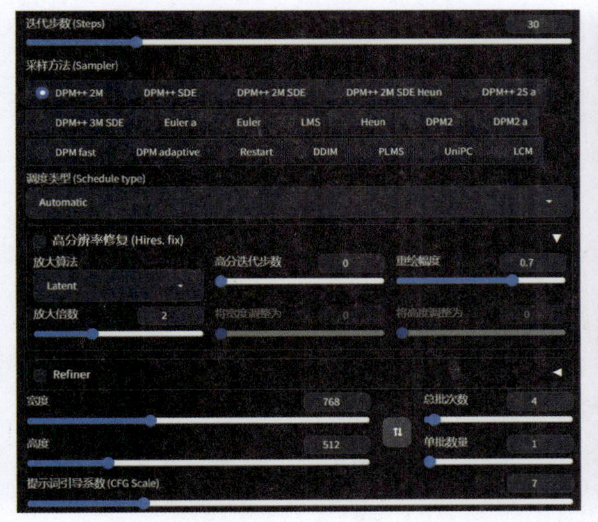

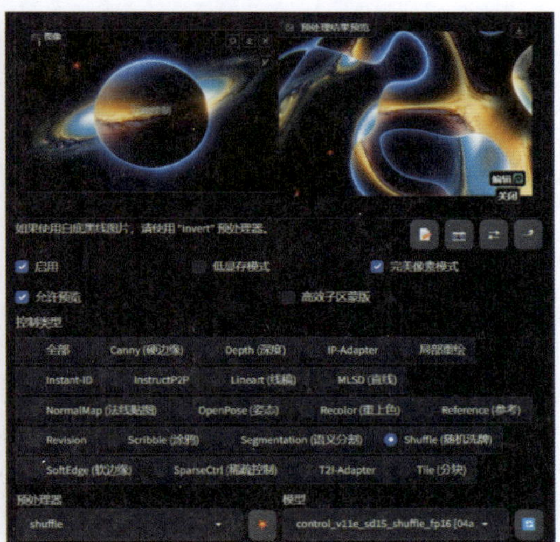

图 4.12.2　预处理结果预览 2

之后保持大模型、参数不变，把生成图的总批次数设置为 4，多生成几张图以便进行观察。全部设置完毕后单击“生成”按钮，等待程序运算完毕，观察生成图片（图 4.12.3）。

图 4.12.3　生成的图片

这 4 幅图像在画面形态和构图上和原图片有很大的变化，4 张图片有显示全部星球样貌的，有显示多个星球的，由此可见 Shuffle 的生图特性是将原始图片画面的风格进行保留，之后再生成画面风格一致但形态发生变化的图片。用户可以利用该特性，将自己的画作、作品进行随机化控制，可以辅助自己进行新的艺术创造。

4.13 Tile（图像分块）

4.13.1 Tile 技术介绍

Tile 技术在 Stable Diffusion 中的应用原理是通过将大尺寸图像分割成多个小块，然后独立处理每个小块，最后再将它们拼接成一张完整的高分辨率图像。这种方法能够有效生成高质量的图像。图像分块技术主要有以下几种应用。

1. 图片的高清修复

Tile 技术可以用于对低分辨率或受损的图像进行高清修复，将原图放大并增加细节。具体操作包括将原图分割成小块，对每个小块进行放大和细节增强，然后重新拼接。这种方法不仅提高了图像的分辨率，还增强了图像的细节和质量。例如，使用 Tile 模型进行图片的高清修复时，可以设置采样迭代步数、图片宽高、生成数量和重绘幅度等参数，以优化修复效果。

2. 增加细节

Tile 技术还可以用于在图像中增加更多的细节。通过在文生图中使用 Tile 模型对图片进行处理，可以观察到图片细节的增加。这种方法特别适用于需要增强图像局部细节的场景，如增加纹理、光影效果等。例如，通过在提示词中添加描述，如“五颜六色的鲜花”或“冬天，在雪地里”，Tile 模型可以生成具有更多细节的图像。

3. 局部调整

Tile 技术还可以用于修改图像的特定细节，尽管 Tile 可以成功地调整图像的特定部分。这种方法特别适用于需要对图像进行局部修改的场景，如改变人物特征、添加或修改背景元素等。例如，在提示词中添加“红色头发”可以生成具有特定发色的图像。

4.13.2 Tile 技术在艺术创作中的应用

首先，使用文生图生成一张白色花朵的图片。大模型选择“SHMILY 油画风”，生成图像的分辨率设置为 320 × 512 像素，迭代步数设置为 36，采样方法设置为 DPM++2M，放大算法选择 Latent (nearest-exact)，高分迭代步数设置为 18，重绘幅度设置为 0.55。

正向提示词：window, (Chinese painting), ((close-up)), white perfume lily, no humans, vase, scenery, shadow, still life, leaf, painting, medium, indoors。

中文：窗，(中国画)，(特写)，白百合，无人，花瓶，风景，阴影，静物，树叶，绘画，介质，室内。

反向提示词：3D, cartoon, anime, sketches, (worst quality:2), (low quality:2), (normal quality:2), lowres, normal quality, ((monochrome)), ((grayscale))。

中文：3D，卡通，动漫，小品，(最差画质:2)，(低画质:2)，(正常画质:2)，低画质，正常画质，((单色))，((灰度))。

单击“生成”按钮，生成图 4.13.1。

图 4.13.1　参数设置与生成图片

如果花朵图片不是很清晰，可以通过使用 ControlNet 工具中的 Tile（分块）功能，使图片更加清晰，细节更加丰富，设置方法如下。

打开高分辨率修复，打开 ControlNet 面板，置入花朵的图片，勾选“启用”“完美像素模式”“允许预览”。控制类型选择 Tile，预处理器会自动选择 tile_resample，控制权重设置为 1，控制模式选择“均衡”（图 4.13.2）。最后单击“生成”按钮生成图片。生成的图片对比如图 4.13.3 所示。

Tile 功能还可以更改图片风格，依旧以上图为例，将其油画风调整为真实照片质感，只需要将提示词添加 real photo texture（真实照片质感）、real material（真实的材质）。其余参数不变，单击“生成”按钮，生成图 4.13.4。

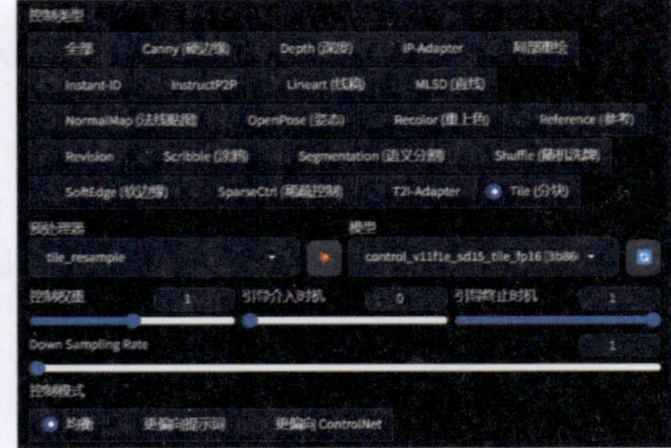

图 4.13.2　ControlNet 中 Tile 的参数设置

图 4.13.3　生成的图片对比

图 4.13.4　生成不同质感的图片

还可以使用 Tile 功能更改图片局部内容，在正向提示词加入“pink flowers：1.2”（粉色的花朵）、“pink flowers：1.5”（粉色的花朵）、“colorful flowers:1.8”（五颜六色的花朵），同时也可以调整不同的权重来获得想要的图片效果，如图 4.13.5 所示。

图 4.13.5　局部更改的图片

4.14 Inpaint（局部重绘）

4.14.1 Inpaint 技术简述

Stable Diffusion 是一种基于深度学习的图像生成模型，它能够根据文本描述生成图像，或者对现有图像进行编辑和改进。Inpaint（局部重绘，也称为局部编辑或条件重绘）是 Stable Diffusion 的一个应用，允许用户对图像的特定部分进行修改，而不影响其他绘画区域。

Inpaint 因其灵活性和创造性，在艺术创作中有多种应用场景，如风格转换、元素添加、元素修改、缺陷修复、创作延伸、个性化定制、概念验证、艺术教育、数字绘画辅助、电影和游戏制作、时尚设计、虚拟试穿、广告和营销材料、艺术滤镜开发等，为艺术家和设计师提供了广泛的应用可能。

Inpaint 的具体实现和使用可能会根据用户使用的 Stable Diffusion 模型的版本和配置有所不同。此外，由于 Stable Diffusion 是一个不断发展的领域，可能会有新的工具和技术出现，使局部重绘过程更加简单和高效。

4.14.2 Inpaint 实践技巧

使用文生图功能先生成一张作品图，作为实践的母本（图 4.14.1）。大模型采用“人物\AWPortrait_v1.2”，画面宽度设置为 768 像素，高度设置为 512 像素，采样方法为 DPM++ 2M SDE，迭代步数为 30，输入提示词。

正向提示词：a girl, suit, office。

中文：一个女孩，西装，办公室。

反向提示词：(worst quality:1.8), (low quality:1.8), (normal quality:1.8)。

中文：（最差质量：1.8），（低质量：1.8），（正常质量：1.8）。

接着，将图 4.14.1 拖入 ControlNet 图像窗口，勾选“启用”和“允许预览”选项，选择“局部重绘”控制类型，然后把衣服涂黑形成遮蔽，如图 4.14.2 所示。

图 4.14.1　以文生图生成的图像

图 4.14.2　把衣服涂黑形成遮蔽

把提示词中的 suit 更改成 women's jacket（女式夹克），局部重绘预处理器选择 inpaint_only，模型选择 control_v11p_sd15，单击“预览”按钮后生成图像，预览结果和生成结果如图 4.14.3 所示。

图 4.14.3　选用 inpaint_only 预处理器生成的预处理图像和最终图像

还可以把预处理器改成 inpaint_global_harmonious，模型不变，这个处理模式控制的元素会更多一些，出现的效果变化也更大，如图 4.14.4 所示。

图 4.14.4　选用 inpaint_global_harmonious 预处理器生成的预处理图像和最终图像

4.15 InstructP2P（图像变换）

4.15.1 指令式变换的原理

InstructP2P 全称为 Instruct Pix2Pix，是 ControlNet 插件的一个功能，主要功能为场景转换和风格迁移，InstructP2P 模型不仅是一种图像编辑工具，还具备图像分割与识别的能力。在该模型开发训练阶段，制作者让它学会了如何将接收到的文本指令转换成具体的图像编辑动作。这种能力使 InstructP2P 能够辨识图像内部的各个区域，并且针对每个区域确定合适的编辑方式。简而言之，InstructP2P 可以根据接收到的文本指令，也就是提示词，对图像特定部分进行精准地修改和调整。

4.15.2 根据指令生成图像的案例

使用文生图生成一幅人物场景图，大模型选择“墨幽人造人”模型。

正向提示词：(HD quality, cinematic atmosphere, masterpiece, best quality), (1 girl:1.5), white dress, lake, standing on the shore, lotus, summer, green plants, water, reflection, sunlight。

反向提示词：(worst quality:2), (low quality:2), lowres, bad hands, moles, bad hands, extra limbs, prosthetics。

采样方法为 Euler a，迭代步数为 20，宽度为 1024 像素，高度为 512 像素，高清分辨率修复如图 4.15.1 所示，文生图如图 4.15.2 所示。

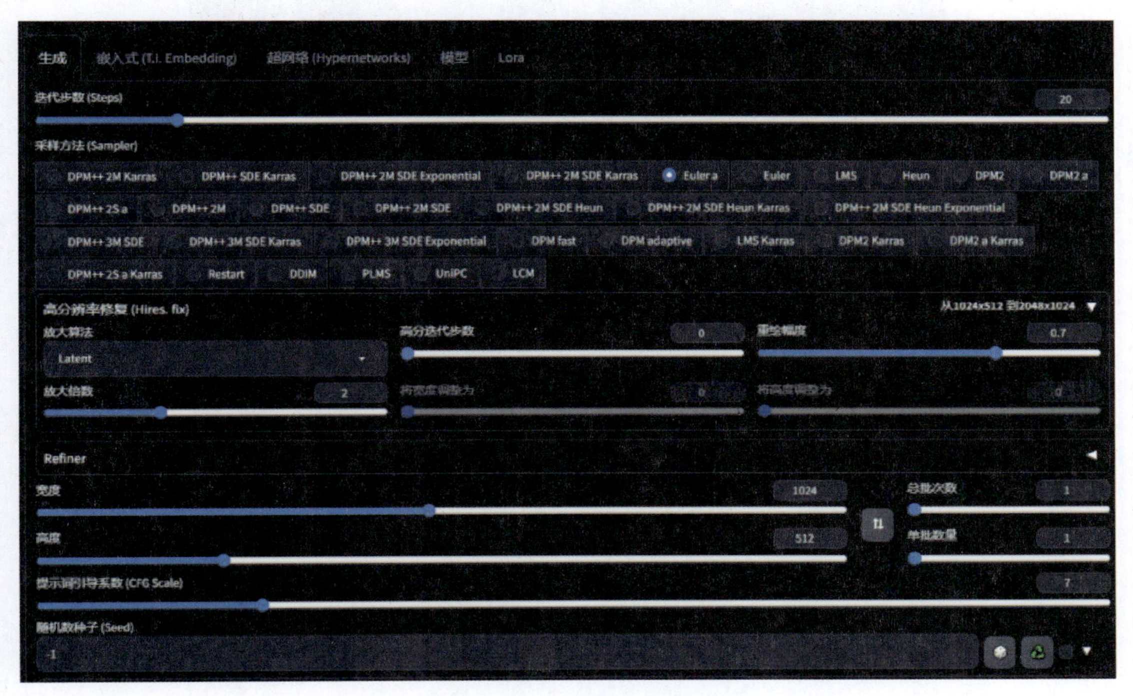

图 4.15.1　高清分辨率修复

图 4.15.2　文生图效果

将图片导入 ControlNet 中，单击 InstructP2P，位置如图 4.15.3 所示，模型选择 control_v11e_sd15_ip2p，控制权重、起始步数和完结步数 3 个部分进行适度调节，因 InstructP2P 进行控制时，并没有相对应的具体参数可供调节，只有这 3 个参数可根据出图效果进行微调。

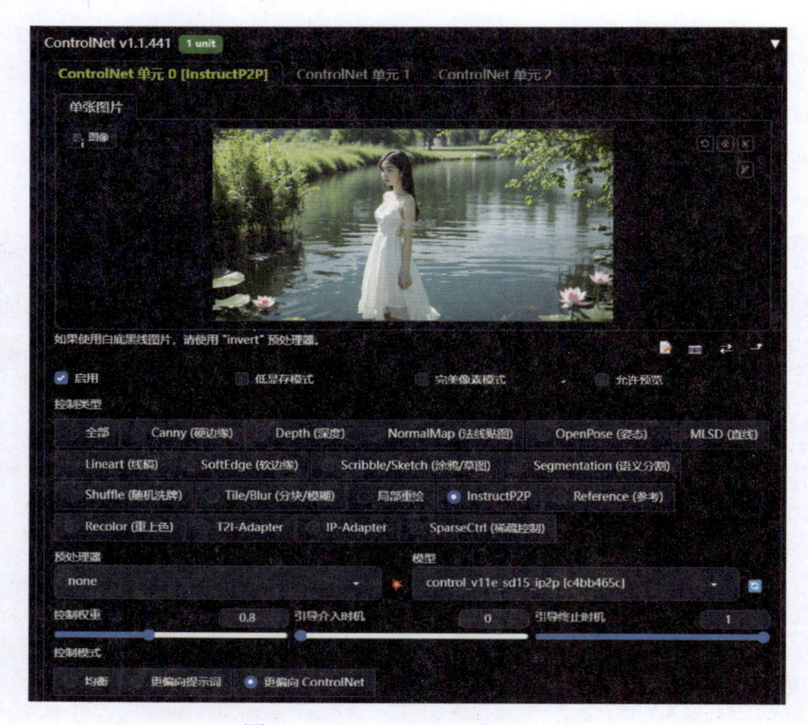

图 4.15.3 InstructP2P 位置所示

回到上方正向提示词处，删除原有提示词，输入 make it spring，因为上方文生图时，输出图片特点是夏天，元素也为夏天所特有的，所以在改变氛围时，可以直接输入 make it spring，单击“生成”按钮，效果如图 4.15.4 所示。

如此就将人物主体尽最大可能保留下来，替换背景的方法也变得容易实现。

图 4.15.4 InstructP2P 调整后

4.16 Recolor（重上色）

4.16.1 Recolor 技术介绍

Recolor 是一种图像处理技术，主要应用于图像的颜色调整和重新上色。这项技术在艺术创作、设计、摄影后期处理等领域有着广泛的应用。Recolor 技术通过精确的颜色识别，对图像中的色彩进行细致的分析和映射，它通过自动化算法，确保在颜色替换和调整过程中，色彩的一致性和自然过渡得以保持，避免颜色突兀和不协调。Recolor 技术不仅提供了自动化的颜色方案，还允许用户进行个性化的手动调整，以实现理想的视觉效果和创意表达。

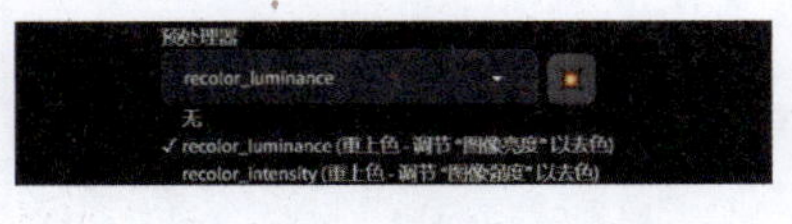

图 4.16.1　预处理器

Recolor 控制器有两个预处理器，如图 4.16.1 所示。

recolor_luminance（重上色 - 调节“图像亮度”以去色），以画面亮度判定重上色。

recolor_intensity（重上色 - 调节“图像强度”以去色），以画面强度判定重上色。

文生图一张婚纱照，大模型“墨幽人造人”，输入提示词。

正向提示词：(HD image quality, master's work, realism, shocking photos, 8K), a man and a woman in formal wear, wedding photos, holding a single rose in their hands and wearing white veils on their heads, pose for a group photo。

中文：（高清图像质量，大师的作品，现实主义，令人震惊的照片，8K），一男一女穿着正装，婚纱照，手里捧着一朵玫瑰，头上戴着白色的面纱，摆姿势合影。

反向提示词：NSFW, malfunctions, deformations, variations, oculars, ugliness, disfigurement, (worst quality:2), (low quality:2), ((monochrome)), ((gray scale)), skin spots, acne, skin blemishes, lowres, bad body, bad hands, deformed limbs。

中文：NSFW，故障，变形，变异，对眼，丑陋，毁容，（最差质量：2），（低质量：2），（（单色）），（（灰度）），皮肤斑点，痤疮，皮肤瑕疵，低分辨率，糟糕的身体，糟糕的手，畸形的四肢。

采样方式为 Euler a，迭代步数为 35，开启高清修复，高清算法选择 R-ESRGAN_4x+ Anime6B，放大倍数为 2，高分迭代步数为 30，重绘幅度为 0.75。图片分辨率选择 1024 × 512 像素。单击“生成”按钮，单次批量为 1，生成图 4.16.2。

图 4.16.2　AI 生成婚纱照

再将生成的图导入 Photoshop，选择去色模式，将图片变为黑白色稿，如图 4.16.3 所示，便于后面进行 Recolor 实践，生成图 4.16.4。

接下来进行 Recolor 实践，为了防止提示词对最终结果产生影响，将正向提示词删除，反向提示词、大模型、采样数、迭代数量、高清修复参数保留，将处理好的黑白图片导入 ControlNet，选择 Recolor 控制器，预处理分别选择 recolor_luminance、recolor_intensity，单击“预览”按钮，详情如图 4.16.5 和图 4.16.6 所示。

图 4.16.3　Photoshop 处理参数

图 4.16.4　黑白婚纱照

图 4.16.5　recolor_luminance 预处理图片

图 4.16.6　recolor_intensity 预处理图片

可以发现，recolor_intensity（重上色 - 调节“图像强度”以去色）生成的预览图要比 recolor_luminance（重上色 - 调节“图像亮度”以去色）生成的预览图有少许的凹凸阴影关系，再将图片尺寸发送到生成设置内，保证参考图和生成图尺寸一致，之后分别单击“生成”按钮，生成图 4.16.7 和图 4.16.8。

recolor_luminance 生成的图要亮一些，而 recolor_intensity 生成图虽然暗一些，但是细节和锐化度较高，大家可以在日常使用时根据自己的需求进行调整。

图 4.16.7　recolor_luminance 预处理生成图

图 4.16.8　recolor_intensity 预处理生成图

4.16.2 修复老旧照片的色彩技巧

选择上一节黑白婚纱照作为样本，根据自己的需要去改变照片局部色彩。

首先大模型依旧选择“墨幽人造人”，将背景转换成红色，男士戴着红色蝴蝶结领带，输入该提示词，界面图为图 4.16.9。

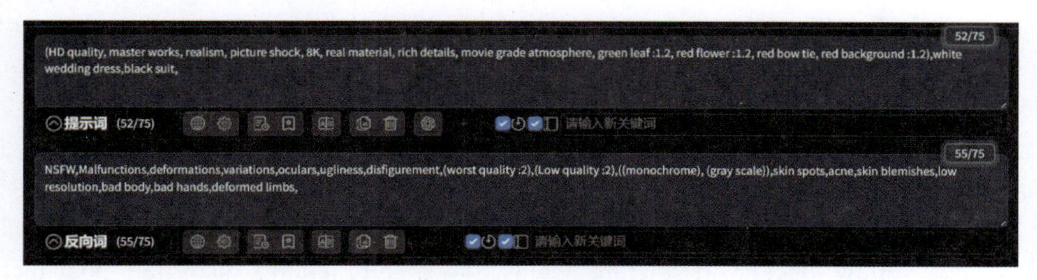

图 4.16.9　提示词参数界面

正向提示词：(HD quality, master works, realism, picture shock, 8K, real material, rich details, movie grade atmosphere, green leaf:1.2, red flower:1.2, red bow tie, red background:1.2), white wedding dress, black suit。

中文：(高清画质，大师作品，写实，画面震撼，8K，材质真实，细节丰富，电影级氛围，绿叶：1.2，红花：1.2，红色领结，红色背景：1.2)，白色婚纱，黑色西装。

反向提示词沿用上一节保持不变，采样方式为 Euler a，迭代步数为 35，开启高清修复，高清算法选择 R-ESRGAN_4x+ Anime6B，放大倍数为 2，高分迭代步数为 30，重绘幅度为 0.75。图片分辨率选择 1024 × 512 像素。单击“生成”按钮，单次批量为 1。

将黑白婚纱照导入 ControlNet，依次单击“启用”“低显存模式”“完美像素模式”“允许预览”，选择 Recolor 控制器，想要生成的图片靓丽、柔和、自然，所以选择 recolor_luminance（重上色 - 调节“图像亮度”以去色）预处理器，将图片尺寸发送到生成设置，保证参考图片和生成图片尺寸一致，权重选择默认 1，Gamma Correction 选择默认 1，控制模式选择“均衡”，缩放模式选择“缩放后填充空白”，之后单击“生成”按钮。

如图 4.16.10 所示，得到了红色背景、男士戴着红色蝴蝶结领带，其余部分没有发生变化。接下来再来试验一下黑白动物图片是否也能顺利上色，这里选择文生图生成一张黑白豹子的图片（图 4.16.11）。

图 4.16.10　重上色 AI 生成图片

图 4.16.11　AI 生成豹子图片

接下来大模型选择“猴人拍摄 | SDXL”，采样方式为 Euler a，迭代步数为 35，开启高清修复，高清算法选择 R-ESRGAN_4x+ Anime6B，放大倍数为 2，高分迭代步数为 30，重绘幅度为 0.75。图片分辨率选择 1024 × 512 像素。单击“生成”按钮，单次批量为 1，想要生成豹子在黄色的树木上，背后是蓝天白云，还有远处的森林，根据自身需求输入提示词。

正向提示词：(HD quality, master’s works, realism, shocking pictures, 8K, real materials, rich details, movie-level atmosphere, beautiful picture), blue sky, (white clouds, yellow trees, yellow trunk: 1.2, log color trunk:1.2), clouds, green grass, forest, leopard。

中文：(高清画质，大师作品，写实，画面震撼，8K，材质真实，细节丰富，电影级氛围，画面美)，蓝天，(白云，黄树，黄树干：1.2，原木色树干：1.2)，云，绿草，森林，豹。

反向提示词：NSFW, black and white tone, multi-color trunk, fuzzy tree, color, dark yellow picture, dark yellow tone, (worst picture quality, low picture quality, distortion, poor picture quality)。

中文：NSFW，黑白调，多色树干，模糊树木，彩色，暗黄图片，暗黄色调，黄色调，(画质最差，画质低，变形，扭曲画质差)。

将图片导入 ControlNet，依次单击“启用”“低显存模式”“完美像素模式”“允许预览”，选择 Recolor 控制器，想要生成的图片有空间感、自然，所以选择 recolor_intensity（重上色 - 调节“图像强度”以去色）预处理器（图 4.16.12），将图片尺寸发送到生成设置，保证参考图片和生成图片尺寸一致，权重选择默认 1，Gamma Correction 选择默认 1，控制模式选择“均衡”，缩放模式选择“缩放后填充空白”，之后单击“生成”按钮，生成图 4.16.13。

图 4.16.12　recolor_intensity 预处理图片

图 4.16.13 AI 上色后豹子图片

通过 Recolor 技术，可以轻松地对黑白照片、线稿、海报等进行色彩再创作，赋予它们全新的视觉魅力。大家可以根据自身的创意需求，进行个性化的重上色操作，让每一幅作品都焕发出独特的色彩生命力。

4.17 IP-Adapter（风格迁移）

4.17.1 IP-Adapter 介绍

IP-Adapter 是一种先进的图像处理技术，它比 Reference（参考）效果更好，应用面更宽广，所以这里着重讲解 IP-Adapter。

IP-Adapter 的设计核心在于其图像编码器和独特的解耦交叉注意力机制。这种设计使 IP-Adapter 能够将图像特征有效地整合到预训练的文本到图像扩散模型中，从而具备生成图像提示的能力。此外，IP-Adapter 的灵活性还表现在能够与 ControlNet 中的其他控制器协同工作，进一步增强功能性。它的作用介于 Reference 和 Lora 之间，可以把 IP-Adapter 理解为垫图。

在实际应用中，用户可以通过 Stable Diffusion 的 WebUI 界面选择 IP-Adapter，上传希望参考的图像。IP-Adapter 能够根据上传图片的风格，生成风格和内容相似的作品。这项技术不仅包括艺术风格的转换，还适用于面部特征的一致性处理等多种场景。IP-Adapter 的应用范围非常广泛，不仅可以用于艺术创作和摄影后期处理，还能在广告设计、游戏开发和影视制作等多个领域发挥重要作用。艺术家和设计师可以利用这项技术将特定的艺术风格融入作品，摄影师能够通过风格迁移增强照片的艺术效果，而广告设计师和游戏开发者则可以快速适配不同的设计风格，创造出符合主题的视觉作品。这一 AI 特性在 D5 渲染器的 AI 模块也有应用，可以将参考的图片风格一键替换成自己的效果图风格。

IP-Adapter 技术的优势在于其高度的自动化和灵活性。它结合了自动化算法和手动控制，允许用户根据需求自动应用预设风格，或进行细致的手动调整以满足个性化的创作意图。

IP-Adapter 的预处理器有很多，如图 4.17.1 所示，但其核心就两种类别：clip 类型，将参考图整体看作提示，用于风格迁移和整体图像特征的提取；face_id 类型，将人物面部特征作为提示词，主要用于面部一致性处理。一般选择 ip-adapter-auto 或者 ip-adapter_clip_ sdxl_plus_vith。模型只有一个：ip-adapter_sd15_plus。

图 4.17.1　IP-Adapter 预处理器界面

4.17.2 IP-Adapter 实践

IP-Adapter 分别有 3 种不同的用法：根据参考图生成类似风格的画作；生成改变参考图内的物体，但是风格相似的画作；将 IP-Adapter 结合其他控制器，抽取参考图风格，运用到其他画面中。下面一一介绍。

首先根据参考图生成类似风格的画作，先用文生图生出一张图片，大模型选择“MY-ILLUSTRATION-MIX- 水粉插画大模型”，Lora 选择“水底世界 V1.0”，为了营造出水底朦胧感，又不显得过于像水底，权重选择 0.6，输入提示词。

正向提示词：(masterpiece:1.2, best picture quality, CG, ultra fine, 8K wallpaper), a girl, face up, long black hair, flowing with the water, blue clothes, petals scattered around, surrounded by flowers, (flower:1.2), summer sun, sun, sky, outdoors。

中文：（杰作：1.2，最佳画质，CG，超精细，8K 壁纸），一个女孩，面朝上，黑色的长发，随着水流漂动，蓝色的衣服，四周散落着花瓣，被鲜花包围，（花：1.2），夏日阳光，太阳，天空，户外。

反向提示词：(watermark:1.1), wrong human body, blurry picture, worst quality, Low quality, normal quality, (bad human body:1.2), bad face, bad hands, extra fingers。

中文：（水印：1.1），错误的人体，模糊的画面，最差质量，低质量，正常质量，（糟糕人体：1.2），糟糕的脸，糟糕的手，多余的手指。

图 4.17.2　AI 生成图片 1

采样方法选择 DPM++ 2M，迭代步数为 35，开启高清修复，高清算法选择 8x-NMKD-Superscale，放大倍数为 2，高分迭代步数为 30，重绘幅度为 0.35。画面分辨率为 1024 × 1024 像素，单击“生成”按钮，生成图 4.17.2。

接下来将正向提示词删除，大模型替换为“墨幽人造人”，Lora 删除，把生成的图片导入 ControlNet，依次单击“启用”“低显存模式”“完美像素模式”“允许预览”，将图片尺寸发送到生成设置，选择 IP-Adapter 控制器，预处理选择

ip-adapter-auto，单击“预览”按钮，界面如图 4.17.3 所示。

图 4.17.3　ip-adapter-auto 预览对比图

单击“生成”按钮，生成图 4.17.4。

图 4.17.4　IP-Adapter 生成图

下面使用 IP-Adapter 生成改变参考图内的物体，但是风格相似的画作，依旧使用 Stable Diffusion 文生图模块生成一张 AI 图片，大模型选择“2.99dmix | 类 3D”，Lora 选择“国风玲珑机甲 | Guofeng Linglong mecha”，权重为 0.7；“玄幻 × 国风仙侠之境”，权重为 0.6，之后输入提示词。

正向提示词：(HD, excellent work, CG, HDR, HD, Extremely detailed, ultra HD of detail), look up, a boy, Hanfu, handsome, gestures to form spells, martial arts atmosphere, taoist runes, clouds, water waves, free water vapor, surrounded by long and transparent scrolls, floating transparent Chinese characters, magic realism。

中文：（最高品质，佳作，CG, HDR，高清，极其精细，细节超高清），仰视角度，一个男孩，汉服，帅气，用手势形成咒语，武侠气氛，道教符文，云朵，水波，游离水汽，周围是长而透明的卷轴，飘浮透明的汉字，魔幻现实主义。

反向提示词：(ugly face:0.8), crossed eyes, (worst quality:2), (low quality:2), (normal quality:2), lowres, normal quality, skin spots, acne, skin blemishes, bad hands, too many fingers, long neck, mutated hands, bad proportions, missing fingers, missing arms, missing legs, extra fingers, extra arms。

中文：(丑陋的脸：0.8)，斗眼，(最坏的质量：2)，(低质量：2)，(正常质量：2)，低分辨率，正常质量，皮肤斑点，痤疮，皮肤瑕疵，糟糕的手，太多的手指，长脖子，变异的手，糟糕的比例，缺失的手指，缺失的手臂，缺失的腿，多余的手指，多余的手臂。

图 4.17.5　AI 生成图片 2

采样方法选择 DDPM++ SDE，迭代步数为 35，开启高清修复，高清算法选择 8x-NMKD-Superscale，放大倍数为 2，高分迭代步数为 30，重绘幅度为 0.35。画面分辨率为 1024 × 1024 像素，单击“生成”按钮，生成图 4.17.5。

和上面所说一致，将正向提示词删除，输入 1 girl（图 4.17.6），表示将图片中的男生变成女生，大模型不变，Lora 删除，把生成的图片导入 ControlNet，依次单击“启用”“低显存模式”“完美像素模式”“允许预览”，将图片尺寸发送到生成设置，选择 IP-Adapter 控制器，预处理选择 ip-adapter-auto，单击“生成”按钮，生成图 4.17.7。

图 4.17.6　正向提示词删除，输入 1 girl

图 4.17.7　AI 生成系列图

接下来讲解最后一个用法：将 IP-Adapter 结合其他控制器，抽取参考图风格，运用到其他画面中。依旧先生成一张图片，大模型选择“环境光动漫大模型”，输入提示词。

正向提示词：(master works, masterpieces, ultra clear picture quality, wide angle, looking up), 1 girl, white skirt, sunshine, big blue water, reflective, romantic atmosphere, Shinkai Makoto style, beach。

中文：（大师级作品，杰作，超清画质，广角，仰视），1 个女孩，白色短裙，阳光，大蓝色海水，反光，浪漫气氛，新海诚风格，沙滩。

反向提示词：NSFW, (worst quality:2), (low quality:2), lowres, bad head structure, bad hands, blurry。

中文：NSFW，（最差质量：2），（低质量：2），低分辨率，糟糕的人头结构，糟糕的手，模糊。

采样方法选择 DPM++ 3M SDE，迭代步数为 35，开启高清修复，高清算法选择 R-ESRGAN 4x+ Anime6B，放大倍数为 2，高分迭代步数为 20，重绘幅度为 0.35。画面分辨率为 832 × 1024 像素，如图 4.17.8 所示，之后单击“生成”按钮，生成图 4.17.9。

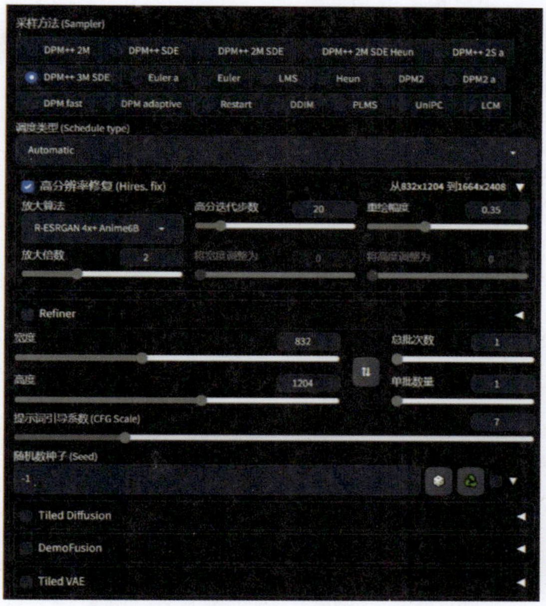

图 4.17.8　参数界面

图 4.17.9　AI 生成图片 3

进入 ControlNet 界面，将第一次生成的图片导入，依次单击“启用”“低显存模式”“完美像素模式”“允许预览”，控制器选择 IP-Adapter，预处理选择 ip-adapter_face_id，保持角色一致性，之后再在 ControlNet 添加一个单元（图 4.17.10），将文生图的图片导入 ControlNet，将图片尺寸发送到生成设置，选择 SoftEdge（软边缘）控制器，预处理选择 softedge_hed，如图 4.17.11 所示。单击“生成”按钮，生成图 4.17.12。

图 4.17.10　第一次 AI 生成图经过 ip-adapter_face_id 处理图

图 4.17.11　SoftEdge 处理图

图 4.17.12　IP-Adapter 与 SoftEdge 组合生成图

4.18 InstantID 换脸技术

4.18.1 InstantID 原理解析

InstantID 换脸技术以其独特的便捷性在推出时大火，它通过整合 ControlNet 和 IP-Adapter，实现了对面部特征的精细控制。InstantID 的关键在于利用 IP-Adapter 捕捉到的面部特征信息，将其作为输入，影响 ControlNet 的 U-Net 网络，确保在图像生成过程中面部特征的连贯性。而且其核心是使用 instant_id_face_embedding 预处理器和 instant_id_face_keypoints 预处理器以及相匹配的两个模型来同时控制画面输入和输出（图 4.18.1 和图 4.18.2），这是核心，同时该控制器模型只支持 sdxl 的大模型（也支持 sdxl_turbo 模型），官方并没有支持 sd1.5 或者其他的版本。

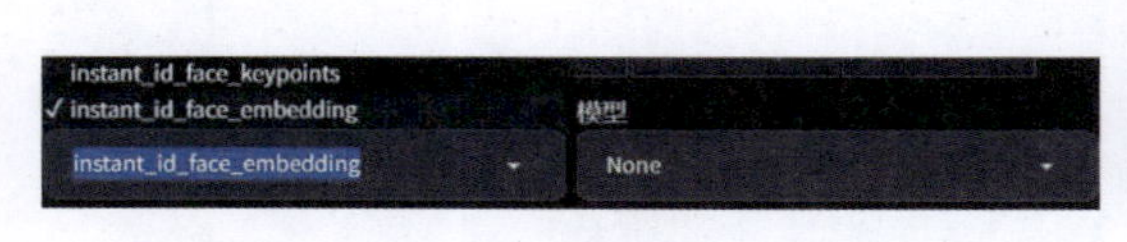

图 4.18.1　InstantID 的两个预处理器

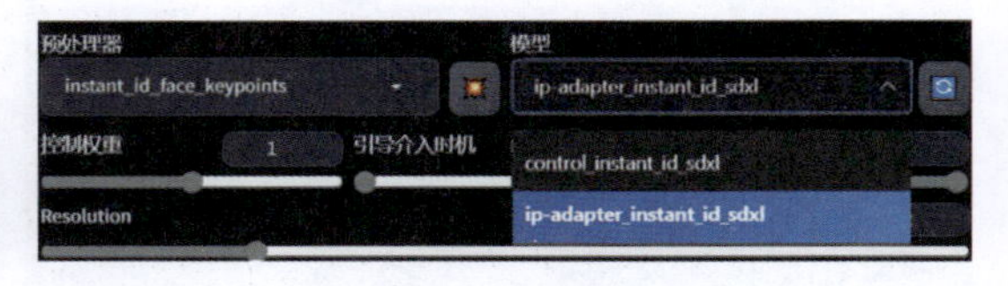

图 4.18.2　InstantID 的两个模型

instant_id_face_embedding 预处理器和 instant_id_face_keypoints 预处理器使用顺序不能错，embedding 在前 keypoints 在后。同时这两个预处理器也要搭配固定的模型使用，且顺序依旧不能混乱，模型为 ip-adapter_instant_id_sdxl、control_instant_id_sdxl。

instant_id_face_embedding 预处理器：用于提取参考图面部特征，通过深度学习逻辑，识别面部的独特特征，并将其编码为一个嵌入向量。这个嵌入向量可以作为 ControlNet 的交叉注意力输入，进一步增强生成图像中面部特征的一致性。该预处理器需搭配 ip-adapter_instant_id_sdxl 模型使用，其本质是利用 ip-adapter 去进行风格迁移，将参考图面部特征进行提取，并迁移到生成图之中，其预处理情况如图 4.18.3 所示。

instant_id_face_keypoints 预处理器：专门用于提取面部关键点信息，通过识别面部的关键特征点如眼睛、鼻子和嘴巴的位置，为生成过程中的面部特征提供精确的控制，这一点在生成具有特定面部表情和姿态的图像时尤为重要，预处理画面情况如图 4.18.4 所示，同时，搭配的固定模型为 control_instant_id_sdxl。

图 4.18.3　instant_id_face_embedding 预处理器处理图展示

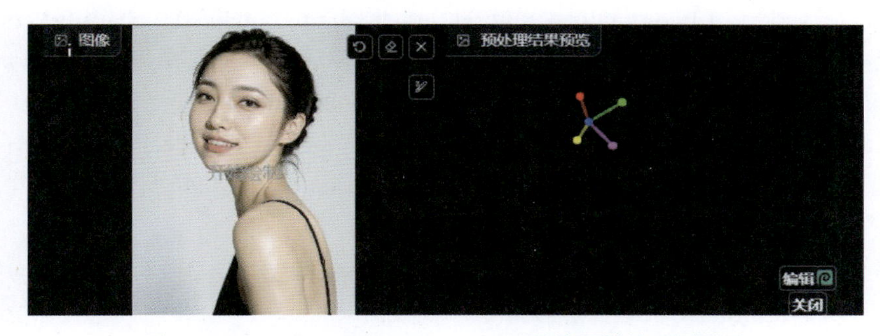

图 4.18.4　instant_id_face_keypoints 预处理器处理图展示

4.18.2 InstantID 实践

4.18.1 小节讲解了 InstantID 技术原理解析，本小节使用 InstantID 技术进行换脸技术的实践，首先需要文生图生成两张图片作为蓝本，一张为人像，作为换脸的母本，另一张为姿势，作为换脸的姿势和身体母本。

首先生成人像，大模型选择 AWPortrait v1.4，输入提示词。

正向提示词：(masterpiece, best quality, master works, HD quality), 1 girl, white background, black hair, front, smile, upper body:1.2, side light, makeup portrait。

中文：（杰作，最好的质量，大师级作品，高清画质），1 个女孩，白色背景，黑色头发，正面，微笑，上半身：1.2，侧光，化妆肖像。

反向提示词：(worst quality:2), (abnormal quality:2), lowres, bad human body, bad hands。

中文：（最差质量：2），（低质量：2），低分辨率，糟糕的人体，糟糕的手。

采样方式为 Euler a，迭代步数为 35，开启高分辨率修复，放大算法 R-ESRGAN 4x+ Anime6B，高分迭代步数为 20，重绘幅度为 0.35，放大倍数为 2，画面分辨率为 688 × 960 像素，批量次数为 3，单击“生成”按钮，生成图 4.18.5。

图 4.18.5　AI 生成人物图

接着再生成姿势图，大模型选择 juggernautXL_v9，Lora 选择“AdamXL- 九天敦煌 V3”，权重为 0.6，输入提示词。

正向提示词：(art photorealism, smooth, ethereal, epic, majestic, beautiful composition, 8K, masterpiece, best quality), Dunhuang, girls, flying, jewelry, super vision, super wide angle, geometric patterns, fantasy art, dreaminess, elegance, dramatic atmosphere, creativity。

中文：（艺术写真主义，光滑，空灵，史诗，雄伟，美丽的构图，8K，杰作，最好的质量），敦煌，女孩，飞天，珠宝，超视野，超广角，几何图案，幻想艺术，梦幻，优雅，戏剧性气氛，创意。

反向提示词：(worst image quality:1.6), (low image quality:1.6), (disturbed human body:1.2), (bad hands:1.8), extra limbs, extra fingers。

中文：（最差画质：1.6），（低画质：1.6），（错乱的人体：1.2），（糟糕的手：1.8），多余的肢体，多余的手指。

采样方式为 DPM++ 3M SDE，迭代步数为 35，开启高分辨率修复，放大算法 R-ESRGAN 4x+ Anime6B，高分迭代步数为 30，重绘幅度为 0.4，放大倍数为 2，画面分辨率为 1024 × 1024 像素，批量次数为 2，单击“生成”按钮，生成图 4.18.6。

图 4.18.6　AI 生成敦煌姿势系列图

以上两种类型的图已生成完毕，各自抽取一张作为母本进行 InstantID 换脸技术实践。

打开图生图模块，正向提示词可以另外输入，也可以保持原状，原则是新生的图片想要得到什么，正向提示词就写什么，不要什么就在反向提示词书写。编者生成图片想与姿势图保持一致，正反向提示词保持不变。将生成的敦煌姿势图导入图生图区域内。缩放模式选择“缩放后填充空白”，采样方式选择 Euler a，迭代步数为 19。官方推荐 sdxl 模型迭代步数为 20 以内，sdxl turbo 模型推荐 7～9。提示词引导系数为 3.5。官方推荐设置在 4～5，但实际效果往往与具体使用的模型紧密相关。对于 sdxl 模型，建议调整至 3～4。如果使用 sdxl turbo 模型，可以尝试将系数降低至 1 ～1.5，这样也能获得良好的效果。对于重绘幅度，保持默认 7.5，理论上越低越不像参考人像，越高越像，但并非绝对，还需读者多多探索。

接着进入 ControlNet 界面，依次勾选“启用”“完美像素模式”“允许预览”“上传独立的控制图像”，只有勾选“上传独立的控制图像”，才会弹出图片预览区域。之后单击 Instant-ID 控制器，选择 instant_id_face_embedding 预处理器，选择 ip-adapter_instant_id_sdxl 模型，将图片导入，并单击“预览”按钮，详细参数如图 4.18.7 所示。

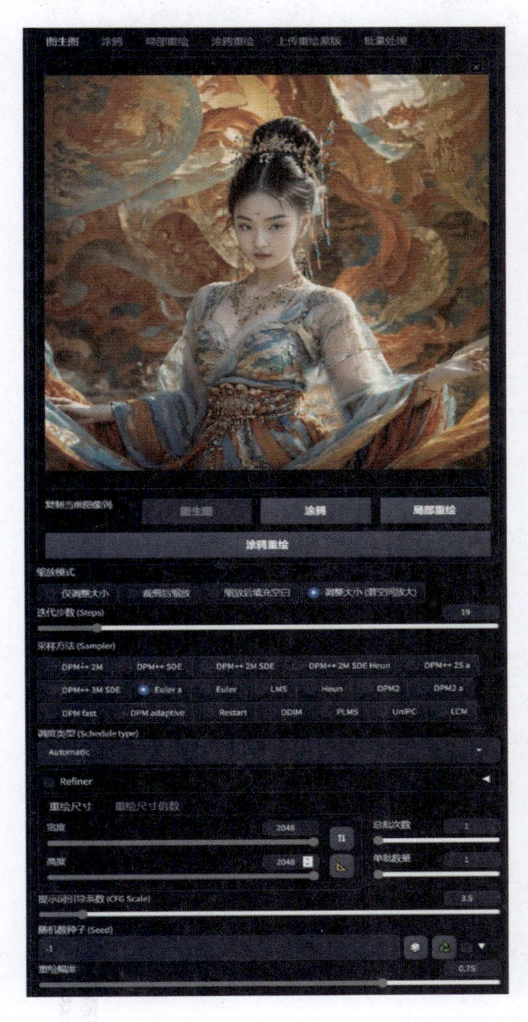

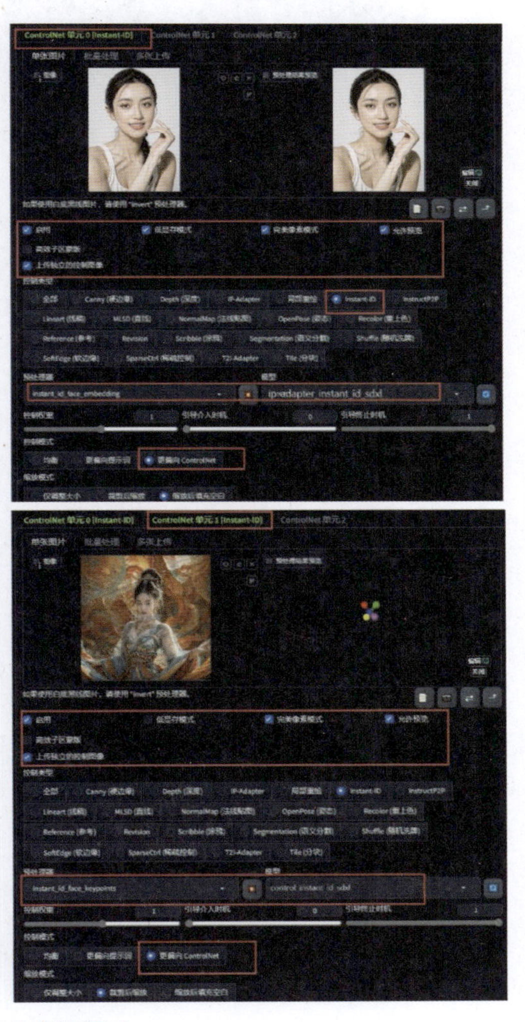

图 4.18.7　相关参数界面

接着点开第二个控制单元，依次勾选“启用”“完美像素模式”“允许预览”“上传独立的控制图像”，单击 Instant-ID 控制器，选择 instant_id_face_keypoints 预处理器，选择 control_instant_id_sdxl 模型，将图片导入，并单击“预览”按钮。没有问题后生成图片，如图 4.18.8 所示。

图 4.18.8　Instant-ID 换脸生成图

第 5 章

Stable Diffusion 图生图模块

5.1 图生图界面

图生图模块是 Stable Diffusion 中的一个重要功能，它通过额外的输入来控制 AI 绘画效果。具体来说，图生图模块利用参考图的像素信息作为特征向量，结合提示词来生成图像。这个过程需要将参考图逆向推导为潜空间的数据，再与提示词综合考虑绘制成图像。这种逆向推导过程使图生图在绘制时占用更多的系统资源，尤其是参考图的尺寸越大，占用的资源也越多。

从图 5.1.1 中可以看出，相比文生图，图生图区块多了“提示词反推区”“二级工具区”，虽然都有“参数设置区”，但内部参数大有不同。

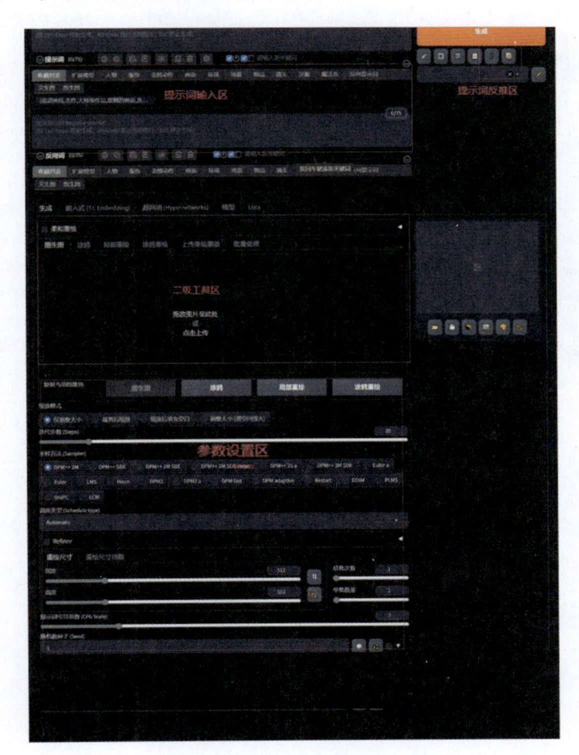

图 5.1.1　图生图模块示意

5.1.1 提示词反推

提示词反推功能允许用户将上传的图片转化为相应的文字提示词，特别适用于有图片但不确定如何生成类似效果的情况。该功能主要提供两种反推操作方式：Clip 反推和 DeepBooru 反推，它们各有特点和应用场景。

Clip 反推：这种反推方式生成的文本更接近自然语言的描述，通常是完整的描述性短句。其优势在于能够捕捉并表达画面中各个对象之间的关系，为图像内容的理解提供了更丰富的语境。

DeepBooru 反推：DeepBooru 反推生成的结果更倾向单词或短句的形式，类似我们日常书写提示词的习惯。这种方式更注重描述对象的特征，适合需要突出特定元素或属性的图像生成任务。

通过这两种反推操作，用户可以更灵活地根据具体需求选择合适的反推方式，从而生成更符合预期的图像。

图 5.1.2 所示为 Clip 反推和 DeepBooru 反推的提示词对比，可以看出 Clip 内容不够丰富，DeepBooru 包含不少错误标签，需要人工进行二次筛选。这里编者更推荐 Tagger 插件，该插件除了生成的提示词准确度和稳定性更高，还提供了关键词分析和排名展示，属于 Stable Diffusion 的必备插件之一。

Clip 反推

a girl in a white dress standing on a pier near the ocean at sunset or sunrise or sunset。

日落、日出或日落时，身穿白色连衣裙站在海边码头上的女孩。

DeepBooru 反推

cloud, horizon, ocean, sky, sunset, beach, cloudy_sky, water, 1girl, pier, shore, pool, waves, poolside, lake, boat, outdoors, blue_sky, mountainous_horizon, sunrise, river, railing, dock, sun, mountain, island, lighthouse, solo, twilight, watercraft, scenery, orange_sky, smile, seagull。

云, 地平线, 海洋, 天空, 夕阳, 海滩, cloudy_sky, 水, 1个女孩, 码头, 海岸, 游泳池, 波浪, 游泳池边, 湖泊, 船, 户外, blue_sky, mountainous_horizon, 日出, 河流, 栏杆, 码头, 太阳, 山、岛灯塔, 独奏, 《暮光之城》, 船舶, 风景, orange_sky, 微笑, 海鸥。

图 5.1.2 Clip 反推和 DeepBooru 反推提示词对比

Tagger 插件对该图翻译为：1 girl, solo, outdoors, sky, cloud, ocean, looking at viewer, long hair, skirt, horizon, sleeveless, water, looking back, bracelet, scenery, jewelry, black hair, bangs, standing, blue sky, white skirt, day, bare shoulders, white dress, cloudy sky, blue eyes, dress, smile, brown hair, closed mouth, bare arms, beach, from behind, sunset。

中文：女孩，独奏，户外，天空，云，海洋，看着观众，长发，裙子，地平线，无袖，水，回头看，手镯，风景，珠宝，黑发，刘海，站立，蓝天，白色裙子，白天，肩膀，白色裙子，多云的天空，蓝眼睛，裙子，微笑，棕色头发，闭上嘴巴，手臂，海滩，背后，日落。

详图如图 5.1.3 所示，这里编者直接使用有道词典翻译，基本没有错误的词汇。

图 5.1.3　WD 1.4 标签器反推提示词界面

将提示词输入 Stable Diffusion，生成图 5.1.4 所示系列，可以看出，除了色调略有区别，其他差别不大。

图 5.1.4　WD 1.4 标签器反推提示词生成画面

5.1.2 参数区域

缩放模式：很多时候参考图和重绘后的图片尺寸并不一致，而缩放模式就是用来选择采用何种变形方式来处理图像。采样方式、迭代步数的使用方式和文生图一致，不再过多赘述，此处着重讲解与文生图不同的参数。

重绘幅度：在图生图模块中，重绘幅度是一个至关重要的参数，界面如图 5.1.5 所示。它决定了在保留原图特征的基础上，AI 绘画的自由度和创新空间。具体来说，重绘幅度越高，AI 在创作过程中的自主性越强，生成的图像与原始参考图之间的差异也会相应增大。这种差异不仅体现在细节上，还可能影响到整体的风格和氛围。因此，重绘幅度的设定直接影响到最终图像的呈现效果，使其更贴近模型自身的绘图风格，或是更忠实于原始参考图。

图 5.1.5　重绘幅度界面

图 5.1.6 所示为重绘幅度分别为 0、0.3、0.7 的区别，如果重绘幅度设置得过高，生成的图像可能会与原始参考图失去明显的联系。为了避免这种情况，建议将重绘幅度的数值限制在 0.4～0.8。这样的设置有助于在保持原图核心特征的同时，为 AI 创作提供适当的自由度。

（a）原图

（b）重绘0

（c）重绘0.3

（d）重绘0.7

图 5.1.6　不同重绘程度下的图片示意

重绘尺寸：该参数用于设置重绘后的图像尺寸。

重绘尺寸倍数：相比原图缩放倍数，界面如图 4.1.7 所示。

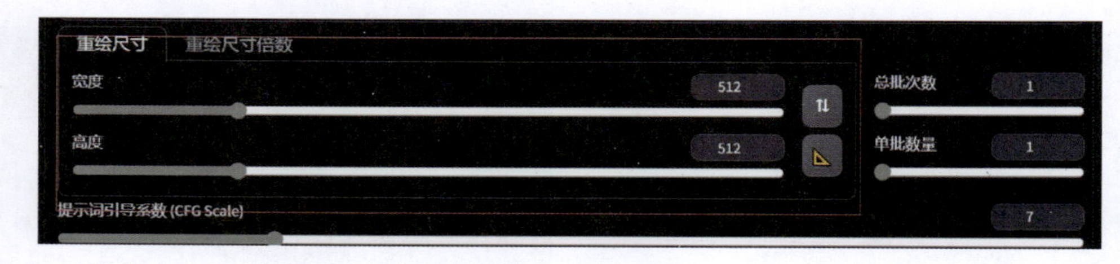

图 5.1.7　重绘尺寸界面

5.2 涂鸦

涂鸦工具在图生图模块中扮演着独特而关键的角色，它通过引入传统的手绘元素，极大地丰富了 AI 绘画的创作过程。与基本的图生图功能相比，涂鸦工具的独特之处在于提供了一个直观的画笔工具，允许用户直接在上传的图像上进行创作，其中画笔支持调整笔触大小和切换颜色，自带的吸色工具也可以进行全屏幕范围内的取色。

涂鸦可以是彩色的，也可以是黑白的，下文分别尝试使用黑白、彩色两种模式来讲解涂鸦。首先制作一个黑白室内空间图，再进行生成，生成图 5.2.1。

（a）原图

（b）重绘0.7

（c）重绘0.8

（d）重绘0.9

（e）重绘1

图 5.2.1 黑白稿涂鸦生成室内设计图

再使用彩色空间图进行尝试，如图 5.2.2 所示。

从测试的重绘幅度来看，数值越大保留涂鸦的色彩越弱，但是图片整体的效果更真实。数值越小保留涂鸦的色彩越强，但是图片整体的效果更差，直到没有任何重绘内容。根据具体需求选择合适的重绘数值。当然涂鸦的色彩也不用非常规整，如图 5.2.3 所示，将原图小孩白色上衣进行黑色涂鸦，生成不同的黑色上衣。

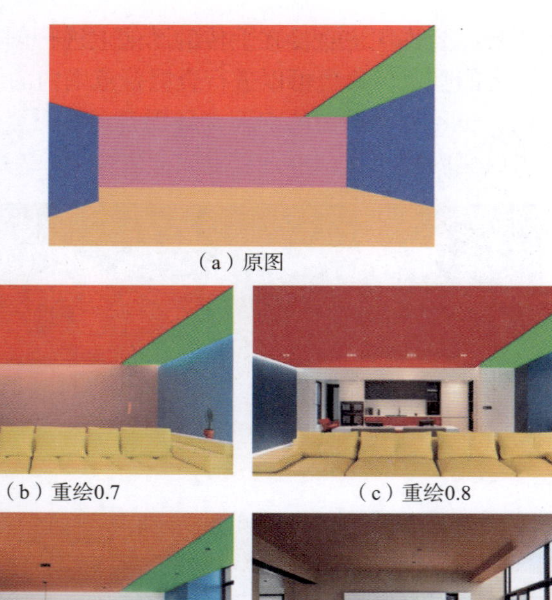

（a）原图

（b）重绘0.7　（c）重绘0.8

（d）重绘0.9　（e）重绘1

图 5.2.2　彩色稿涂鸦生成室内设计图

（a）原图　（b）涂鸦部分和颜色

（c）重绘0.6　（d）重绘0.7

图 5.2.3　不规则涂鸦生成示意

5.3 局部重绘

局部重绘是一种高效的图像编辑技术，它允许用户在图生图过程中精准地选定图像的特定区域进行重绘，而保留其他区域的原始状态。这种技术特别适合那些画面整体已经符合预期，但需要对某些细节或元素进行微调的场景，与涂鸦不同的是，涂鸦涂抹的颜色，AI 会认定一样的颜色，局部重绘涂抹的部位只代表蒙版区域，也就是重新绘制区域，同时可以配合提示词一起输出，图 5.3.1 所示为图生图模块局部重绘示意。

（a）原图

（b）绘制蒙版

（c）重绘结果

图 5.3.1　局部重绘示意

下面详解局部重绘参数。首先是蒙版边缘模糊度，界面如图 5.3.2 所示。

图 5.3.2　蒙版边缘模糊度

蒙版边缘模糊度类似 Photoshop 中的选区羽化功能，负责调节重绘区域与原图之间的过渡自然度。该参数的调整对于图像编辑的精细度和视觉效果至关重要。如果设置得太低，会导致重绘区域与原图之间的界限过于明显，视觉上显得不连贯；而设置得太高，则可能削弱蒙版的区域限制效果，使重绘效果扩散到非目标区域，影响编辑的精确性。默认情况下，边缘模糊度的数值为 4，用户可以根据具体的图像内容和所需的融合效果来做出相应的调整。

如图 5.3.3 所示，进行不同参数的模糊度设置出图，当边缘模糊度为 0 时，蒙版边缘非常生硬，而随着数值变大，重绘区域和原图的融合过渡也变得更自然。

重绘蒙版内容，意思是重绘在画布中涂抹的区域，修改重绘涂抹的区域；重绘非蒙版内容，意思是重绘在画布中涂抹以外的区域，只保留涂抹的蒙版区域，具体界面如图 5.3.4 所示，图 5.3.5 所示为不同蒙版模式比对示意。

蒙版区域内容处理："填充"是按照图像颜色使用模糊代替原有图像；"原版"是按原

始图片进行局部重绘，不进行预处理；“潜空间噪声”简单理解为在蒙版区域填充噪声，由于是填充噪声后重绘出来的，最后结果变化较大；“空白潜空间”是清除蒙版区域内容，然后重新填充新的噪声，参数界面如图 5.3.6 所示。

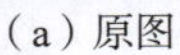
（a）原图

（b）边缘模糊度0

（c）边缘模糊度4

（d）边缘模糊度16

图 5.3.3　蒙版边缘模糊度示意

蒙版模式
重绘蒙版内容　重绘非蒙版内容

图 5.3.4　蒙版模式

（a）蒙版部分

（b）重绘蒙版内容

（c）重绘非蒙版内容

图 5.3.5　蒙版模式比对示意

图 5.3.6　蒙版区域内容处理

图 5.3.7 所示为不同的蒙版区域内容处理结果，如果只需要较小的改动可以使用填充和原版；如果需要较大的改动可以使用潜空间噪声和空白潜空间。

重绘区域：指的是重绘过程中用于参考的图像范围。

仅蒙版区域：图生图模块将仅针对用户涂抹的蒙版部分进行元素的重新绘制，仿佛是将这一特定区域从原图中“切割”出来，单独进行艺术再创作。这种选择实质上是将蒙版区域与参考图的其他部分进行了视觉上的“断开”，使重绘的区域在风格和内容上可能与原图的其余部分产生差异，界面如图 5.3.8 所示。

在这种模式下，虽然可以对特定区域进行深入的细节调整或风格变换，但由于打断了选区与原图的联系，最终合成的画面在融合度上可能会出现不足，需要用户在后续的编辑过程中进行额外调整和优化，以确保整体视觉效果的协调性和统一性。因此，使用“仅蒙版区域”重绘时，用户需要仔细考虑其对最终作品融合效果的影响，并准备好进行必要的后期处理。

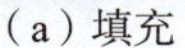
（a）填充

（b）原版

（c）潜空间噪声

（d）空白潜空间

图 5.3.7　蒙版区域内容处理对比

图 5.3.8　重绘区域界面

当仅蒙版区域下边缘预留像素值为 4，重绘区域填充像素密度高，最后产生图中图的结果，当仅蒙版区域下边缘预留像素值为 200，重绘区域填充像素密度较低，最后产生比较理想的结果，其对比图如图 5.3.9 所示。

（a）边缘预留像素值为4

（b）边缘预留像素值为200

图 5.3.9　边缘预留像素值对比

边缘预留像素值取决于涂抹的蒙版范围大小，较大的蒙版适合低数值，较小的蒙版适合高数值，同时边缘预留像素在选择全图模式下是无效的。

在局部重绘的默认设置中，系统会依据整幅图像的上下文来执行绘制任务，这意味着即使仅对特定区域进行了涂抹，也不一定会导致该区域内的所有元素都发生改变。为了提高重绘区域与周围图像的协调性和融合度，通常会在目标重绘区域的基础上，适当向外扩展涂抹范围。这种做法可以确保在重绘过程中，边缘地带的像素也能得到一定程度的处理，从而避免生硬的过渡或不自然的接缝。

提示：局部重绘需要在正向提示词中填入需要重绘的内容，界面如图 5.3.10 所示。

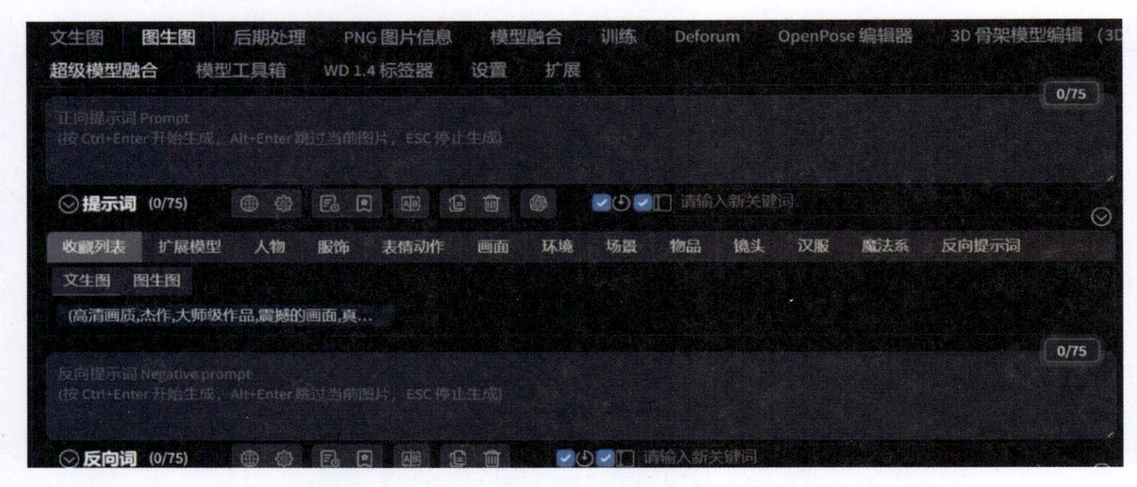

图 5.3.10 图生图模块正向、反向提示词界面

局部重绘技术因其易用性和灵活性，在图像编辑中被广泛应用，特别适合进行如脸部和手部等细节的修复和优化。通过手涂蒙版，用户可以精确控制需要调整的区域，使图像编辑更为直观和高效。这种技术不仅提升了编辑的精确度，还增强了作品的整体视觉吸引力。

第 6 章 艺术设计实践案例

6.1 平面设计与插画创作

本节全面地展现了 AI 如何深刻地影响和提升视觉艺术的创作过程。在平面设计与插画创作方面，AI 在视觉艺术领域的应用已经达到了一个新的高度。AI 技术不再局限于基础的自动化任务，而是通过深度学习等高级算法，深入理解和模拟人类设计师的创意过程。

在平面设计领域，AI 的介入极大地扩展了设计的边界。它能够分析大量的设计作品，学习并预测流行趋势，从而为设计师提供灵感。AI 辅助的版式设计工具可以在短时间内生成多种设计方案，这些方案不仅考虑了色彩、字体和图像的协调性，还融入了创新的布局和构图。设计师可以通过与 AI 的交互，快速迭代和完善设计，实现个性化和定制化的创作。此外，AI 还能够根据目标受众的偏好和反馈，进行设计调整，确保最终作品能够吸引并影响观众，图 6.1.1 所示为 AI 生成平面设计作品。

在插画上色领域，AI 上色工具的出现，为插画家提供了一种全新的工作方式。这些工具能够精确识别插画中的不同元素和线条，自动应用色彩，同时保持艺术家原始手绘的质感和风格。AI 上色不仅节省了艺术家的时间，还允许他们探索更多色彩组合的可能性，实现更加丰富和动态的视觉表现。通过机器学习，AI 上色工具能够逐渐适应并模仿特定艺术家的风格，甚至在艺术家的指导下，创造出全新的色彩效果，图 6.1.2 所示为 AI 生成插画设计作品。

在插画背景生成方面，AI 的能力同样令人印象深刻。它可以根据插画的主题、氛围和情感基调，自动生成或选择适合的背景图案。这些背景不仅与插画的主体和谐统一，还能够增强作品的叙事性和情感表达。AI 生成的背景通常具有高度的多样性和复杂性，能够满足不同插画作品的需求。

人工智能在平面设计、插画设计以及背景生成等领域的应用，为创意工作者带来了革命性的变革。AI 技术通过提高设计效率、激发创意灵感、实现个性化定制，极大地丰富了设计和插画的创作过程。

图 6.1.1　平面设计作品

图 6.1.2　插画设计作品

6.1.1 文字海报的 AI 设计实践

在 AI 生成文字海报的具体应用中，AI 可以自动解析文本内容，识别关键信息和主题，然后结合设计原则和用户指定的风格，创造出既具有视觉冲击力又能够准确传达信息的海报。无论是商业广告、公益宣传还是艺术展览，AI 都能够提供高效、精准且具有创意的设计解决方案，帮助设计师在竞争激烈的市场中脱颖而出。接下来以一个“梦想”字体海报生成为例进行讲解。

首先使用 Photoshop 制作文字（文字笔画清晰，没有连贯）。复制文字，使用快捷键 Ctrl+T 缩放一点。大量复制使用快捷键 Ctrl+Alt+Shift+T。重复上一步复制。将第一个文字放在上方，出现带有透视的文字 3D 效果，制作过程如图 6.1.3～图 6.1.5 所示。

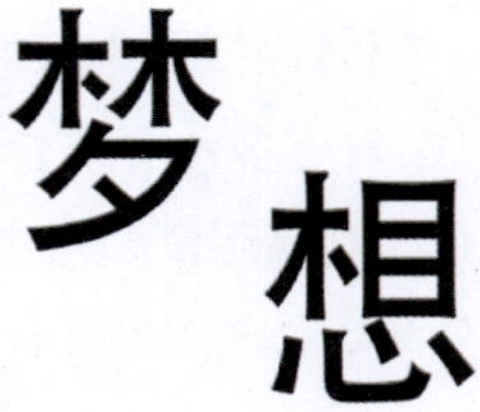

梦想

图 6.1.3　制作的文字

梦想

图 6.1.4　大量复制

图 6.1.5　最终效果

大模型选择 ReVAnimated_v122，为了让画面看起来具有小清新风格，第一个 Lora 选择“超清新动漫场景”，权重选择 0.8，同时想要有国潮风格，第二个 Lora 选择“国潮插画风格”，权重选择 0.8。根据自身需求输入提示词。

正向提示词：(best quality), (masterpiece), jade texture, sunlight, epic light, 3D modeling, unreal engine rendering, clean background, lens landscape, flowers and plants, waterfall, contour light。

反向提示词：ugly, deformed, noisy, blurry, distorted, grainy, drawing, painting, crayon, sketch, graphite, impressionist, noisy, blurry, soft, deformed, ugly, anime, cartoon, graphic, text, painting, crayon, graphite, abstract, glitch, deformed, mutated, ugly, disfigured, lowres, bad anatomy, bad hands, text, error, missing fingers, extra digit, fewer digits, cropped, worst quality, low quality, normal quality, jpeg artifacts, signature, watermark, username, blurry。

采样方法为 DPM++2Sa，迭代步数为 30，宽度和高度均选择 512 像素，参数界面如图 6.1.6 所示。

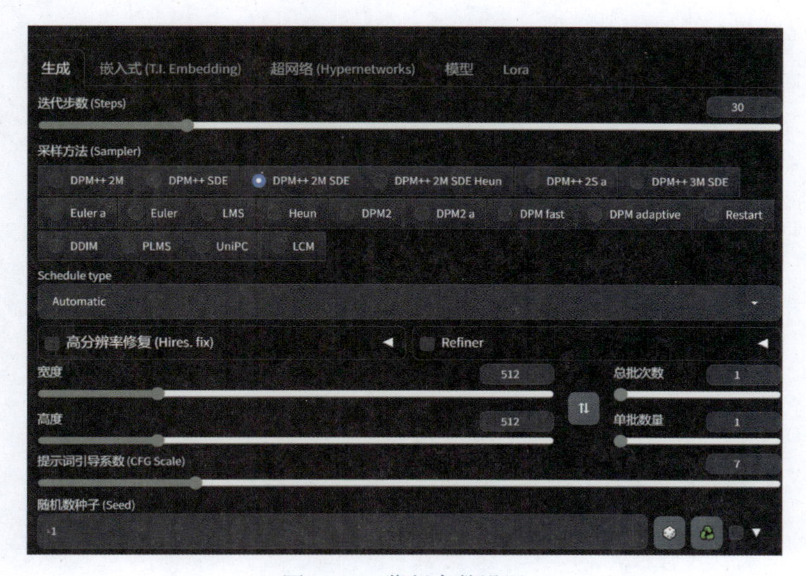

图 6.1.6 蒙版参数设置

打开 ControlNet0 界面，在左边框里导入准备好的照片，勾选下面的“启用”“完美像素模式”“允许预览”。控制类型选择“Scribble/Sketch（涂鸦 / 草图）”，预处理器选择 scribble-xdog，模型选择 control_v11p_sd15_scribble，如图 6.1.7 所示，之后单击“预览”按钮，控制模式选择“更偏向提示词”，缩放模式选择“裁剪后缩放”。

图 6.1.7 ControlNet0 设置

之后再点开 ControlNet1，同样在左边框里放入准备好的照片，勾选下面的“启用”

“完美像素模式”“允许预览”，控制类型选择“Depth（深度）”，预处理器选择 depth-midas，模型选择 control_v11f1p_sd15_depth，控制权重保持默认 1，控制模式选择“更偏向 ControlNet 自由发挥”，会让 AI 有更多的发挥空间，缩放模式选择“裁剪后缩放”，之后单击“预览”按钮，观察图片详情，如图 6.1.8 所示。

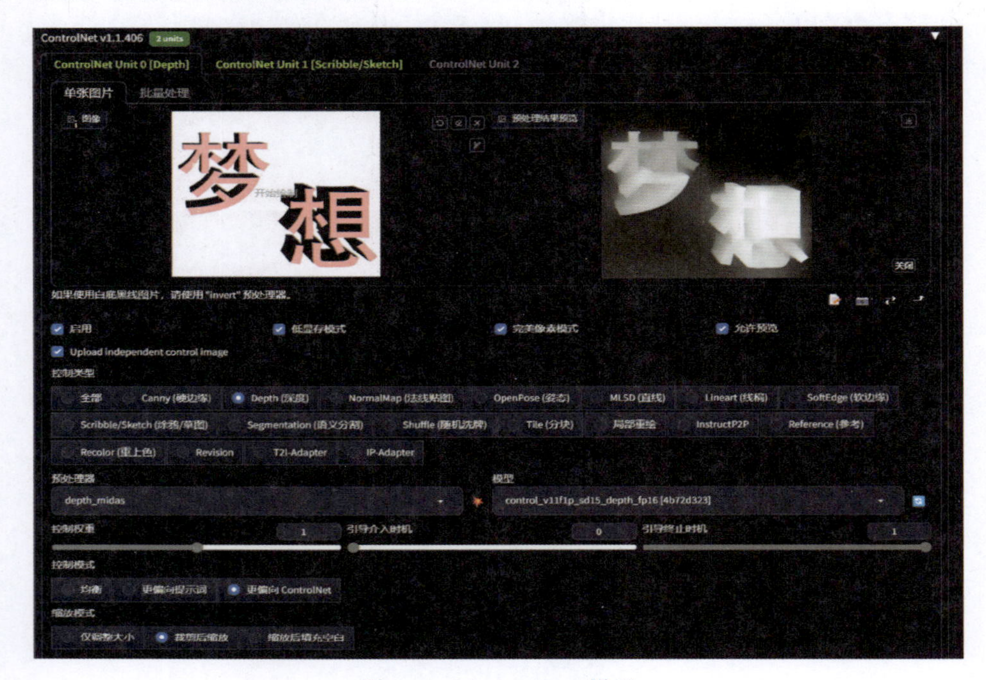

图 6.1.8　ControlNet1 设置

设置图片总批次数为 1，单批数量为 3，单击“生成”按钮，生成图 6.1.9。

图 6.1.9　AI 生成效果系列图

为让图片细节更加逼真，从之前的几张图中选一张自己最满意的，进行后期融图，扩大图片尺寸，增加图片的细节。

将选中的满意图片发送到“图生图”功能区，选择图片种子进行粘贴，这次重绘幅度设置为 0.25（数值不要太大，不然可能会换脸），并开启 Tiled Diffusion。放大算法选择 R-ESRGAN_4x+，如图 6.1.10 所示，开启 Tiled VAE，参数如图 6.1.11 所示。

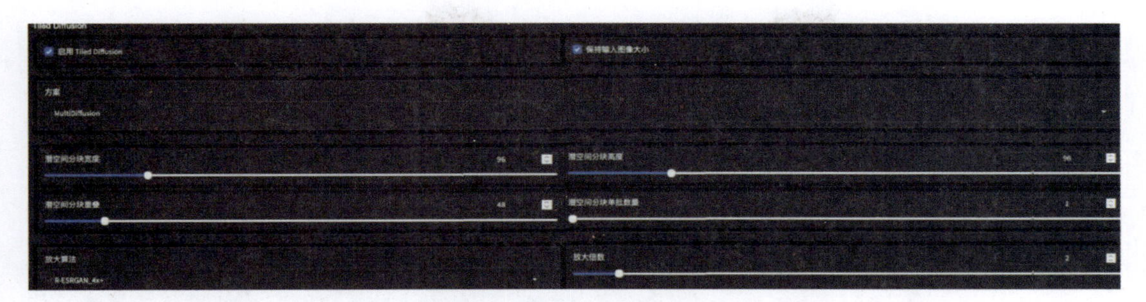

图 6.1.10　Tiled Diffusion 参数设置

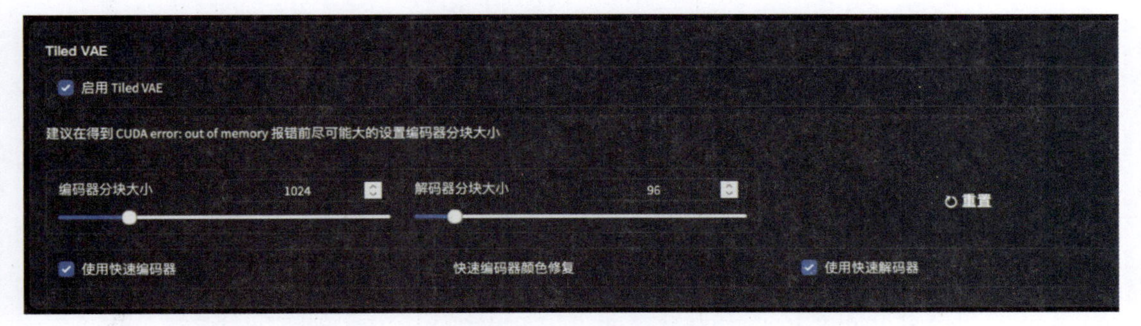

图 6.1.11　Tiled VAE 参数设置

单击“生成”按钮，生成图 6.1.12。AI 可以自动解析文本内容，结合设计原则和用户指定的风格，创造出具有视觉冲击力的海报。无论是商业广告、公益宣传还是艺术展览，AI 都能够提供高效、精准且具有创意的设计解决方案，帮助设计师在竞争激烈的市场中脱颖而出。

图 6.1.12　生成的最终图片

6.1.2 插画手绘稿上色案例

AI 上色工具的出现，无疑为插画创作领域带来了一场革命。这些工具通过先进的图像识别技术，能够精确地识别插画中的不同元素和线条，从而实现对每个部分的自动色彩填充，艺术家不再需要花费大量时间手动上色，AI 可以迅速完成这一过程，大大节省了创作时间。同时，AI 上色工具还能够提供多种色彩方案，允许艺术家探索不同的色彩组合，从而实现更加丰富的视觉效果。这种探索过程不仅拓宽了艺术家的色彩运用范围，也为他们的创作带来了新的灵感和可能性。接下来通过一个插画线稿上色案例进行实践。

首先打开 WD 1.4 标签器，在单次处理中，选择手绘稿上传，单击“反推”按钮。生成完成后发送到文生图，界面参数如图 6.1.13 所示。

大模型选择 AWPainting，输入想要的提示词，在 WD 1.4 标签器反推的提示词上进行修改，可以删除灰色、单色等这种指向手绘稿的提示词（greyscale, white background, simple background），添加一些新提示词（Tang Dynasty gencrals war robes, red clothes, white

图 6.1.13　WD 1.4 标签器手绘稿上传

shoulder)。

正向提示词：1 boy, monochrome, solo, greyscale, weapon, male focus, sword, facial hair, beard, Tang Dynasty generals war robes, red clothes, white shoulder, armor, standing。

反向提示词：ugly, deformed, noisy, blurry, distorted, grainy, drawing, painting, crayon, sketch, graphite, impressionist, noisy, blurry, soft, deformed, ugly, anime, cartoon, graphic, text, painting, crayon, graphite, abstract, glitch, deformed, mutated, ugly, disfigured, lowres, bad anatomy, bad hands, text, error, missing fingers, extra digit, fewer digits, cropped, worst quality, low quality, normal quality, jpeg artifacts, signature, watermark, username, blurry。

打开 ControlNet 界面，在左面边框里导入准备好的照片，勾选“启用”“完美像素模式”“允许预览”。控制类型选择“Lineart（线稿）”，预处理器选择 linear stand（from white bg & black line），模型选择 control_v11p_sd15_lineart，单击“预览”按钮，观察生成图像是否合理，如图 6.1.14 所示。

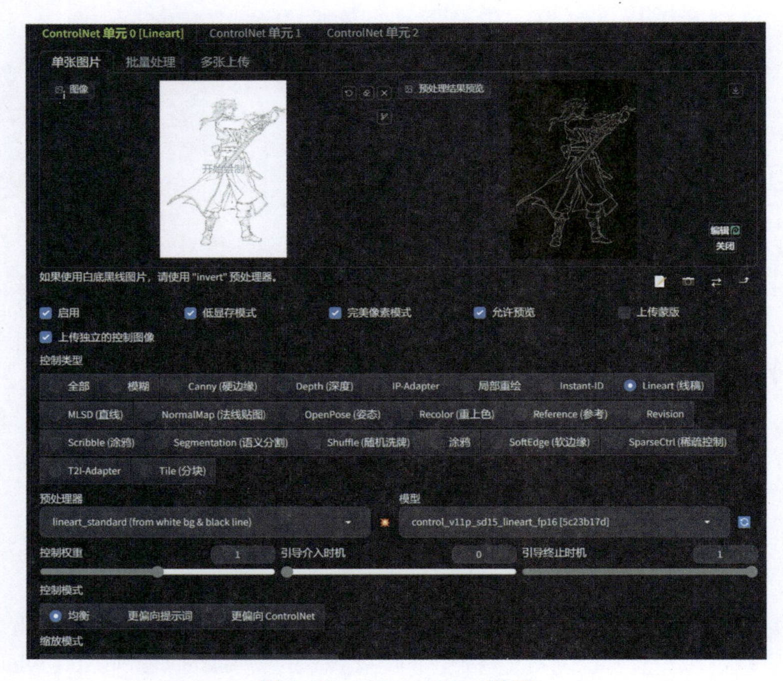

图 6.1.14　ControlNet 设置

设置图片总批次数为 1，单批数量为 3，单击“生成”按钮，生成图 6.1.15 所示系列。

图 6.1.15 AI 生成系列效果图

为了让人物细节更加逼真，从之前的几张图中选一张自己最满意的，进行后期融图，扩大图片尺寸，增加图片的细节。选中满意图片发送到图生图，选择图片种子进行粘贴，这次重绘幅度设置为 0.25（数值不要太大，不然可能会换脸），并开启 Tiled Diffusion，放大算法选择 R-ESRGAN-4x+，开启 Tiled VAE。

单击“生成”按钮，得到高清图 6.1.16。AI 上色的出现，为插画创作提供了一种全新的辅助手段。它不仅提高了创作效率，丰富了视觉表现，还为艺术家提供了更多的探索空间，推动了插画艺术的发展和创新。

图 6.1.16 最终生成高清图片

6.1.3 人物角色添加背景

在插画背景生成方面，AI 展现出了令人瞩目的能力。它通过深入分析插画的主题、氛围以及所要传达的情感基调，能够智能地生成或挑选出与插画主体相匹配的背景图案。这种功能使 AI 能够满足不同风格和题材的插画作品需求，无论是儿童绘本、科幻插画还是历史题材的绘画，AI 都能够提供合适的背景支持。接下来将以插画角色为例进行场景绘制的讲解。

在 Photoshop 编辑软件内新建文件，分辨率为 512×768 像素，将 6.1.2 小节的图片导入工作区，使用魔棒工具选中衣服和人物，然后使用油漆桶工具或编辑菜单下的填充功能（Edit >Fill）将选区填充为黑色，结果如图 6.1.17 所示。

输入想要的提示词。

正向提示词：wonder land outdoor scene, patches of cherry blossom forest, greengrass, blue sky, breathtaking cinematic photo, master piece, best quality, (photo realistic:1.33), fashion photography, studiolight, 35mm photograph, film, bokeh, professional, 4K, highly detailed, award-winning, professional, highly detai。

图 6.1.17　人物的原图和 Photoshop 制作黑白蒙版对比

反向提示词：ugly, deformed, noisy, blurry, distorted, grainy, drawing, painting, crayon, sketch, graphite, impressionist, noisy, blurry, soft, deformed, ugly, anime, cartoon, graphic, text, painting, crayon, graphite, abstract, glitch, deformed, mutated, ugly, disfigured, lowres, bad anatomy, bad hands, text, error, missing fingers, extra digit, fewer digits, cropped, worst quality, low quality, normal quality, jpeg artifacts, signature, watermark, username, blurry。

分别上传图片和蒙版，蒙版和参数的设置决定了最终生成图片的效果。迭代步数为 32，采样器选择 DPM++ SDE，蒙版边缘模糊度设置为 7，蒙版模式选择“重绘蒙版内容”（黑色是蒙版区域），蒙版区域内容处理选择“原版”，绘制区域选择“整张图片”。分辨率选择“保持原图大小”（512 × 768 像素），重绘幅度设置为 0.8 即可，具体参数如图 6.1.18 所示。

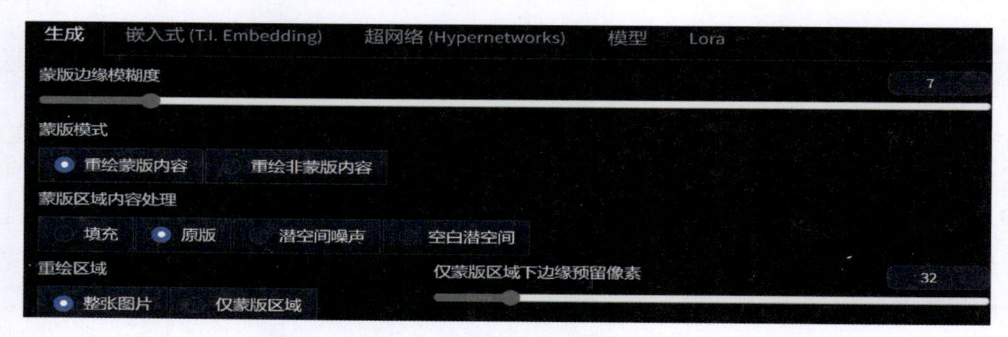

图 6.1.18　蒙版参数设置展示

打开 ControlNet 界面，在左边框里放入准备好的照片，勾选下面的“启用”“低显存模式”“完美像素模式”“允许预览”，控制器选择“OpenPose（姿态）”，预处理器选择 openpose-full，模型选择 control_v11p_sd15_openpose，单击“预览”按钮，观察图片无误。ControlNet 设置的参数内容如图 6.1.19 所示。

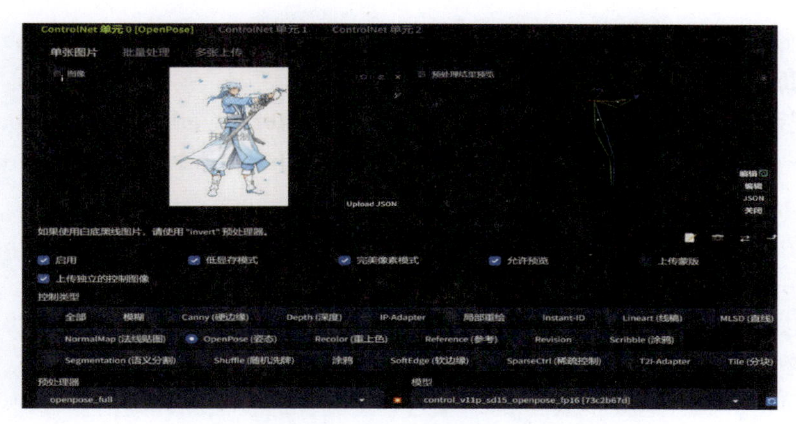

图 6.1.19　ControlNet 设置参数展示

图片总批次数为 1，单批数量为 2，单击“生成”按钮，将得到的图进行放大，得到图 6.1.20。

AI 在背景生成过程中还能够考虑到色彩、光影、纹理等视觉元素的协调性，确保背景与插画主体在视觉上形成统一的整体，为作品增添更多的层次和深度。

图 6.1.20　AI 最终生成效果

6.1.4　Logo 图形 AI 辅助设计

Logo 图像设计是一项需要深思熟虑和创意的工作，通常伴随着大量的草图和反复的思考。我们可以将这一过程与 AI 技术相结合，以实现更高效的设计成果。设计师可以将手绘初稿输入 AI 中。通过不断更改符合设计逻辑的提示词，让 AI 能够快速理解设计意图并进行迭代细化。AI 可以根据输入的提示词，生成多个 Logo 变体，每个变体都尽可能地贴近设计初衷。这样的迭代过程，使设计师能够从多个角度审视和优化 Logo，确保最终的设计既独特又具有辨识度，这个过程不仅加速了设计周期，还能让设计师快速探索多种设计方案，这种将技术和艺术的结合，不仅提升了设计的效率，还拓宽了设计的边界，使设计师能够以全新的方式探索和实现 Logo 图形创意。

例如，需要定制一款与薪火传承相关的 Logo 图像，要求颜色艳丽，图形以圆为基础。先使用 Photoshop 进行前期草图设计，将“薪火”“圆环”进行结合，得到图 6.1.21，考虑到圆中套字略显呆板，将圆破形，增加灵动感，最终得到图 6.1.22。

图 6.1.21　图标 1

图 6.1.22　图标 2

将该图导入 Stable Diffusion 中，开始介入 AI 技术。首先选择大模型 Stable Diffusion。Lora 选择“商业 Logo 设计”，权重选择 0.7，输入提示词。

正向提示词：(high-definition picture quality, master’s work, realism, shocking picture, 8K, real material, rich details, movie-level atmosphere, rich colors:1.2), red background, (curved line ripple, gradual color), modern feeling, simplicity, recognition。

反向提示词：lowres, bad structure, (worst image quality:2), black and white, (low quality:2), (normal image quality:2), painting, drawing, error。

采样方法选择 Euler a，该采样方式普适性较高，可以广泛使用。迭代步数为 35，图像宽度为 1024 像素，高度为 1024 像素，开启高分辨率修复，放大倍率为 2，放大算法为 R-ESRGAN_4x+，高分迭代步数为 20，重绘幅度为 0.35，使图片高清修复时 AI 能再次进行细节优化。单次批量选择 2，增加可选择性。进入 ControlNet 界面，将图片 6.1.22 导入，控制类型选择“Lineart（线稿）”，预处理器选择 lineart_standard，模型选择 control_v11p_sd15_lineart_fp16，权重选择 0.9，控制权重选择更偏向于 ControlNet，让 AI 自由发挥，变化更多可能性，缩放模型选择缩放后填充空白，具体参数如图 6.1.23 所示。

单击“生成”图标，生成图 6.1.24。

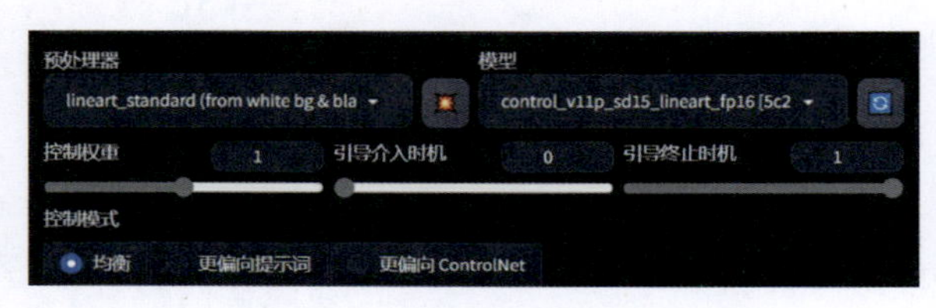

图 6.1.23　ControlNet 界面参数

图 6.1.24　生成系列图标

因为选择了偏向 ControlNet，所以 AI 会随机更改图片形态和内容，生出的图片在中央处出现了旋转的图案，且“薪火”两字也发生了变化。将生成的图 6.1.24 再次导入偏向 ControlNet，以该图为蓝本，再次生成图标，并且在正向提示词中添加“火焰（fire）”“可爱（cute）”词汇。因为图标颜色上较为单一，所以再添加一个 Lora“michal sawtyruk 风格插画 SDXL”增加其画面颜色度，该 Lora 颜色较为艳丽，为了控制色彩度，权重选择 0.4。在 ControlNet 处权重选择 0.65，再次增加 AI 随机性。单次批量选择 4，单击“生成”按钮，得到图 6.1.25 所示系列图标。

图 6.1.25　AI 生成系列图标

这一步骤设计师可以进行多轮，直到抽取到自己喜欢又符合设计意图的 Logo 图标，再将其导入 Photoshop 中进行细节调整，完成 Logo 图标的整体设计，这里将最后一张图片导入 Photoshop 中，增加字符，得到图 6.1.26。

在使用 Stable Diffusion 进行 Logo 图标设计时，前期线稿的绘制至关重要，它构成了后期 AI 绘制的基础框架，直接影响着最终设计的质量和上限。因此，投入足够的精力来打磨线稿是设计过程中不可或缺的一环。此外，根据不同的设计阶段，合理选择和替换提示词，对于引导 AI 更准确地实现设计意图同样重要。在 AI 设计过程中，权重的灵活运用也非常关键，如果希望 AI 生成的图标更贴近手稿，可以适当增加权重；如果希望 AI 有更大的创作自由度，则可以减少权重。总之，AI 在 Logo 设计领域的应用，预示着一个个性化、互动和高效的设计新时代的到来。随着技术的不断进步，AI 能够提供实时反馈，帮助设计师捕捉并满足客户的独特需求，生成定制化的设计方案。AI 还将推动 Logo 设计在不同媒介和平台上的一致性和适应性，深入理解品牌故事和价值观，使 Logo 设计成为品牌传播的核心元素。

图 6.1.26　Photoshop 后期图标

6.2　环艺 AI 设计工作流程与技巧

6.2.1　AI 文生意向图

在进行设计工作时，通常会在设计初期阶段通过网络搜集大量的参考图片，以便更准确地把握和实现自己的设计构想。但是并非每次搜索都能找到完美契合设计想法和意图的图片。在这种情况下，可以借助 AI 技术生成设计的意向图，帮助创造出与自身设计想法完全一致的设计意向图。这种由 AI 生成的意向图，由于输入的提示词、选用的模型都与创作者的设计理念高度一致，生成画面也高度符合创作者的设计意图。这种工作方式将极大地提高与客户或团队成员之间的沟通效率，使设计意图的传达变得更加直观和高效，而这正是 AI 技术为创意设计领域带来的便利和创新。

在设计领域，AI 技术的应用正逐渐改变传统的工作流程。传统的设计通常遵循以下步骤：收集意向图、平面布局设计、造型构思、模型构建、效果图绘制以及深化设计。AI 的介入可以显著提高这一流程的效率和质量。具体来说，AI 能够缩短从收集意向图到绘制效果图的整个周期，同时大幅提升设计质量。AI 优化过程如下。

首先以室内家居为例，使用文生图技术生成一张客厅图。

因模型选择“老王 _Architecutral_MIX V0.5”，想要一个颜色偏重、具有书卷气息的客厅，提示词参数如下。

正向提示词：(HD quality, master’s work, 8K, true texture, high resolution, photographic atmosphere), living room, multi-size sofa, modern coffee table, brown table, fur carpet, minimalist style, true natural lighting, balcony, green plants, digital rendering, neutral flat lighting, modern living room, elegant, paneled walls, hanging pictures。

反向提示词：NSFW, poor image quality, (low image quality:2), (abnormal image quality:2), (monochrome), (grayscale), blur, disorganized structure, chaotic picture, distortion, abstraction。

采样方法为 Euler a，迭代步数为 35，开启高清修复，图片质量设置为 2 倍，选择

R-ESRGAN_4x+ Anime6B，重绘迭代步数为 20，重绘幅度为 0.75。生成图片如图 6.2.1 所示。

图 6.2.1　生成客厅图

对室内设计的 AI 文生图技术有了深入的了解和掌握之后，可以进一步应用 Lora 模型来对生成的图像进行细致的调整。通过这种方式，可以创造出既具有独特设计感又符合设计理念的室内意向图。不仅能够更精准地传达设计理念，还能在视觉呈现上更加吸引观者的注意，从而在与客户的沟通中起到事半功倍的效果。

调取 Lora 模型为“空间设计 × 装置艺术 V1.0”，该模型可以在图片中生成具有夸张的连续曲线的艺术背景墙，保持提示词不变，单击“生成”按钮，生成图 6.2.2。

图 6.2.2　生成艺术墙客厅图

单击几次“生成”按钮，可以得到不同形式的画面（图 6.2.3），这也是 AI 绘图随机性的乐趣。

图 6.2.3　随机生成艺术墙客厅图

图　6.2.3（续）

接下来可以举一反三，将提示词里的客厅换成儿童房，并且添加儿童房提示词。例如粉色、星星、女孩房，可得到图 6.2.4 所示系列图。

图 6.2.4　儿童房 AI 图

利用 AI 进行室内空间的绘画设计，其应用范围不仅限于家居空间。在公共空间设计领域，AI 同样能够发挥巨大的作用。无论是商业中心、办公区域还是展览馆等公共区域，AI 技术都能提供高效的设计方案，帮助设计师快速生成创意概念图，从而优化设计流程，提升设计质量。接下来以“公共活动空间”为例，使用 AI 绘画进行空间意向图制作。

首先选用大模型“老王 _Architecutral_MIX V0.5”，Lora 选用“公共展示空间”确定空间主调，之后为了调和空间画面，颜色选用“马卡龙 · 麻袋调色盘”“法式奶油风室内设计 | French Cream Style”。

正向提示词：(HD picture quality, master's work, realistic style, shocking picture, 8K resolution, realistic material, rich details, immersive visual effects, Ultra HD:1.2, big scene:1.3), exhibition hall interior space, smart exhibition hall, smart display, movie lighting, glass display case, booth, dark gray floor glue, strong cultural atmosphere。

反向提示词：(NSFW:1.5), non-smooth curves, chaotic curves, disordered ceilings, unrealistic objects, disordered building structures, (worst quality:2), (low quality:2), discrete color blocks, defective color blocks, lowres, poor building profile。

生成图 6.2.5 所示系列图像。

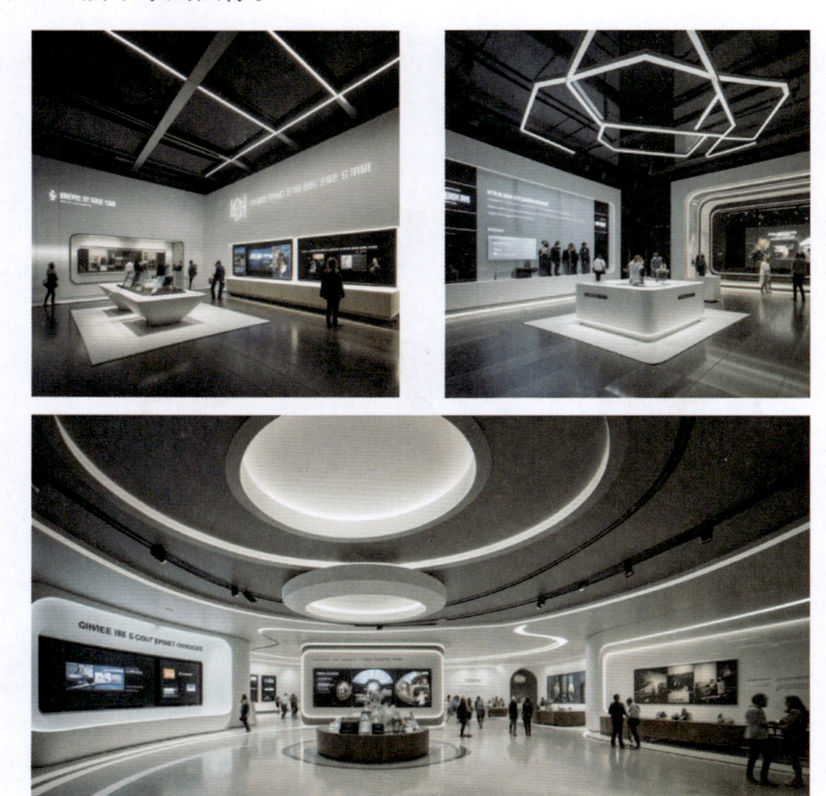

图 6.2.5　公共活动区 AI 图

用户可以通过掌握 AI 生成图像的规律，自行组合提示词和 Lora 模型来创造出独具个性和特色的室内空间 AI 图像。将这些 AI 生成的图像融入设计作品中，可以为项目增添独特的视觉元素，同时也能提高设计的效率和创新性。

6.2.2 现场照片转 AI 效果图

在现场与甲方沟通设计方案时，可以利用 6.2.1 小节介绍的文生 AI 效果图来讲解和收集符合设计意向的图像。还能可以基于现场照片快速制作 AI 效果图与甲方沟通，这不仅能加速与甲方的沟通过程，还能激发设计灵感。接下来，将分别针对室内设计和景观设计两大领域，详细讲解如何利用现场照片通过 AI 技术转化为效果图。

取一张室内现场照片（图 6.2.6），先想好效果图的大体风格，此处想要一个现代轻奢风格的卧室，要有地毯，有背景墙。输入参数，大模型选用“室内设计经典大模型（老陈）V2.0”，Lora 选用“现代轻奢卧室 V2.0”，权重 0.8。

图 6.2.6　室内现场照片

正向提示词：(HD picture quality, master works, shocking pictures, movie-level atmosphere, ultra-clear picture quality, 8K, ultra-realistic,)interior design, bedroom:1.2, bed, window:1.2, masterpiece, best quality, unreal engine 5 rendering, normal architectural details, wallpaper。

反向提示词：messy furniture:1.52, messy lines:1.3, wrong construction, wrong furniture construction, messy furniture furnishings, blurry, low quality, sketches, lowres, normal quality, poor proportions, out of focus。

采样方法为 Euler a，迭代步数为 35，勾选高清修复，放大算法选择 8x-NMKD-Superscale，重绘采样步数为 35，重绘幅度为 0.35，放大倍率为 2。单次批量选择 2。

打开 ControlNet 界面，将现场照片导入，依次单击“启用”“低显存模式”“完美像素模式”“允许预览”，控制器类型选择“Canny（硬边缘）”，预处理器选择 canny，模型选择 control_v11p_sd15_canny_fp16，因为现场照片是空无一物的，所以控制权重选项不能选择太高，太高 AI 会根据现有线条去生成内容，空无一物的地面依旧会被硬控成空无一物，这里控制权重选择 0.6，控制模式选择“均衡”，缩放模式选择“缩放后填充空白”。选择完成后单击“生成”按钮，得到图 6.2.7 中轻奢风格的图。

图 6.2.7　现场照片生成轻奢风格效果图

还可以在不改变提示词的前提下，通过调整 Lora，生成不同风格的室内效果图。将 Lora 替换为温暖系模型“室内 -02 阳光房复古卧室客厅室内设计”，得到图 6.2.8 所示的效果。

下面生成景观部分（图 6.2.9）。大模型更换为 LandscapeBING v1.0，前期参数基本保持不变，需要更改正反向提示词。

正向提示词：(HD quality, master works, realism, shocking picture, 8K, real material, rich details, movie-level atmosphere), scene wall, pedestrian steps (far away is the ground, plant view wall:1.5, there are some leisure sofa on the ground), colorful flowers, flowers, depth of, flowers blooming outdoor, brocade, fields, hydrangea, scenery, wisteria, tree, nature, path, daisy, day, road, flowers, blurred background。

图 6.2.8　现场照片生成阳光复古风格效果图

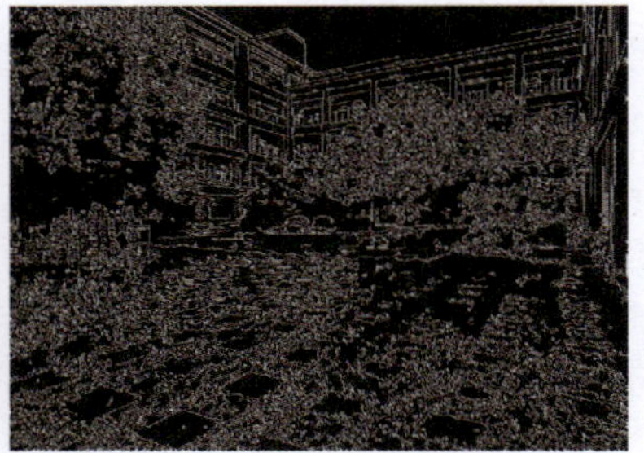

图 6.2.9　景观现场照片与 Canny 生成图

反向提示词：NSFW，clutter, painting, (worst quality:2), (low quality:2), (normal quality:2), lowres, signature, blur, drawing, sketch, poor quality, ugly, text, pixelated, messy space, outdated design, color, cartoon, blur, big tree, big tree。

其他参数保持不变，ControlNet 界面再将室内现场照片替换成景观现场照片，因为景观现场照片中树木等细节元素较多，可以将权重调整至 0.65～0.85。这样的调整不仅能够确保树木等重要细节得到保留，同时也赋予 AI 更大的创作空间，让它能够在新的画面中发挥想象力，为用户提供丰富而有创意的设计灵感。生成图 6.2.10。

图 6.2.10　景观现场照片生成图

6.2.3 手绘线稿转 AI 效果图

在获得与自己设计意向高度一致的图稿之后，按照设计流程进入平面设计阶段。一些设计师偏好首先通过手绘草图来捕捉初步构思，然后基于这些草图进一步发展成精确的平面图。先按这一逻辑，来进行 AI 转手绘稿生图。这里的手稿可以来自两种不同的方式，第一种是设计师自己绘制的手稿，第二种是将效果图使用 ControlNet 进行控图，生成固定的手稿，不管是哪一种，都可以得到一份新的手稿，之后再将手稿导入 Stable Diffusion，再生成与自己想法一致的效果图，这里选择第一种手稿方式进行出图。

图 6.2.11 手稿底图

选定一张手稿图，如图 6.2.11 所示。

选择大模型“室内设计经典大模型（老陈）”，我们想要一个现代风格的室内客厅设计，输入提示词参数。

正向提示词：(HD quality, master works, stunning images, cinematic atmosphere, ultra HD quality, 8K, ultra realistic, masterpiece, best picture quality, Unreal Engine 5 render, movie lighting), modern design style, interior design, living room, wood style, white split background wall, linen carpet, green plant, floor-to-ceiling glass。

反向提示词：messy furniture:1.52, messy lines:1.3, wrong construction, wrong furniture construction, messy furniture furnishings, blurry, low quality, poor anatomy, sketches, lowres, normal quality, worst quality。

为了更精准控制画面细节，加入 Lora，模型选择“室内设计现代客厅电视背景墙”，权重选择 0.7，采样方法选择 DPM++ 2M SDE，迭代步数为 35，高清算法选择 8x-NMKD-Superscale，重回采样步数 30，重绘幅度 0.75（为了更好的细节，以及更好的风格控制）。进入 ControlNet 界面，将画面导入，选择 Lineart，预处理器选择 lineart standard，缩放模式中选择“填充”，具体参数如图 6.2.12 所示。

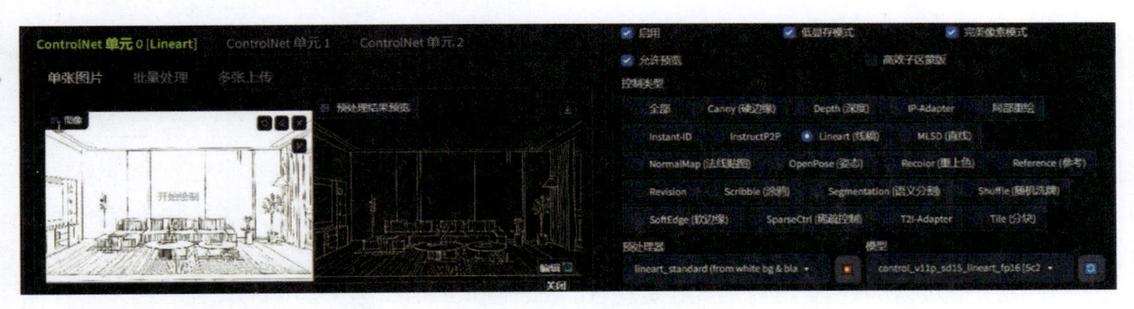

图 6.2.12 参数图

单击“生成”按钮，生成图 6.2.13。

经过反复调整参数，还可以得到 512 × 512 像素的图（图 6.2.14）。与初步的草图相比，这些图像在细节上更加精确。可以利用这些效果图作为参考，逆向推导出平面图，从而顺利进入平面图绘制阶段。

图 6.2.13　AI 生成图片

图 6.2.14　生成图片

6.2.4 模型线稿转 AI 效果图

敲定平面图后，常规设计流程是进行建模、渲染，但是其中材质、灯光和造型等元素往往需要经过多次迭代和优化。为了提高效率，可以利用 AI 技术将模型线稿转换为效果图，这不仅有助于对模型的各个细节、材质选择、灯光布局和参数设置进行精细调整，而且还能显著缩短整个建模和选择阶段的时间。

本小节内容为依据前几小节中 AI 生成的效果图来推导出平面图，并且进行模型搭建。需要注意的是，这个推导出的平面图并不是最终版本。正如常规设计流程一样，可以根据效果图的审核结果进行必要的调整和返工，以确保设计精益求精。这种工作方式与传统工作追求卓越的设计理念是一致的。

AI 辅助的平面图推导过程是一种“所见即所得”的体验，可以将 AI 生成的图像作为设计构思的起点，这打破了传统的“先平面后效果”的设计流程，使用户能够提前预见最终的设计成果。这种方法不仅加快了设计速度，还为用户提供了更广阔的构思空间。然而，尽管 AI 技术提供了便利，合理推导平面图的关键在于“人”。设计师需要根据自己的理解和经验，对空间划分、人流动线和功能区域进行优化。因此，在 AI 工作流中，设计师仍然占据主导地位，并在整个设计过程中发挥着关键作用。

经过以上流程，会得到一系列的模型图，只需导入模型草图将其输入 Stable Diffusion 中，使用 ControlNet 进行精准控图，即可得到想要的效果图，步骤如下。

选定一张要做的效果图，这里仍以室内为例，图 6.2.15 所示为模型蓝本，整体为室内局部小吧台空间。大模型选择“老王 _Architecutral_MIX V0.5”，输入正负提示词。

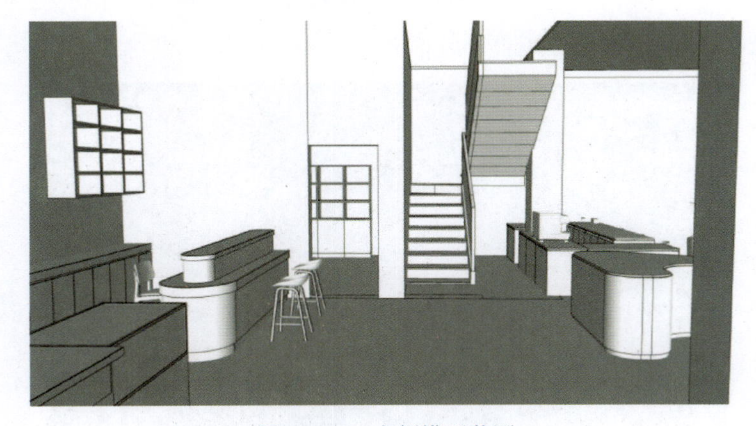

图 6.2.15　实例模型截图

正向提示词：(HD quality, master works, movie atmosphere, 8K, ultra HD picture quality, real texture, natural light and shadow), LED，rich colors, trendy storage, interior design, metal elements, clothing storage, minimalism。

反向提示词：NSFW, (worst quality:2), (low quality:2), blur, crop, out of frame, people, distorted people, blurred, (distorted lines:2), (worst quality:2), (low quality:2), monochrome, grayscale, morphing, graying, wrong viewing Angle。

Lora 使用“电商空间几何场景”保证画面简约几何风格，权重为 0.6；使用“轻奢现代客厅专用模型（精）”控制画面整体家居感，权重为 0.5；为了增加空间的现代感，想引入 LED 的灯条，所以使用“潮流店 v1.0”，避免过多的 LED 元素出现，权重控制在 0.3。

采样方法选择 Euler a，迭代步数为 35，开启高分辨率修复，高清算法选择 8x-NMKD-Superscale，放大倍数为 2，重回采样步数为 30，重绘幅度为 0.75。ControlNet 依次勾选“启用”“低显存模式”“完美像素模式”“允许预览”，控制类型选择 Lineart，预处理器选择 lineart_standard，模型选择 control_v11p_sd15_lineart_fp16，之后单击“爆炸”按钮，生成爆炸图，再单击“将当前图片尺寸信息发送到生成设置”按钮，该命令可以使生成图尺寸与发送的图尺寸一致，避免出现生成图尺寸与控制稿图不一致，AI 出现画面混乱，或者胡乱填充的情况，图 6.2.16 所示为预览图。

图 6.2.16　生成线稿处理图

图 6.2.17 所示为 ControlNet 界面操作界面，单击“生成”按钮，即可生成图 6.2.18。

图 6.2.17　ControlNet 界面操作界面

图 6.2.18　生成图 1

虽然整体画面已经接近预期，但为了增强画面的纵深感，可以进一步优化。在 ControlNet 界面再添加一个专门的深度 ControlNet 单元，以提升 AI 对画面空间深度的解析能力。在 ControlNet 界面中选择单元 1，并设置控制类型为 Depth。预处理器推荐选择

depth_leres++，模型则选择 control_v11f1p_sd15_depth_fp16。其他参数保持默认设置。参数和处理图如图 6.2.19 所示。

图 6.2.19　生成线稿处理图及操作界面

多次单击“生成”按钮，即可出现不同细节的室内图（图 6.2.20）。

图 6.2.20　生成图 2

图　6.2.20（续）

以上是环境艺术设计专业使用 Stable Diffusion 绘制 AI 效果图融入常规工作流程的使用方法和技巧，Stable Diffusion 的使用可以极大地提升设计流程的效率和创意。首先，设计者需要明确自己的设计问题，这是整个设计流程的起点。然后利用 Stable Diffusion 进行文生图的创作，这一阶段包括提示词生图、手稿生图和现场照片出图，共同构成了概念图收集阶段。

在收集了足够的概念图之后，设计者可以根据这些效果图进行平面图的推导。这不仅需要对效果图的空间布局有深入的理解，还需要运用到设计者的专业知识和经验，例如人流动线、功能分区和动静划分等。

接下来，进行简单的模型建模，并选取视角导出线稿图片，以便导入 Stable Diffusion 进行精准控图。这个过程有助于进一步优化模型，使其更加符合设计意图。经过几轮的精准控图后，可以得到既精确又具有设计感的模型。

最后，使用渲染工具对模型进行渲染。如果渲染结果仍需改进，可以将效果图再次导入 Stable Diffusion 进行精准控图，以获得更加优化的效果图。这个过程不仅提升了设计速度，也为设计者提供了更多的构思空间。

6.2.5 室内夜景 AI 实践

将前几节中利用文生图技术生成的客厅图像，通过使用 ControlNet 工具中的 Canny 功能，将其转换为有灯光照明效果的夜晚客厅场景。以下是具体的步骤。

根据需求，着重要表达输入提示词：室内夜景（interior glow at night），提示词如下。

正向提示词：interior glow at night, living room, white sofa, white fluffy carpet, green plants, (illumination:1.1), (night lighting:1.1), (night view:1.3), night sky, volume lighting, surrealism, best quality, perspective, high precision, photorealism, 8K, masterpiece, realism, (saturation:1.1), plant lighting, high resolution, very detailed。

反向提示词：NSFW, poor image quality, (low image quality:2), (abnormal image quality:2), (monochrome), (grayscale), blur, disorganized structure, chaotic picture, distortion, abstraction。

模型选择“老王 _Architecutral_MIX V0.5”，生成图像的分辨率设置为 1024 × 512 像素，采样方法设置为 DPM++2M，迭代步数设置为 30，开启高分辨率修复，高清算法选择 8x-NMKD-Superscale，放大倍数为 2，重回采样步数为 30，重绘幅度为 0.75。将随机种子数设置为 –1，参数设置如图 6.2.21 所示。

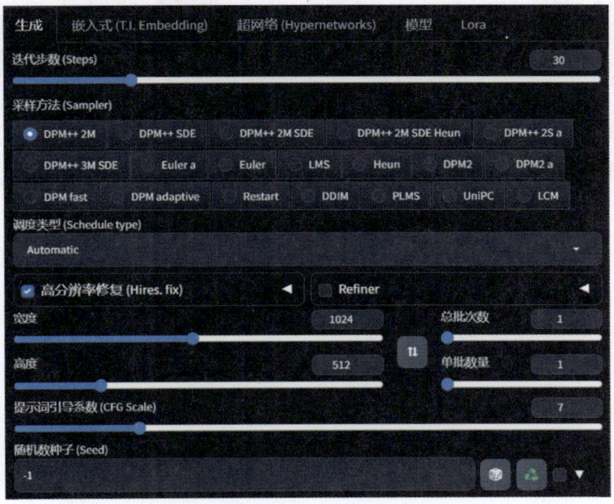

图 6.2.21　参数设置

打开 ControlNet 面板，置入客厅的图像，依次勾选“启用”“完美像素模式”“允许预览”。选择 Canny，预处理器会自动选择 canny，模型选择 control_v11p_sd15_canny_fp16，权重选择 1.2，单击“预览”按钮，观察预处理结果，如图 6.2.22 所示。最后单击“生成”按钮，生成图 6.2.23。

图 6.2.22　预处理结果预览

图 6.2.23　夜景效果图

6.3 建筑设计实践与艺术化

6.3.1 建筑体块 AI 推敲实践

本小节将以建筑设计的实践为核心，系统性地介绍如何使用 Stable Diffusion 进行建筑设计 AI 辅助绘图。通常在建筑设计的初期阶段，采用易于加工的泡沫材料，通过组合不同的几何体块来进行初步的形态推敲。体块的大致形态被确定下来，将利用这些模型进行更细致的建筑设计工作。AI 的介入，提升了该阶段的效率和精确度。可以将简单推导得到的几何体块，输入 Stable Diffusion 中，进行 AI 绘图，根据 AI 生成的模型图形，进一步细化体块的各个细节，从而在设计阶段实现更高质量的成果。

首先对前期简单的模型进行拍照和整理，得到最原始的照片版本，之后将照片导入 ControlNet 中。控制类型选择 Canny，预处理器选择“Canny 硬边缘检测”，效果如图 6.3.1 所示。

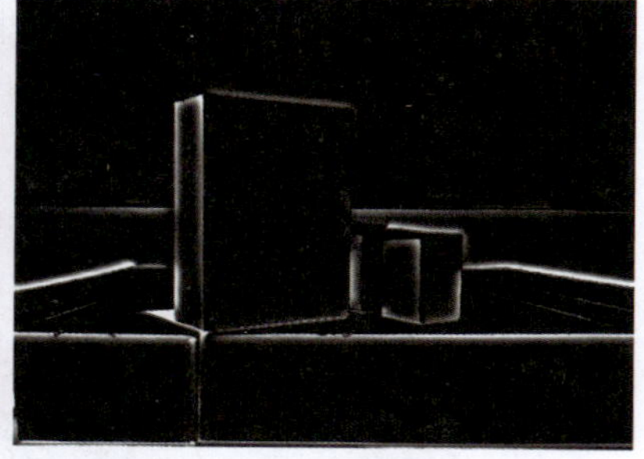

图 6.3.1　Canny 硬处理图展示

模型选择 control_v11p_sd15_canny，因为我们想要根据简单的体块进行细分，所以权重设置为 0.6。

设置控图参数后再进行提示词的设置，大模型选择“真实感必备模型 | ChilloutMix”，

采样方法选择 DPM++ 2M SDE，迭代步数为 35，开启高分辨率修复，放大倍率为 2，放大算法为 R-ESRGAN_4x+，高分迭代步数为 20，重绘幅度为 0.35。单次批量选择 2，然后单击“生成”按钮，得到图 6.3.2。

图 6.3.2　AI 生图展示

根据 AI 出图的经验，线条细致、结构清晰、构图完整的图片在后期进行生图中，往往会得到更好的表达效果，所以选择木纹方块图片为后期建筑形体推理图片，在常规建筑设计流程中，还需要再进行细节优化等手工操作。当 AI 介入后，不需要再进行手工细节优化，可以按照上面流程再次进行 AI 生图优化形体，直到选取到自己满意的体块。

6.3.2 建筑体块 AI 生图实践

根据 6.3.1 小节推敲出来的 AI 图，可以对其进行建筑 AI 绘图生成，将生成的图运用到设计沟通、平面推导、建筑建模等流程中，加快设计流程周期，接下来将 6.3.1 小节生成的木纹图输入 Stable Diffusion 中，进行建筑体块 AI 生图实践。

大模型选择“老王 _Architecutral_MIX V0.5”，为了增加效果图的环境氛围，加设 Lora“城市建筑摄影”，增加生出的图片的画面氛围感。

正向提示词：(high definition quality, ((masterpiece)), (cyberpunk 1.3, ultra-complex architectural details: 2, real glass building exterior wall), high resolution ((best quality: 1.4)), (absurdres:1.2), (fidelity: 1.4), (8k:1.2)) commercial architecture, street square, commercial street, terrace, reflection, real architectural structure details, landscape, art architecture。

反向提示词：NSFW, over sharpening, dirt, bad color matching, graying, wrong perspective, (low quality:2), lowres, (monochrome), (grayscale), blurry。

采样方法为 Euler a，迭代步数为 35，放大算法为 R-ESRGAN 4x+ Anime6B，高清迭代步数为 20，重绘幅度 0.32。

之后进入 ControlNet 界面，首先将图片导入，控制类型选择“MLSD（直线）”，预处理器选择 MLSD，模型选择 control_v11p_sd15_mlsd_fp16，权重选择 0.9。同时将 AI 图片尺寸发送到文生图设置内，并将单批数量设置为 4。在缩放模式里选择“缩放后填充空白”避免画面出现 bug。单击“生成”按钮，生成图 6.3.3 所示系列。

图 6.3.3　单批数量为 4 生成图片

以上为根据体块进行 AI 生成建筑设计效果图的步骤和详细参数。大家可以将这一流程举一反三，充分开发，不断缩短建筑设计前期推敲阶段的时间周期，增加自身设计效率。

6.3.3 建筑效果图艺术化

经过前几小节的 AI 绘图流程，结合传统建筑设计工作流，经过不断地推敲和设计、建模细化，现在到了效果图制作阶段。然而，传统的效果图可能无法完全满足当前大众的审美需求。面对市场上众多的效果图风格，读者可能会感到迷茫，不知道如何选择合适的风格来表达自己的设计。

同样可以将 AI 绘图流程应用到效果图阶段，解决这一问题。利用 AI 技术，可以将已有的效果图进行不同风格的艺术化，增加建筑设计效果的趣味性和吸引力，并且时间周期可以缩短到几秒至几分钟，因此可以有充分的时间探索不同的视觉效果和风格，从而创造出既符合现代审美又具有个性化特征的效果图。

这里以 6.3.1 小节效果图为例，将其转换为拼贴风的效果图。

首先选择大模型“麒麟 -revAnimated_v12”，Lora 为等距扁平建筑 V1.0。

正向提示词：(high-definition picture quality, master’s work, realism, shocking picture, 8K), architectural design, collage rendering style, graphic design, vector, color image, white background, minimalistic style。

反向提示词：NSFW, (worst quality, low quality:1.4), (depth of field, blurry:1.2), (greyscale, monochrome:1.1), (nsfw:1.3), (worst quality:2)。

迭代步数选择 35，采样方法选择 Euler a，开启高分辨率修复，放大倍率依旧选择 2 倍，迭代步数为 20，重绘幅度为 0.75，细节如图 6.3.4 所示。之后将图片导入 ControlNet 界面，因为输入图片类型为“色彩型”，同时细节较多，控制类型选择 mlsd，模型选择 control_v11p_sd15_mlsd_fp16，单击“预览”按钮，得到图 6.3.5。这里是将效果图进行风格转换，需要转换后的细节、结构与原图一致，所以权重拉高到 1.3。将画面与原图同步，选择缩放后填充空白。

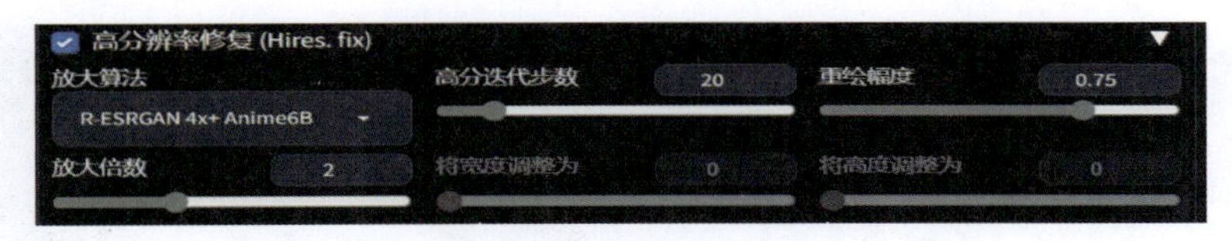

图 6.3.4　高清修复参数

图 6.3.5　AI 图 MLSD（直线）处理对比

将单批数量设置为 4，增加容错率，单击“生成”按钮，生成图 6.3.6 所示系列。

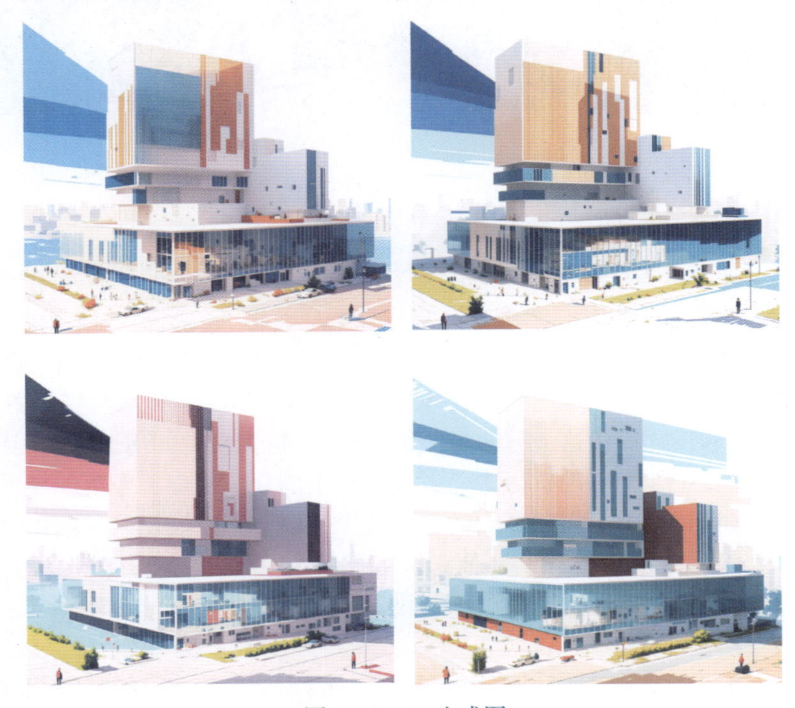

图 6.3.6　AI 生成图

如上所示，成功将写实建筑效果图转换为拼贴风格的效果，且保证了结构形态和细节的一致性。同样可以将其运用到建筑室内空间之中，这里编者以文生图效果图为例（图 6.3.7），使用 AI 将写实效果图风格转换成漫画风格，具体参数与上端基本一致，这里就不过多赘述，最终效果如图 6.3.8 所示。

图 6.3.7　AI 文生图

图 6.3.8　AI 生成图片

6.3.4 乡村振兴 AI 实践

国家推广乡村振兴战略，AI 绘图也应当积极响应，将 AI 融合入乡村振兴中，例如 AI 绘图技术可以用来美化环境：设计乡村的公共空间和景观，创造出既美观又实用的环境，提升乡村的整体形象。也可以运用到乡村规划设计、古建筑文化传承与修复中，产生更大、更广的效果。下面从美化环境这一方向来介绍 AI 在乡村振兴中如何运用到实践中。

在乡村振兴项目中，面临的挑战之一就是对村里老建筑立面、荒废的土地或者自留田进行设计美化，并且要保留乡村独有的韵味。这里选取一张以展现某村落内部和老旧房屋的照片为设计蓝本，运用 AI 技术将其重绘。如图 6.3.9 中照片，图中既有村里的主道路，又有一些老旧房屋，画面中的道路为石板铺设，保留其石质建材的古朴感觉，将房屋融入木头和石材的设计概念。

首先，大模型选择“老王 _Architecutral_MIX V0.5”，Lora 选择“毛石别墅”，全中国选择 0.5。

正向提示词：(HD quality, master’s works, realism, 8K, real material, rich details, white walls, white clouds, movie grade atmosphere), modern architecture, SLATE road, wood and stone facade, reasonable glass building brick structure, green plants。

反向提示词：paintings, sketches, (worst quality:2), (low quality:2), (normal quality:2), lowres, normal quality, logo, ((text))。

迭代步数选择35，采样方法选择Euler a，开启高分辨率修复，放大倍率依旧选择2倍，迭代步数为20，重绘幅度为0.75。图片导入ControlNet界面，控制器类型选择Canny，预处理器选择“Canny硬边缘检测”，模型选择control_v11p_sd15_canny，图6.3.9所示为原图与预览图对比。

图6.3.9　原图与Canny图对比

单击“生成”按钮，得到图6.3.10。

图6.3.10　AI生成系列图1

图 6.3.10（续）

这里主要进行改造的是村落主干道和道路两侧的房屋，下面案例改造村落内房屋聚集区和自留田的部分（图 6.3.11）。首先保持大模型和 Lora 不变，仅修改正向提示词和控图的照片。这里根据图片内容可以看出现在面临的问题是：房屋外立面老旧、自留田虽然有一定规划，但是不够美观，整体村落空间绿化面积较少。使用 AI 绘画技术进行改造。

图 6.3.11 村子原貌图

大模型选择“老王 _Architecutral_MIX V0.5”，Lora 选择“景观别墅 v1.0”，进入提示词阶段，上一段分析了现存问题，所以要在提示词里增加 greening（绿化）、white now wall（白色的墙壁）、modern architecture（现代设计感）等词汇。

正向提示词：(HD quality, master’s work, realism, picture shock, 8K, real material, rich details), white now wall, modern glass windows, blue sky, white clouds, natural light, modern architecture, greening, reasonable green vegetation group, reasonable glass building structure, reasonable building structure。

反向提示词、迭代步数、高清修复等参数保持不变，将新图导入 ControlNet 界面，控制器类型选择 Canny，因为背景有树木，权重默认 1，AI 会识别建筑，这里权重提升到 1.2，其余参数不变。单击“生成”按钮，得到图 6.3.12。

图 6.3.12　AI 生成系列图 2

6.3.5 城市夜景 AI 实践

城市夜景亮化是城市发展中不可忽视的重要组成部分。它不仅提升了城市的美观度，还增强了夜间的安全性和活力。亮化的形态、亮度和造型都需要经过精心设计，以确保和谐与功能性，可以使用 AI 绘图技术来辅助这一设计过程。

在城市夜景亮化项目中，AI 绘图技术可以将白天的照片转换为夜晚的场景，并在其中增加灯光元素，生成逼真的夜景效果图。这一技术能够帮助亮化设计师快速预览不同设计方案的效果，从而提供更多的创意灵感和设计思路。

通过使用 Stable Diffusion 中的 ControlNet 工具中的 Canny（硬边缘）功能，将白天的商业街区图像转换为夜晚的场景。首先输入提示词。

正向提示词：office building at night, (night view:1.4), (white exterior wall paint:1.3), (illuminated buildings:1.8), (architectural lighting:1.3), building, night, light, outdoors, tree, starry_sky, road, landscape, (landscape lighting:1.1), high-precision, realistic, high_contrast, high contrast color, (saturation:1.1), plant lighting, (sharpening:1.1), perspective, outdoors, scenery, (night building interior ventilation:1.2), real world location, white exterior wall paint。

反向提示词：bad-picture-chill-75v, bad_prompt_version2-neg, easy negative, day, no one, low accuracy, unrealistic, over sharpening, dirt, bad color matching, graying, wrong perspective, distorted person, twisted car, NSFW, (worst quality:2), (low quality:2), (normal quality:2), lowres, (monochrome), (grayscale), blurry, signature, drawing, sketch, text, word, logo, cropped, out of frame。

图 6.3.13　参数设置界面

Stable Diffusion 模型设置为 Architecutral_MIX V0.3，迭代步数设置为 35，生成图像的分辨率设置为 768×512 像素，采样方法设置为 DPM++2M，勾选“高分辨率修复”，参数保持默认设置，将随机种子数设置为 -1。参数界面如图 6.3.13 所示。

接下来打开 ControlNet 面板，置入准备好的商业街区白天图像，依次勾选“启用”“完美像素模式”“允许预览”。选择 Canny（硬边缘），预处理器会自动选择 canny，模型选择 control_v11p_sd15_canny，单击“预览”按钮，观察预处理结果，如图 6.3.14 所示。最后单击“生成”按钮，生成图 6.3.15。

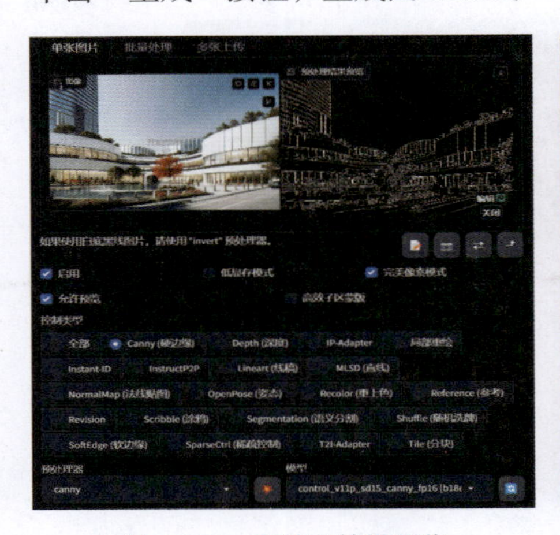

图 6.3.14　预处理结果预览

图 6.3.15　白天转夜景效果图

6.4　人物角色生成与游戏美术

6.4.1　角色风格转换

接下来，讲解角色风格转换的做法，首先生成基础人物图像，大模型选择“majicMIX realistic 麦橘写实”，如图 6.4.1 所示。

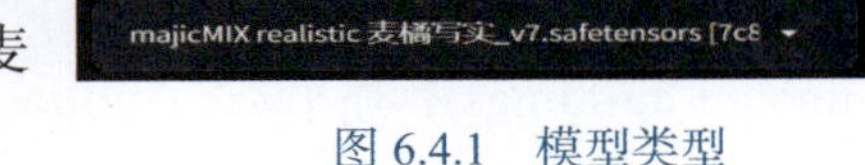

图 6.4.1　模型类型

如果想生成一个微笑的穿西装的女孩，则输入正向、反向提示词。

正向提示词：(HD quality, masterpiece, best quality, super detail), a girl, suit, smile, front view。

反向提示词：NSFW，extra hands, bad bodies, too many eyes, too many hands。

采样方法选择 DPM++SDE，迭代步数为 30，开启高分辨率修复，放大算法为 Latent，迭代步数为 15，重绘幅度为 0.7，放大倍数为 2，图片分辨率为 512×512 像素，总批次数为 4，单批数量为 1，提示词引导系数为 9，参数如图 6.4.2 所示。

单击“生成”按钮，生成图 6.4.3。

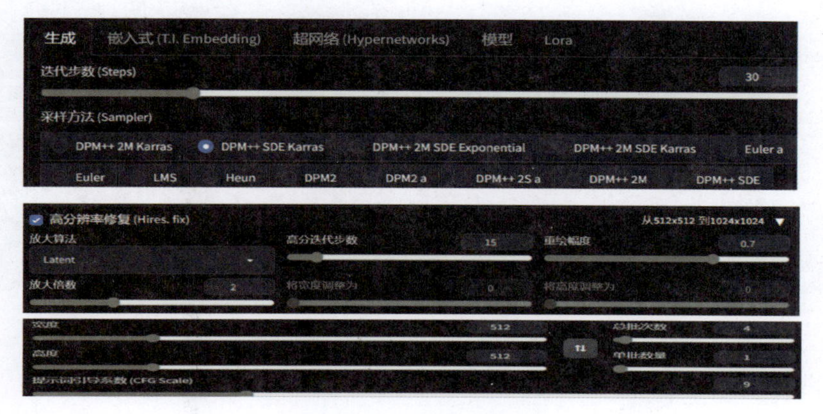

图 6.4.2　详细参数界面

图 6.4.3　文生图得到人物图片

得到文生图蓝本之后，替换大模型为 AWPainting，添加 Lora“小皮超动态视角 NIJI”，正向、反向提示词保持不变。进入 ControlNet 设置，打开 ControlNet 界面，依次勾选““启用”“低显存模式”“完美像素模式”“允许预览””，控制类型选择“Canny（硬边缘）”，预处理器选择 Canny，模型选择 control_v11p_sd15_canny，权重调低为 0.7，其他数值使用默认值，控制模式为“均衡”，缩放模式为“缩放后填充空白”，之后单击中间的预览模式，观察生成情况（图 6.4.4）。

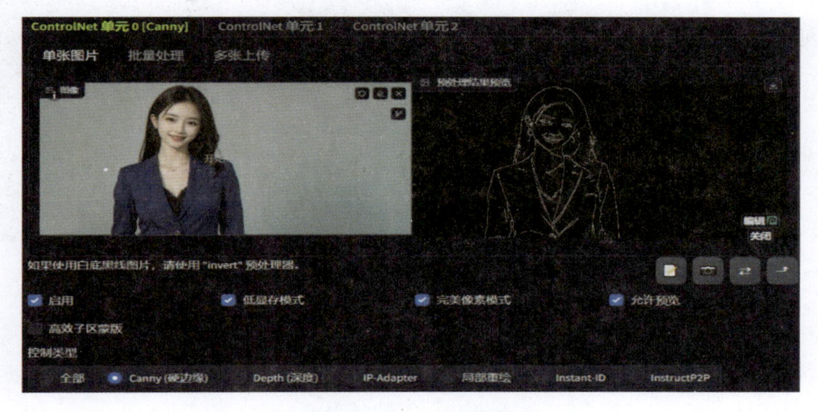

图 6.4.4　ControlNet 参数界面

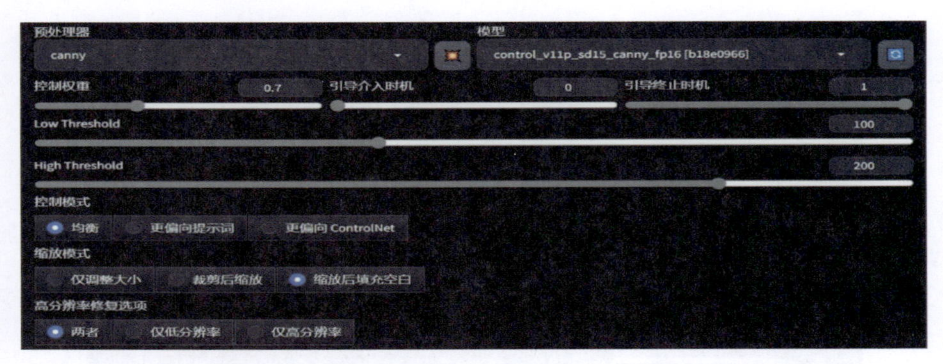

图　6.4.4（续）

单击“生成”按钮，生成图 6.4.5。

图 6.4.5　生成漫画版图片

可以看出，虽然画风发生了变化，但是其外观和细节基本保持一致，这是 Canny 的特点，对画面进行线性的约束，生成图片会依照原图线性造型进行重新塑形。这里可以再更换大模型为 MR 3DQ，尝试将任务 Q 版化，其余均保持不变，ControlNet 中的权重下调至 0.6，生成图 6.4.6。

图 6.4.6　生成 Q 版效果图

可以使用 ControlNet 的 Canny 控制器的原理，生成线约束，控制文生图模型外观细节，再调整权重高低，用另一种风格表现原先的图片。进而游戏中的形象，也可以从现实中寻找人物原型，用夸张的动漫风格，展现出适合游戏人物表现的角色图。

6.4.2 角色姿势控制

Stable Diffusion 的角色姿势控制不仅能够实现高度逼真的动态捕捉，还能够根据艺术家的创意输入，生成具有独特风格和情感表达的角色姿态。本小节将深入探讨 Stable Diffusion 在角色姿势控制方面的应用，分析其技术原理，展示其在实际创作中的潜力，并讨论如何更有效地利用这一技术来丰富我们的艺术作品。

以 4.4.2 小节生成的图片为基础蓝本（图 6.4.7），先来熟悉一下 ControlNet 中姿势控制命令，使用该图大模型和参数，进行详细的角色姿势修改。

图 6.4.7　4.4.2 小节使用图片

同时再生成一张其他姿势的图片，大模型选择“SHMILY 古典炫彩”，提示词输入 1 girl，其余保持默认，随机生成女孩姿势图片，如图 6.4.8 所示。

根据上面的图片，使用参考图 6.4.8 所示的女孩姿势，重新生成图 6.4.7 所示的女孩姿势，具体参数如图 6.4.9 所示，生成图 6.4.10。

接下来增加难度，将女孩姿势进行改变的同时，改变其性别。大模型选择“majicMIX realistic 麦橘写实”，修改正向提示词。

图 6.4.8　随机生成姿势图片

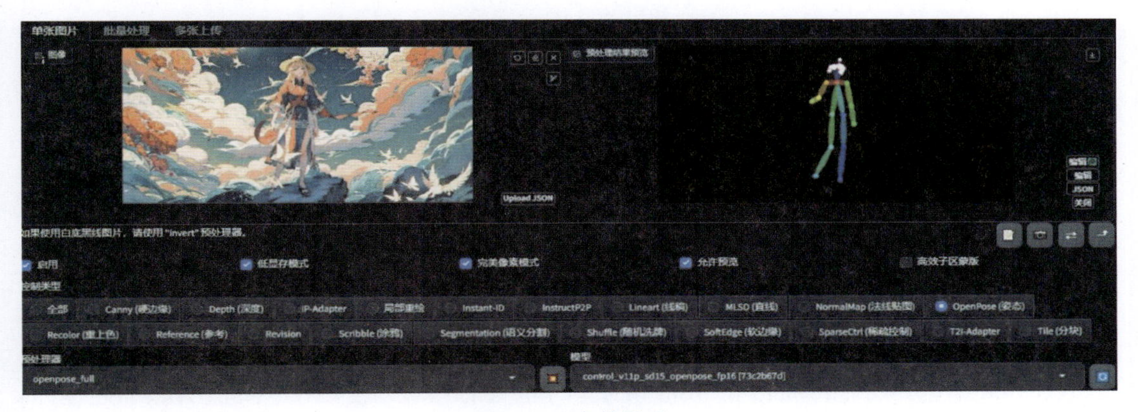

图 6.4.9　参数图示

图 6.4.10　AI 生成图片

正向提示词：a boy, masterpiece, best quality, ultra-detailed。

采样方法为 DPM++SDE，迭代步数为 30，开启高分辨率修复，放大算法选择 R-ESRGAN 4x+，重绘幅度为 0.7，分辨率为 512 × 512 像素，总批次数为 1，单批数量为 4，提示词引导系数为 7，具体参数如图 6.4.11 所示。

图 6.4.11　具体参数展示

将编者自绘的人物图片（图 6.4.12）导入 ControlNet 中，依次勾选“启用”“低显存模式”“完美像素模式”“允许预览”，控制类型选择“OpenPose（姿态）”，预处理器选择 openpose_hand，模型选择 control_v11p_sd15_openpose，控制模式为“均衡”，缩放模式选择“缩放后填充空白”，单击“预览”按钮观察图片是否合理，详情如图 6.4.13 所示。

单击“生成”按钮，生成图 6.4.14，缺陷为手部细节存在问题、没有站立、左右手位置倒了，动作不对、背景不对。

考虑可能是正向提示词过于简单，对其进行修改。

正向提示词：masterpiece, best quality, stance, ultra-detailed, a boy, palm open, smile, say hello, salute with your left hand in front of your forehead, and cross your waist with your right hand, white background。

图 6.4.12 编者自绘人物图片

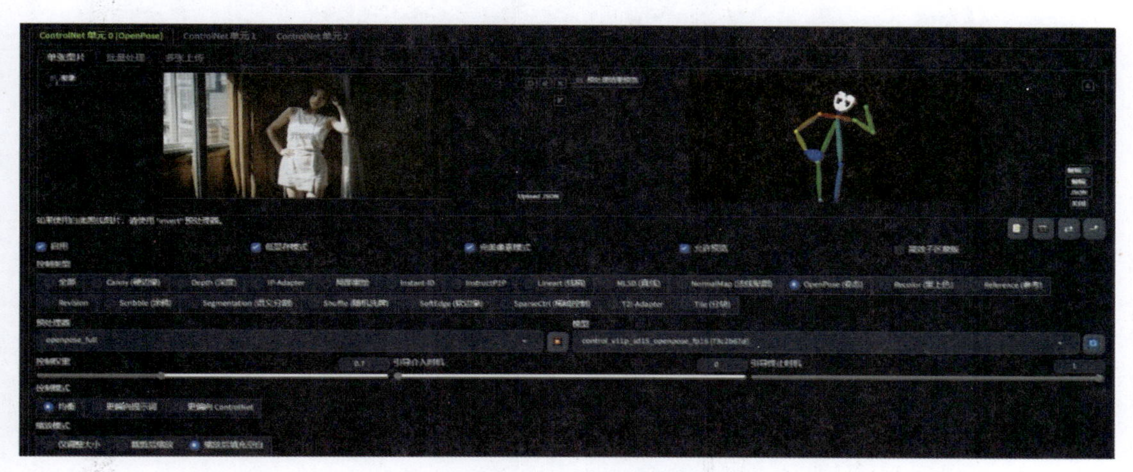

图 6.4.13 ControlNet 参数界面

图 6.4.14 生成系列效果图 1

其余保持不变，生成后可以得到图 6.4.15。

如果对于上面实例的动作不满意，想要调整姿势，可以进入姿势编辑器中进行修改，如图 6.4.16 所示。单击右侧骨骼图的编辑，进入骨骼编辑界面。

如图 6.4.17 所示，进入编辑骨骼界面后，可单击骨骼点调整各部分节点位置。

确认修改完毕，单击界面右上角发送姿势到 ControlNet，如图 6.4.18 所示。

图 6.4.15　生成系列效果图 2

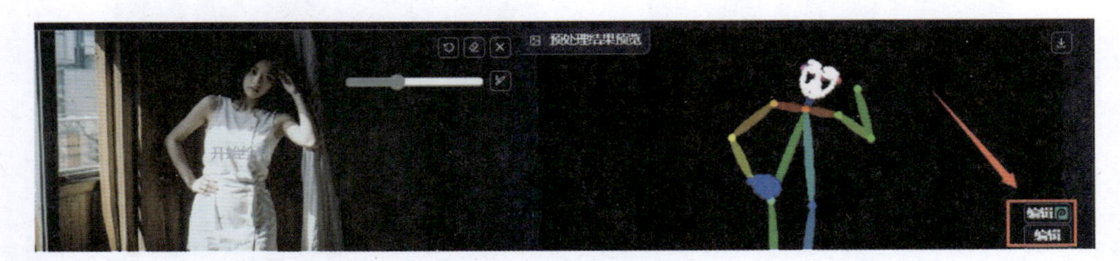

图 6.4.16　骨骼编辑器位置

图 6.4.17　骨骼节点位置调整

回到主界面，由于原始参考图片是横向，为了避免图片出现 Bug，将分辨率调大到 512 × 750 像素，重新生成，生成图 6.4.19 系列。

如果要控制表情，可以找张脸部特写的图片作为参考。图 6.4.20 所示为编者自绘惊讶人物面部的图片。

图 6.4.18　发送界面

图 6.4.19　生成系列效果图 3

图 6.4.20　编者自绘人物面部图片

参考女孩面部姿势，完成另一男孩同样的面部姿势。大模型选择“极氪写实 MAX”，输入正向提示词。

正向提示词：(masterpiece, best quality, ultra-detailed) , a boy, open your mouth and laugh heartily, white background。

采样方法为 DPM++SDE，迭代步数为 30，开启高分辨率修复，重绘幅度为 0.7，其他数值默认，分辨率为 1024 × 512 像素，提示词引导系数为 7。进入 ControlNet 设置界面，将图片拖入控制区，依次勾选“启用”“低显存模式”“完美像素模式”“允许预览”，控制类型选择“OpenPose (姿态)”，预处理器选择 openpose_faceonly，模型选择 control_openpose，单击“预览”按钮，其他数值使用默认值，控制模式为“均衡”，缩放模式为“缩放后填充空白”，如图 6.4.21 所示。

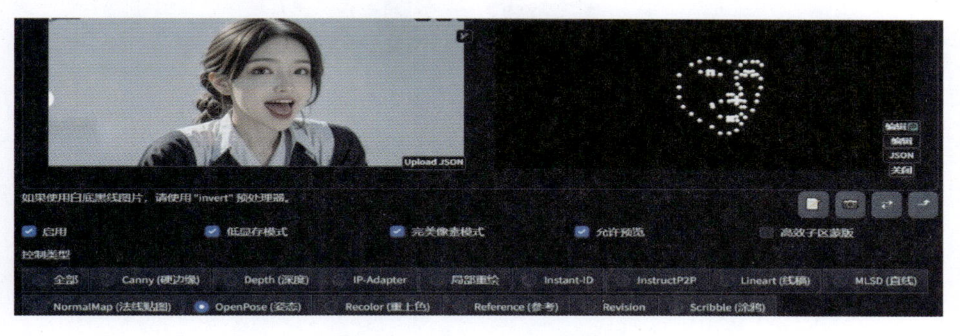

图 6.4.21　ControlNet 预览图

单击“生成”按钮，生成图 6.4.22。

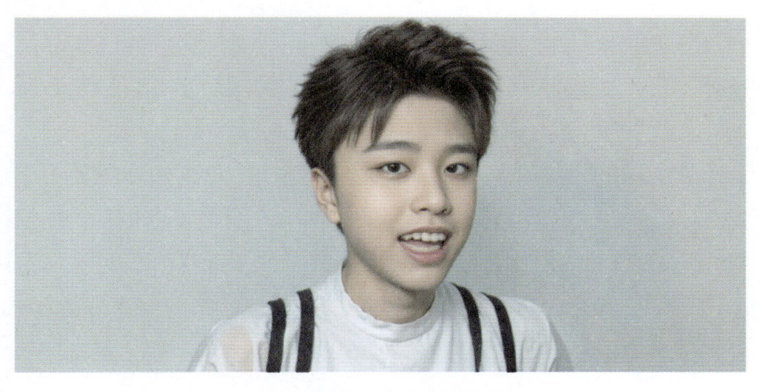

图 6.4.22　表情生成图

还可以进行骨骼修改，进而改变生成人物表情，如图 6.4.23 所示。

修改各节点位置，将嘴巴部分节点尽量合起，并发送姿势到 ControlNet，将正向提示词 open your mouth and laugh heartily 去除掉，重新生成图 6.4.24。

图 6.4.23　骨骼表情节点调整示意

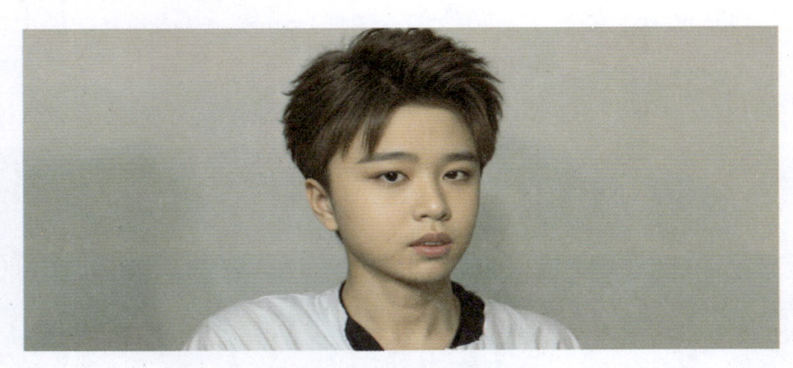

图 6.4.24　最终表情图

6.4.3 角色三视图的生成

在角色设计中，三视图是不可或缺的一环，它以简洁明了的方式展示了角色各方位的立体形态。随着人工智能技术的不断进步，现在能够借助 AI 的力量，自动化地生成角色的三视图，这不仅极大地提升了设计工作的效率，也为角色设计师提供了更多的创意空间。

下面使用一张多视图的人物角色图片（图 6.4.25），来讲解如何利用 AI 技术生成高质量的角色三视图。

将图片拖入 ControlNet 面板，依次勾选“启用”“低显存模式”“完美像素模式”“允许预览”。控制类型选择“OpenPose（姿态）”，预处理器为 openpose_full，单击中间的 Run preprocessor，生成骨骼预览图，如图 6.4.26 所示。

接着设置模型和提示词，大模型选择“SHMILY 古典炫彩”，Lora 选择 Chinese style

illustration 确保人物风格，权重选择 0.7，同时添加 Lora“清新插画风格”，增加画面亮度，权重选择 0.6，输入提示词。

图 6.4.25　编者自绘参考图

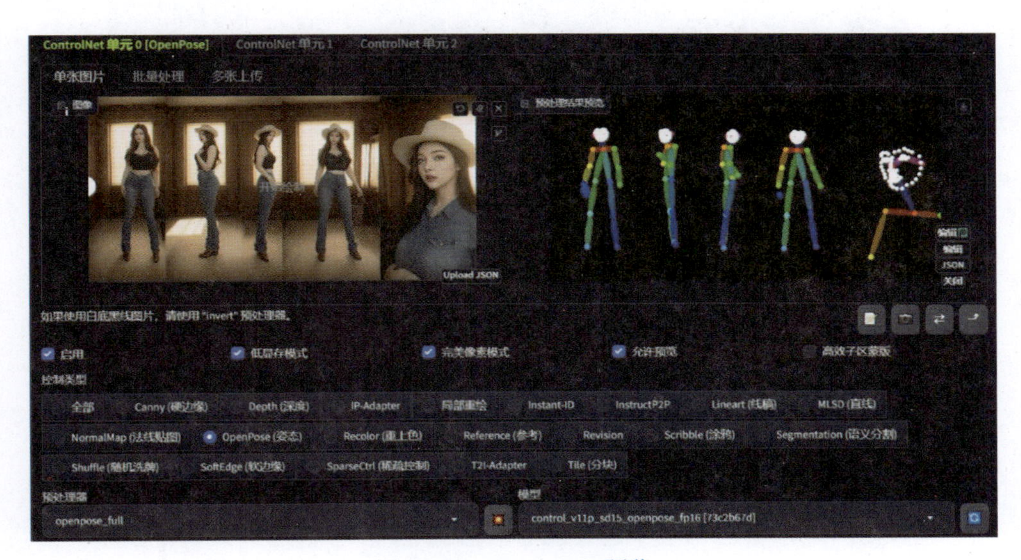

图 6.4.26　ControlNet 预览

正向提示词：(HD quality, rich details, real lighting), girls, outdoors, flowers, blue eyes, long hair, long skirt, hat, ocean, dress, sit, white flower, sky, bug, hat flower, day, bangs, butterfly, water, long sleeve, blue sky, cloud, blonde hair, orange tiaras, smile, short sleeve, landscape, white dress。

反向提示词：NSFW, accurate face and hands。

采样方法为 R-ESRGAN 4x+ Anime6B，迭代步数为 30，开启高分辨率修复，重绘幅度为 0.35，其他选项使用默认数值。分辨率为 1024 × 512 像素，总批次数为 1，单批数量为 2，提示词引导系数为 7。

单击“生成”按钮，生成图 6.4.27。

未来，AI 将继续推动角色设计领域的创新，为设计师带来更多的便利和灵感。角色三视图的生成将变得更加智能化、个性化，甚至能够实时响应设计师的创意需求，实现真正的协同创作。期待 AI 技术与角色设计的结合能够激发更多艺术创作的火花，推动整个行业向更加高效、智能的方向发展。同时，也鼓励设计师拥抱这一变革，利用 AI 作为创作伙伴，共同创造出更加丰富、多元的艺术作品。

图 6.4.27 生成动漫人物三视图

6.4.4 游戏场景的概念图生成

随着人工智能技术的不断成熟，游戏设计领域迎来了一场革命。AI 不仅能够理解玩家的需求，更能在游戏场景设计中发挥其创造力，生成令人惊叹的概念图。例如，现在比较火的二次元游戏《王者荣耀》《鸣潮》《原神》的场景制作需要设计者拥有强大的想象力，这就需要 AI 赋能游戏场景概念图，缩短设计周期，提高设计质量。

下面来进行实践，大模型选择"GhostMix 鬼混"，Lora 选择"MW_ 场景 game scene"，权重为 0.7，想做一个 BOSS 场景，提示词中加入 BOSS 场景（BOSS scene），中央空地（central clearing）。

正向提示词：(HD quality, 8K, cinematic atmosphere, high quality, second dimension), second dimension 3D scene, BOSS scene，game modeling, game scene, central clearing, ground, landscape, night, trees, fantasy, forest。

反向提示词：NSFW，(low quality:2), (normal quality:2), lowres, blur, poor scale, deformation。

迭代步数选择 35，采样方法选择 Euler a，开启高分辨率修复，放大倍率依旧选择 2 倍，迭代步数为 20，重绘幅度为 0.75，单击“生成”按钮，生成图 6.4.28。

图 6.4.28 AI 生成二次元场景图

同样当面临 3D 写实空间时，依旧可以使用 AI 进行创作，大模型选择“hellomecha 官方版”，Lora 选择“手绘场景”，权重为 0.54，想创造出一个具有科幻色彩以及玄幻风格的场景，提示词应包含 cyberpunk city（赛博朋克城市）、Hanfu（汉服）、Taoist Temple（道观）、view war（观战争）。

正向提示词：mythological animals and mountain scenery legends in Chinese mythology, (eye of the future:1.3), cyberpunk city, warm and cold tone, skylight, fog, fog, Chinese costume, (English:1.3), architecture, Hanfu, Taoist Temple, view war, eerie atmosphere, terrible dark style, ghostly aroma, carving and wood, good work, best quality, red | blue smoke, white clothes, good work, best quality。

反向提示词：blurry, low quality, poor anatomy, sketches, lowres, normal quality, worst quality, cropping, poor scale, out of focus, (worst quality, low quality:1.4)。

迭代步数选择 35，采样方法选择 Euler a，开启高分辨率修复，放大倍率依旧选择 2 倍，迭代步数为 20，重绘幅度为 0.75，单击“生成”按钮，如图 6.4.29 所示。

图 6.4.29　AI 生成写实类场景图

6.5 AI 摄影与电商项目实战

AI 技术在摄影与电商领域的应用成为推动行业发展的关键力量。AI 在内容生成和图像编辑方面的能力，不仅帮助商家节省了制作成本，还提高了市场竞争力。此外，AI 技术通过模特虚拟试穿和换装功能，使用户能够在线上环境中预览最终效果，享受更加互动和个性化的体验。这些创新不仅优化了消费者的流程，也为商家带来了更高的用户黏性和转化率。随着 AI 技术的不断进步，可以预见，摄影与电商领域将迎来更多令人兴奋的变革和发展。

图 6.5.1　生成电商产品人物摄影图

AI 在摄影领域的应用带来了革命性的变化，尤其在处理与宠物的合照、人物背景更换、皮肤修复以及打光等方面表现出色，如图 6.5.1 所示。AI 工具能够智能识别宠物并在合照中进行自然编辑，解决宠物不合作的问题。在人物更换背景方面，AI 的精确识别能力使用户能够轻松更换或去除照片背景，适应不同的视觉需求。AI 还能自动检测并修复人物皮肤上的瑕疵，提供自然而美化的效果，同时，通过模拟不同的打光效果，AI 技术能够在光线不理想的情况下优化照片的光照，增强人物的立体感和照片的氛围。这些应用不仅极大提升了摄影工作的效率，也使普通用户能够创作出具有专业水准的作品，预示着 AI 将继续为摄影领域带来更多创新和可能性。AI 可以模拟自然光、人造光源等多种光线效果，即使在光线条件不理想的情况下，也能够通过算法优化照片的光照效果。这种技术能够调整光线的方向、强度和色温，以适应不同的拍摄环境和创意需求。通过 AI 辅助的打光，可以增强人物面部的立体感，突出五官的轮廓，同时提升整个照片的视觉效果和情感表达，营造出更加丰富的氛围感。

在电商项目的产品背景绘制环节，AI 可以根据美妆商品的特性和风格，智能识别并生成与之匹配的多样化展示场景，从而增强商品的视觉吸引力和市场竞争力（图 6.5.2）。这种自动化的场景生成不仅节省了商家在背景设计上的时间和成本，还确保了背景与商品之间的和谐统一，提升了整体的审美效果。

图 6.5.2　生成电商产品图

在电商人物换装案例中，Stable Diffusion 等先进的 AI 工具能够辅助完成服装效果的展示，使设计师和摄影师能够在没有真人模特的情况下，快速预览服装在不同姿态和背景下的效果。AI工具的使用，不仅提升了工作效率，降低了成本，还为消费者提供了更加丰富和逼真的购物体验。通过 AI 技术，电商领域的人物换装变得更加灵活和高效，为在线时尚展示开辟了新的可能性。

6.5.1 摄影中人物打光案例

使用 Stable Diffusion 模拟光源和光线效果给人物打光，是一种创新的图像处理技术。它能够为照片增添艺术性，通过模拟自然光、人造光或特殊光源，创造出独特的视觉效果，使人物肖像或场景更加引人入胜。接下来，将通过一个实例，指导大家如何快速制作出心仪的图片。

打开 Stable Diffusion，在模型上选择真实性大模型“潮汐摄影风大模型”，输入摄影相关的提示词，界面如图 6.5.3 所示。

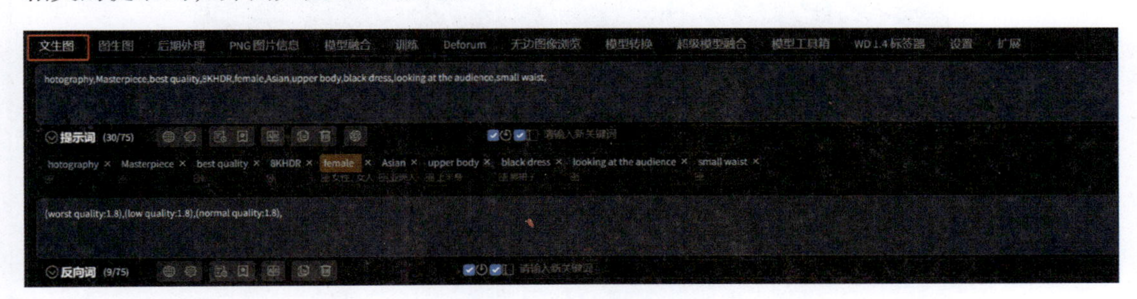

图 6.5.3　提示词输入界面

正向提示词：hotography, masterpiece, best quality, 8K HDR, female, Asian, upper body, black dress, looking at the audience, small waist。

反向提示词：(worst quality:1.8)，(low quality:1.8)，(normal quality: 1.8)。

采样方法选择 DPM++SDE，迭代步数为 30，单批次数选择 3，打开高分辨率修复，放大算法选择 R-ESRGAN 4x+，迭代步数为 20，重绘幅度为 0.75，打开 ADetaler 启用“After Detailer 模型（face-yolov8n.pt）”进行面部修复。单击“生成”按钮，结果如图 6.5.4 所示。

图 6.5.4　生成的人物图片

现在处理光影关系，选择一张满意的生成图片，单击发送图片到图生图选项，如图 6.5.5 所示。打开 ADetaler 单击“启用 After Detailer”，模型选择 face-yolov8n。启用 controlnet 单元，依次勾选上“启用”“低显存模式”“完美像素模式”“允许预览”。上传独立的控制图像，控制类型选择“Canny 硬边缘”，预处理器选择 canny，模型选择 control_v11p_sd15_canny，控制权重为 0.75，引导介入时间为 0，引导终止时间为 0.7。

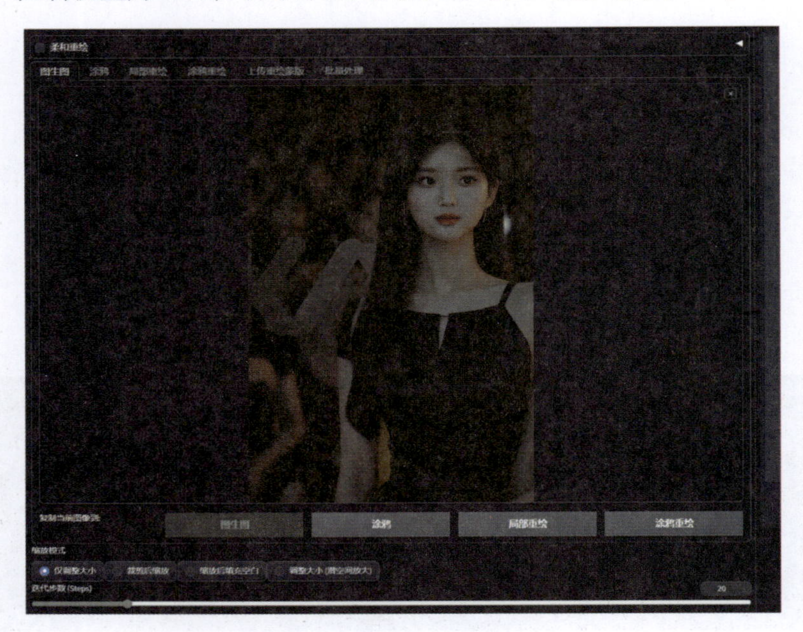

图 6.5.5　发送图生图

在图生图区域，将图片替换成光线图片，采样方法选择 DPM++SDE，迭代步数选择 30，单击“生成”按钮，生成图 6.5.6。

图 6.5.6　添加光线后生成的人物图片

通过 AI 辅助的打光，可以增强人物面部的立体感，突出五官的轮廓，同时提升整个照片的视觉效果和情感表达，营造出更加丰富的氛围感，提升作品的专业品质。

6.5.2 摄影中人物皮肤的修复

通过 Stable Diffusion 技术可以给人物皮肤进行修复，对人物肖像中的皮肤区域进行优化和美化，以达到更加自然、平滑和健康的外观。例如减少皮肤上的瑕疵（如痘痘、斑点、皱纹等），使人物的皮肤看起来更加光滑细腻。接下来，通过一个实例，指导大家如何快速实现人物皮肤的修复。

打开 Stable Diffusion，在模型上选择真实性大模型“majicMIX realistic 麦橘写实”，Lora 选择“人物光影 - 真实场景氛围感”，输入提示词。

正向提示词：8K, a girl。

反向提示词：（worst quality:1.8），（low quality:1.8），（normal quality: 1.8）。

单击“生成”按钮，生成图 6.5.7。

图 6.5.7　生成面部有瑕疵的女性照片

将该图片导入图生图区块，缩放模式选择“仅调整大小”，迭代步数为 33，采样方式选择 Euler a，尺寸与原图保持一致，如图 6.5.8 所示。

图 6.5.8 图生图参数设置

接着将图片进行放大，开启 Tiled Diffusion（平铺扩散），勾选“启用 Tiled Diffusion”，放大算法选择 R-ESRGAN-4x+。再打开 Tiled VAE，勾选“启用 Tiled VAE”。如图 6.5.9 所示。

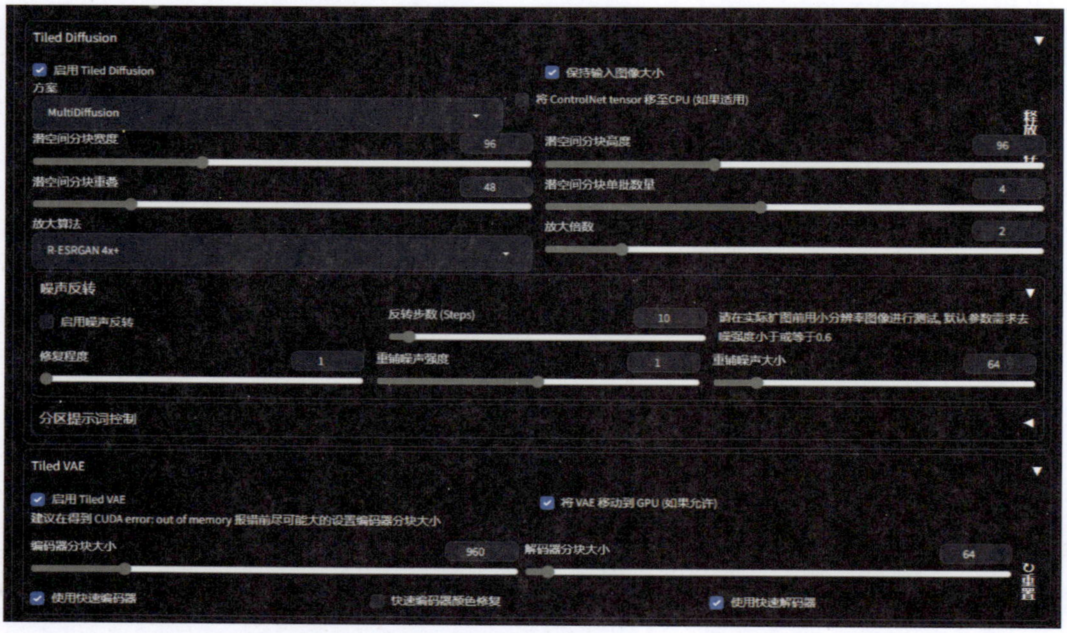

图 6.5.9 详细参数

单击“生成”按钮，即可快速生成相应的图像，效果如图 6.5.10 所示，照片中人物皮肤的雀斑消除了。

图 6.5.10　皮肤修复图片

通过 AI 的辅助，使摄影师和后期编辑者可以在保持人物自然美的同时还能大幅提高后期处理的效率，摄影师可以将更多的时间和精力投入创意和艺术表达上，而不是烦琐的技术细节。

6.5.3 摄影中人物更换背景制作

Stable Diffusion 给人物更换背景，是将人物从其原始环境中移除并放置在一个新的背景中。摄影师不再受制于天气、季节或地理位置，可以在任何时间对照片背景进行调整。大家可以通过更换背景来实现更加丰富和个性化的创意构想，无论是梦幻场景、历史背景还是未来世界，都能通过技术手段得以实现。

图 6.5.11 所示为编者自绘图片，使用 Photoshop 编辑软件，将所选的人物图片导入工作区，使用魔棒工具选中人物，然后使用油漆桶工具或编辑菜单下的填充功能（Edit → Fill）将选区填充为黑色。结果如图 6.5.12 所示。

图 6.5.11　人物原图

图 6.5.12　Photoshop 制作黑白蒙版

想给图片添加充满花卉的世界，且自然光柔和，输入提示词。

正向提示词：(HD quality, masterpiece, exquisite detail, masterpiece), green space, flower, contour light, ground, depth of field。

反向提示词：(worst quality:2), (low quality:2), monochrome, grayscale, bad anatomy, username, blur, bad feet, cropped。

大模型选择“墨幽人造人”，在背景内容创作中，Lora 可以生成具有特定属性的图像，如特定的光照条件、色彩风格或场景布局。选择 Lora 模型“电商森林场景”，权重为 0.8。如图 6.5.13 所示，进入上传重绘蒙版模式，上框放准备好的照片，下框放黑白蒙版，缩放模式选择“填充”，蒙版边缘模糊度选择 6，其他参数保持默认值。采样方法选择 Euler a，迭代步数为 30，宽高比保持原照片比例，图片数量为 2，提示词引导系数为 7，重绘幅度为 0.7，具体参数如图 6.5.14 所示。

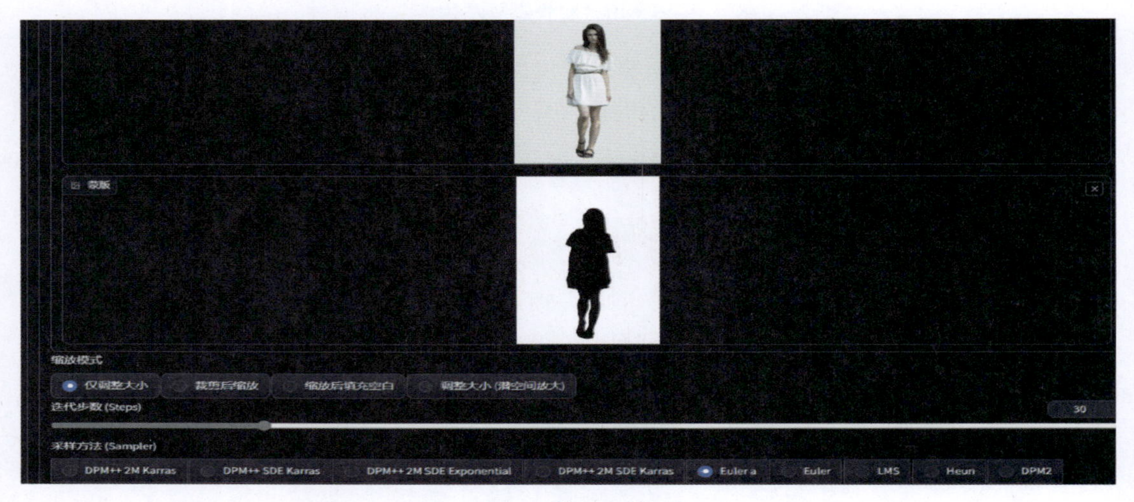

图 6.5.13　上传蒙版模式界面

图 6.5.14　详细参数界面

接下来进入 ControlNet 设置，开启 ControlNet1，左侧框里放入准备好的照片，依次勾选“启用”“低显存模式”“完美像素模式”“允许预览”。控制类型选择“OpenPose（姿态）”，预处理器选择 dw-openpose-full，单击“预览”按钮观察图片，没有问题后单击“生成”按钮，生成图 6.5.15。

AI 技术在人物更换背景方面展现出了极高的实用性和灵活性，无论是室内拍摄还是户外环境，用户都可以利用 AI 技术轻松改变照片的背景，从而适应不同的视觉叙事或营销需求。

图 6.5.15　生成带有背景的图片

6.5.4 摄影中人与宠物的合照案例

使用 Stable Diffusion 给人物与宠物制作合照，不仅可以创造出具有创意的背景，还可以通过 AI 技术实现高效的图像编辑和艺术创作，为人物和宠物的合照增添更多个性化和艺术化的元素，创造出吸引人的视觉效果。

这里编者使用自绘的一张宠物猫和一个人物的图片进行案例讲解（图 6.5.16），使用 Photoshop 编辑软件，将人物和宠物合成在一起，如图 6.5.17 所示。

图 6.5.16　编者自绘宠物猫和人物蓝本

图 6.5.17　编者自绘 Photoshop 蓝本

进入图生图模块，首先选择大模型为“majicMIX realistic 麦橘写实”，将修改后的图片导入。

正向提示词：(HD quality, masterpiece, 8K, real material, natural light), forest background, girl, smile, green space, lawn, sunshine, giant cat, blue sky, white clouds。

反向提示词：(worst quality:2), (low quality:2), monochrome, grayscale, bad anatomy, watermark, username, blur, bad feet, cropped, signature。

采样方法选择 DPM++SDE，迭代步数为 50，缩放模式选择“填充”，提示词引导系数为 7，重绘幅度为 0.4。之后进入 ControlNet 参数设置，控制类型选择“SoftEdge（软边缘）”，预处理器选择 softedge_pidinet，模型选择 control_v11p_sd15_softedge，控制权重默认为 1，具体参数如图 6.5.18 所示。

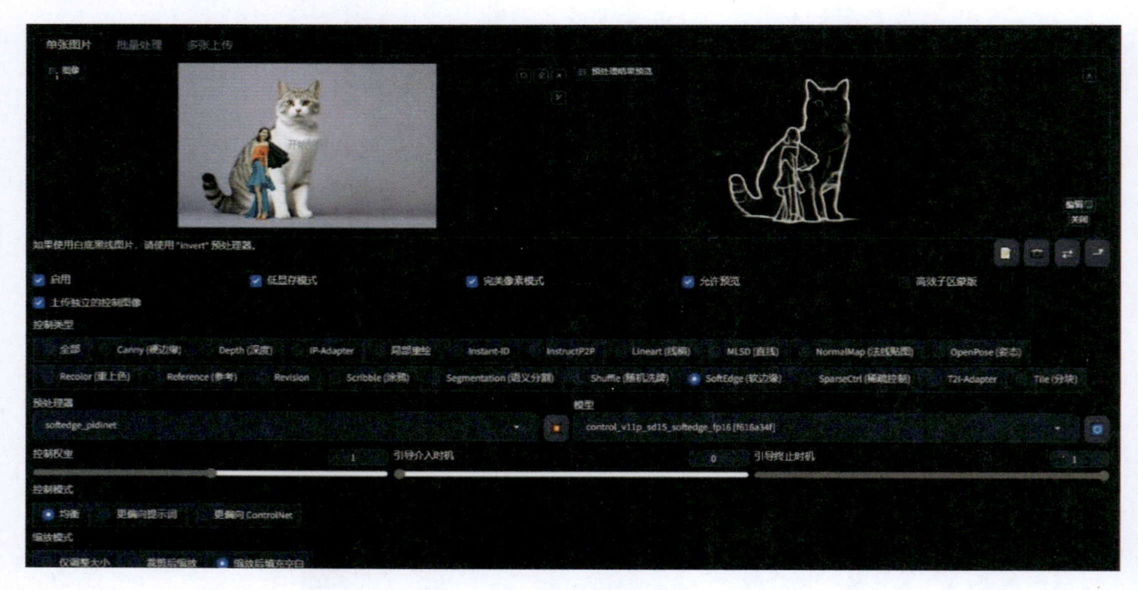

图 6.5.18　ControlNet 参数图

单击“生成”按钮，生成图 6.5.19。

图 6.5.19　AI 生成女孩和巨猫图片

AI 极大地简化了拍摄过程，提高了拍摄成功率，同时也为宠物爱好者提供了更加丰富和满意的合照体验。为宠物摄影爱好者带来了更多的创作自由和乐趣。

6.5.5 电商模特穿衣案例的制作

使用 Stable Diffusion 进行换装，这项技术可以用于多种场景，包括但不限于时尚设计、虚拟试衣、游戏角色设计等。用户可以根据自己的喜好对衣服进行试穿，实现个性化的服装设计。设计师可以利用 AI 生成的图像进行市场测试，了解消费者对新设计的反馈，提高购物的便捷性和趣味性。推动了人工智能在时尚设计领域的应用，探索了 AI 技术的边界。

图 6.5.20　编者自绘服装

挑选编者自绘的一张服装图片（图 6.5.20），使用 Photoshop 编辑软件，将所选的图片导入工作区，使用魔棒工具选中服装，然后使用油漆桶工具或编辑菜单下的填充功能（Edit → Fill）将选区填充为黑色，结果如图 6.5.21 所示。

图 6.5.21　Photoshop 制作黑白蒙版

输入如下提示词。

正向提示词：breathtaking cinematic photo, masterpiece, best quality, (photorealistic:1.33), 1 girl, blonde hair, silver necklace, carrying a white bag, standing, full body, detailed face, wearing a dress, fashion photography, studio light, 35mm photograph, film, bokeh, professional, 4K, highly detailed, award-winning, professional, highly detail。

反向提示词：ugly, deformed, noisy, blurry, distorted, grainy, drawing, painting, crayon, sketch, graphite, impressionist, noisy, blurry, soft, deformed, ugly, anime, cartoon, graphic, text, painting, crayon, graphite, abstract, glitch, deformed, mutated, ugly, disfigured。

进入图生图重绘蒙版参数界面设置，分别上传服装的图片和蒙版，蒙版和参数的设置决定了最终生成图片的效果。采样方法选择 DPM++ SDE，迭代步数选择 32，如图 6.5.22 所示。蒙版模式选择“重绘蒙版内容”（白色是蒙版区域），蒙版区域内容处理选择“原版”，绘制区域选择“整张图片”，尺寸选择“与原图一致”，重绘幅度为 0.8。具体参数如图 6.5.23 所示。

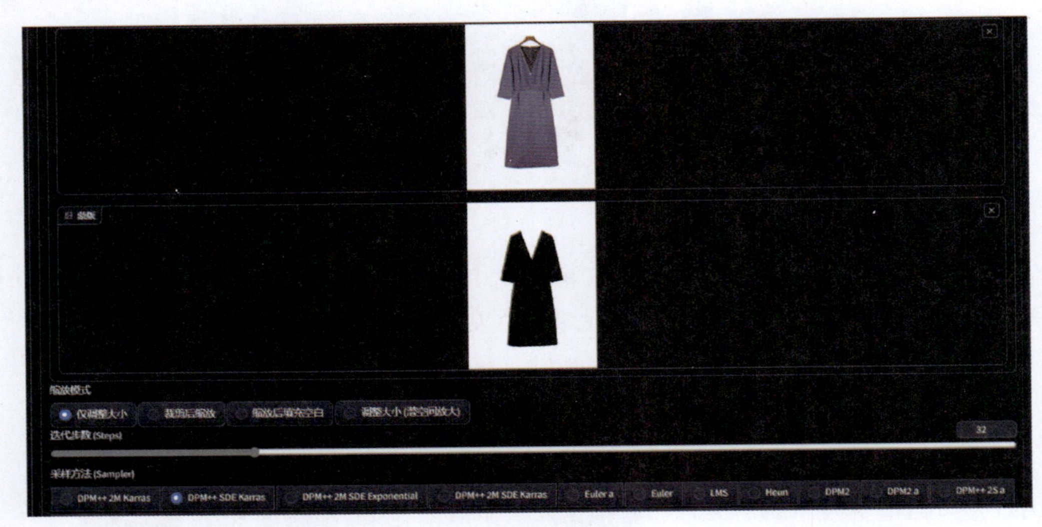

图 6.5.22　蒙版参数的设置

图 6.5.23　生成参数的设置

进入 ControlNet 设置，在左侧框里放入准备好的照片，依次勾选“启用”“低显存模式”“完美像素模式”“允许预览”，控制类型选择“SoftEdge（软边缘）”，预处理器选择 softedge_hed，控制模式选择“更偏向 ControlNet”，单击“预览”按钮，ControlNet 设置的参数内容如图 6.5.24 所示。

再开启一个 ControlNet 单元，将上图依旧导入左侧框内，依次勾选“启用”“低显存模式”“完美像素模式”“允许预览”，控制类型选择“OpenPose（姿态）”，预处理器选择 dw_openpose_full，单击“预览”按钮，如图 6.5.25 所示。

单击骨骼编辑，进入骨骼编辑界面。在里面修改画布大小（512 × 768 像素），添加人物，并给人物添加左右手，调整大小，符合人的基本动作。发送到 ControlNet 中，将骨骼图拖动到输入图像中，再次单击“预览”按钮。具体操作参数如图 6.5.26 所示。

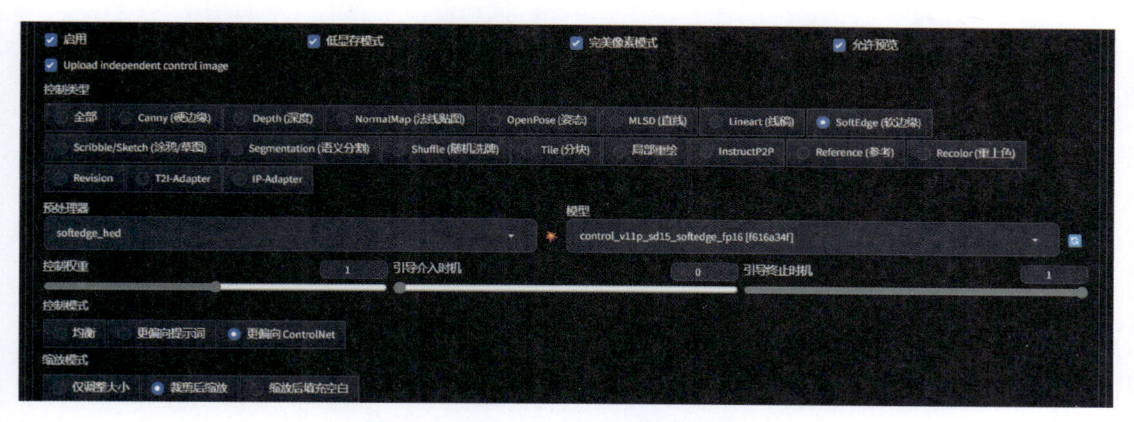

图 6.5.24　ControlNet 设置参数的内容

图 6.5.25　ControlNet 参数设置

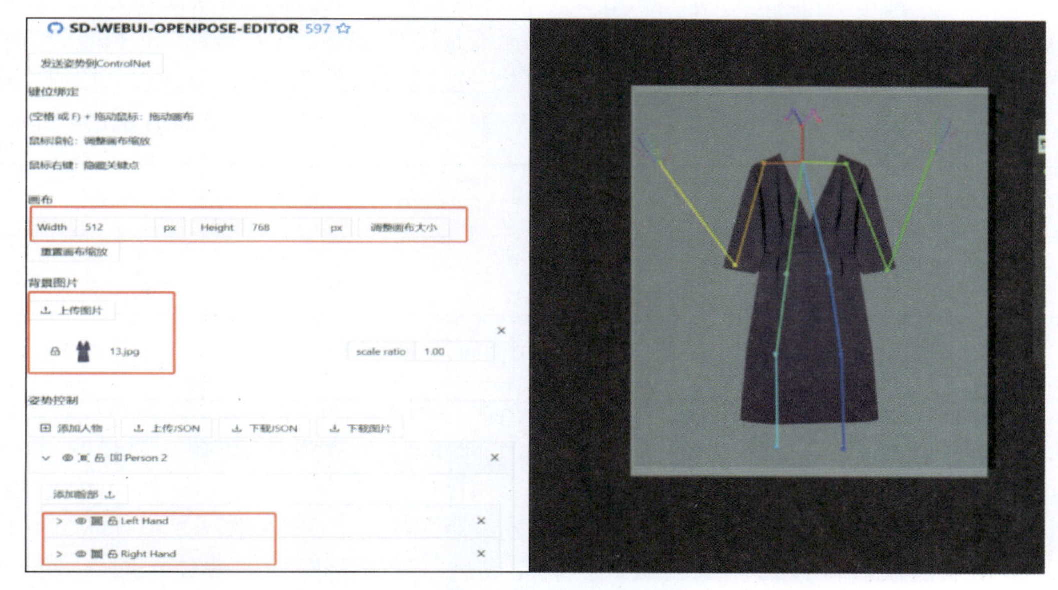

图 6.5.26　骨骼的添加与设置

单击“生成”按钮，图片总批次数为 1，单批数量为 2，生成图 6.5.27。

图 6.5.27　生成图像

读者可以通过自行组合提示词、ControlNet、人物骨骼，来创造出独具个性和特色的 AI 试穿效果。将这些 AI 生成的图像融入自己的设计作品中，可以为项目增添独特的视觉元素，同时也能提高消费者购物的便捷性和趣味性。

6.5.6 电商模特换装案例的制作

Stable Diffusion 能够快速生成模特换装后的图像，为设计师和电商提供即时预览，从而降低实际拍摄成本，加快产品上线速度。这种技术的应用不仅使服装展示更加多样化，还允许设计师根据用户反馈进行快速调整，优化设计，确保了电商网站内容的新鲜度。接下来，将通过一个实例，指导大家如何快速制作出心仪的图片。

首先要安装 impaint anything 插件，这个插件具备强大的图像识别和处理能力，能够智能地将服装纹理和细节与模特的图像融合，无论是边缘对接还是光影效果，都能处理得自然而精准。单击“扩展”按钮，单击“可下载”按钮，单击“加载扩展列表”按钮，输入 impaint anything，单击“安装”按钮，重新启动，安装完成，具体参数如图 6.5.28 所示。

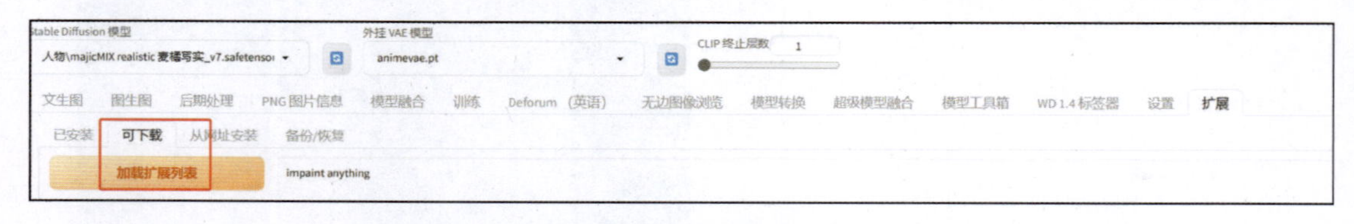

图 6.5.28　impaint anything 插件的安装

接下来进行 impaint anything 蒙版设置，这里使用编者自绘的一张服装照片，找到 impaint anything 窗口，上传图片，单击“运行 Segment Anything”按钮。通过 Segment Anything 运行图片以色块在画面中进行分割，使用画笔选中需要修改的服装，添加蒙版，如图 6.5.29 所示。蒙版添加成功后，单击“创建蒙版”按钮，具体如图 6.5.30 所示。

单击“仅蒙版”按钮获取蒙版。获取完成后，发送到图生图重绘，最终效果如图 6.5.31 所示。

图 6.5.29　impaint anything 蒙版添加

图 6.5.30　impaint anything 创建蒙版

图 6.5.31　参数设置

大模型选择“majicMIX realistic 麦橘写实”，输入正向、反向提示词。

正向提示词：purple t-shirt, plaid skirt, breathtaking cinematic photo, masterpiece, best quality, (photorealistic:1.33), studio light, 35mm photograph, film, bokeh, professional, 4K, highly detailed, award-winning, professional, highly detal。

反向提示词：ugly, deformed, noisy, blurry, distorted, grainy, drawing, painting, crayon, sketch, graphite, impressionist, noisy, blurry, soft, deformed, ugly, anime, cartoon, graphic, text, painting, crayon, graphite, abstract, glitch, deformed, mutated, ugly, disfigured。

采样方法选择 DPM++ SDE，迭代步数为 30，绘制区域选择“整张图片”，尺寸保持原图大小，重绘幅度为 0.7。进入 ControlNet 设置，在左侧框里放入准备好的照片，依次勾选“启用”“低显存模式”“完美像素模式”“允许预览”，控制类型选择“OpenPose（姿态）”，预处理器选择 dw-openpose-full，单击“预览”按钮，ControlNet 设置的参数内容如图 6.5.32 所示。

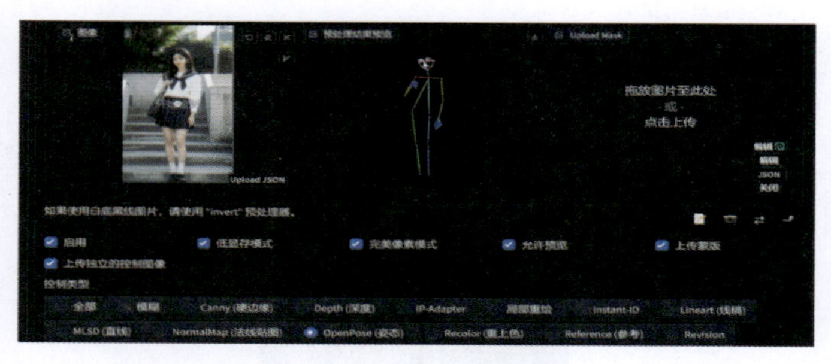

图 6.5.32　ControlNet 设置界面

单击“生成”按钮，图片总批次数为 1，单批数量为 3，生成图 6.5.33。

图 6.5.33　生成系列图像

6.5.7 美妆产品背景案例的制作

电商产品背景的更换是指利用 Stable Diffusion 技术进行电商产品背景的绘制，可以让产品在电商背景中看起来更加立体和生动，提高用户的购买欲望。与传统的图像编辑技术相比，Stable Diffusion 可以快速生成光影效果，为设计师提供更大的设计灵活性，大幅度减少设计师的工作时间。

图 6.5.34　编者自绘

首先选择一张电商产品的照片（图 6.5.34）。使用 Photoshop 编辑软件，将所选的照片导入工作区，使用魔棒工具选中美妆产品，然后使用油漆桶工具或编辑菜单下的填充功能（Edit → Fill）将选区填充为黑色。结果如图 6.5.35 所示。

图 6.5.35　Photoshop 制作黑白蒙版

大模型选择 MooMooE-Commerce，进入图生图模块，输入正向、反向提示词。

正向提示词：a bottle is placed on moss, surrounded by green leaves, grass, branches, shrubs, small stones, a single background, lifelike, photography, studio shots, sunlight, clarity, high detail。

反向提示词：false, untrue, drawing, line, low quality, lowres, blurred, unclear。

正向、反向提示词界面如图 6.5.36 所示。

分别上传商品的图片和蒙版，蒙版和参数的设置决定了最终生成图片的效果。采样方法选择 DPM++2M SDE，迭代步数为 30。紧接着进入 ControlNet 设置，ControlNet 提供了一种精确控制图像生成中主体位置和外观的方式，使生成的图像可以按照用户的设想进行更精确的控制，利用 ControlNet 控制物体的外观与形状。在左侧框里放入准备好的照片，依次勾选“启用”“低显存模式”“完美像素模式”“允许预览”，控制类型选择 Cany，预处理器选择 cany，控制权重为 1.7（越高与原图越一致），单击“预览”按钮，ControlNet 设置的参数内容如图 6.5.37 所示。

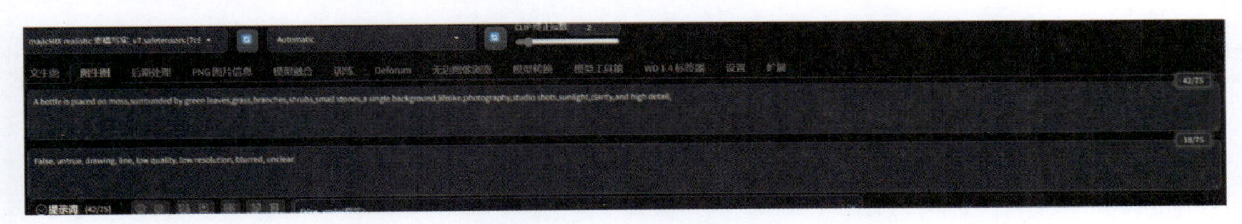

图 6.5.36　提示词输入界面

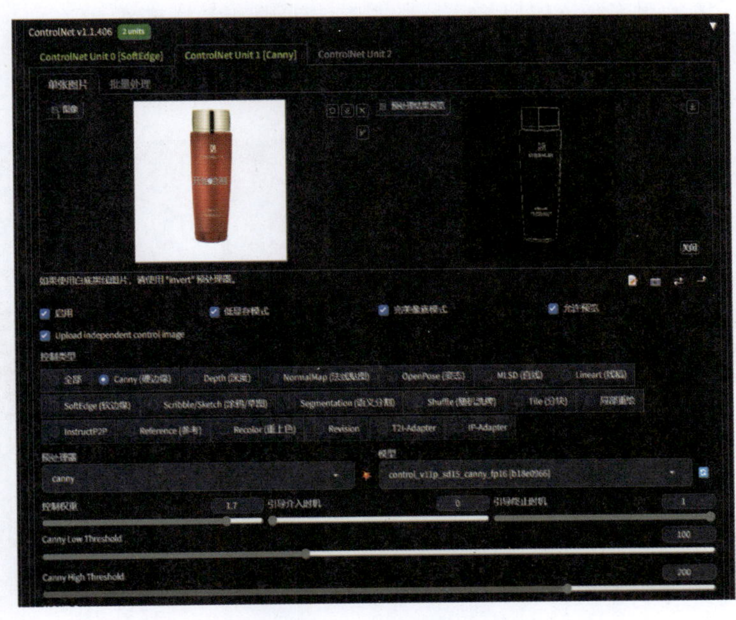

图 6.5.37　ControlNet 设置参数

单击“生成”按钮，图片总批次数为 1，单批数量为 2，生成图 6.5.38。

图 6.5.38　AI 生成具有背景的产品图

背景的添加增强了商品的视觉吸引力和市场竞争力，不仅节省了商家在背景设计上的时间和成本，还确保了背景与商品之间的和谐统一，提升了整体的审美效果。

6.6 数字绘画与艺术设计

6.6.1 AI 油画绘画实践

AI 赋能的油画创作不再是简单的模仿或辅助，它正在重新定义艺术创作的边界。通过深度学习与算法的融合，AI 能够捕捉到色彩、纹理和光影的细微差别，为艺术家提供前所未有的创作工具和灵感源泉。

接下来选择一张校园景色图作为创作底图进行实践（图 6.6.1）。

图 6.6.1　校园一景

大模型选择“全网首发 | SHMILY 油画风”，Lora 选择“Oil painting(oil brush stroke) -

油画笔触”，权重为 0.7，因为要进行油画创作所以提示词里要有 oil painting（油画），oil painting style（油画风格），thick coating（厚涂），brush stroke（笔触）等字样。

正向提示词：oil painting:1.2, oil painting style:1.2, thick coating, brush stroke, tree, outdoors, scenery, sky, building, road, blue sky, street, real world location, day, school uniform, crosswalk, ground vehicle, no humans, lamppost, car。

反向提示词：NSFW, worst quality, low quality, grayscale, monochrome, signature。

迭代步数选择 35，采样方法选择 Euler a，开启高分辨率修复，放大倍率依旧选择 2 倍，放大算法选择 R-ESRGAN_4x+ Anime6B，迭代步数为 20，重绘幅度为 0.75。将其导入 ControlNet，选择 Canny 控制器，其余参数在前几小节均有讲述，这里不再赘述，单击“生成”按钮，生成图 6.6.2 和图 6.6.3。

图 6.6.2　AI 生成校园一景油画 1

图 6.6.3　AI 生成校园一景油画 2

同样也可以使用 AI 对人物进行油画创作，首先使用之前局部重绘时文生图的一张图片，将其导入 ControlNet，选择 Canny 控制器，预处理器选择 canny，模型选择 control_v11p_sd15_canny，控制权重选择 0.8，让 ControlNet 发挥得更自由，控制模型选择均衡，缩放模式选择缩放后填充空白，单击“预览”按钮，观察预处理效果，如图 6.6.4 所示，线条基本都有保留，单击“生成”按钮，等待 AI 图像生成完毕，得到图 6.6.5 和图 6.6.6。

图 6.6.4　人物图像预处理示意图

图 6.6.5　AI 生成人物油画图像 1

图 6.6.6　AI 生成人物油画图像 2

6.6.2 AI 水彩绘画实践

同样的水彩画也可以使用 AI 进行艺术创作，同样采用校园一角图片进行实践（图 6.6.7），大模型选择“MY-ILLUSTRATION-MIX- 水粉插画大模型”，Lora 选择“colorwater | 水彩 lora”，权重为 0.7，提示词为 watercolor sketches（水彩素描）、watercolors（水彩）。

图 6.6.7　AI 生成校园一景水彩画 1

正向提示词：minimal color palettes, watercolor sketches, watercolors, trees, outdoors, landscapes, sky, buildings, roads, blue skies, streets, real world locations, sky, school uniforms, crosswalks, ground vehicles, no one, lamp posts。

反向提示词：NSFW, worst quality, low quality, grayscale, monochrome, signature, chaotic human structure, chaotic, segmented。

迭代步数选择35，采样方法选择R-ESRGAN 4x+ Anime6B，开启高分辨率修复，放大倍率依旧选择2倍，放大算法选择R-ESRGAN_4x+ Anime6B，迭代步数为20，重绘幅度为0.35。将图片导入ControlNet，选择Canny控制器，预处理器选择canny，模型选择control_v11p_sd15_canny，其余参数和前面保持一致，单击“生成”按钮，生成图6.6.8。

图6.6.8　AI生成校园一景水彩画2

6.6.3　AI素描绘画实践

素描作为绘画艺术的根基，以其简洁的线条和明暗对比，捕捉着世界的形态与灵魂。如今，AI技术的加入，为这一传统艺术形式带来了新的实践方式。让没有绘画基础的人也可以快速得到较为完美的素描线稿，AI素描绘画不仅仅是对经典技艺的现代诠释，更是一次数字技术对艺术创作自由度的探索和拓展。

下面进行AI素描绘画创作的实践。分别使用AI生成的两种不同风格的女孩图片作为蓝本，如图6.6.9所示。

图6.6.9　AI生成的两种不同风格的女孩图片

首先对第一张图进行生成。大模型选择“基础模型XL”，Lora选择“素色时光_XL”，权重选择0.7。

因为是素描，提示词里简单直接地输入sketch（素描）、pencil stroke（铅笔笔触）即可。

正向提示词：girl, sketch, pencil stroke, masterpiece, best quality, black and white style。

反向提示词：NSFW, worst quality, low quality, grayscale, monochrome, signature. chaotic human structure, chaotic, segmented。

迭代步数选择 35，采样方法选择 DPM++ 2M，开启高分辨率修复，放大倍率依旧选择 2 倍，放大算法选择 R-ESRGAN 4x+，迭代步数为 20，重绘幅度为 0.35。将图片导入 ControlNet ，选择 Canny 控制器，预处理器选择 canny，模型选择 control_v11p_sd15_canny，其余参数和 6.6.2 小节保持一致，单击"生成"按钮，生成图 6.6.10。

然后生成第二张图。导入 ControlNet，选择 Canny 控制器，预处理器选择 canny，模型选择 control_v11p_sd15_canny，其余参数和前面保持一致，单击"生成"按钮，生成图 6.6.11。

图 6.6.10　AI 素描女孩 1 图片

图 6.6.11　AI 素描女孩 2 图片

随着 AI 绘画实践的深入，我们见证了技术与艺术的完美融合。艺术家以及没有绘画基础的普通人均可利用 AI 作为创作的延伸，不仅提升了作品的精度和深度，更拓展了艺术表达的可能性。AI 的加入，并没有取代人类的创造力，而是成为人们探索未知领域的助手和伙伴。

6.7 AI 辅助产品设计

在数字化浪潮的推动下，人工智能正逐渐成为产品设计中不可或缺的力量，在产品设计领域，AI 也在慢慢铺开，这里简单讲解一下 AI 辅助产品设计的逻辑。与前面建筑设计、环艺设计类似，依旧可以使用 AI 进行前期构思设计，之后介入手绘，对产品进行简单的手绘草图，再输入 ControlNet 中，使用 Lineart 线稿生成控制器，对草图进行效果意向图的生成，也可以在前期进行简单的草模建模，导入 ControlNet 的"Canny 边缘检测"控制器，生成效果意向图，两种方式均可进行。之后根据生成的效果意向图进行实体建模和模型细化，之后就是实际落地的参数调整、模具开模调整等一系列实践步骤。

如想使用手绘线稿生成效果意向图，可以先手绘一个咖啡机的手稿，将其导入 Lineart 中，如图 6.7.1 所示。

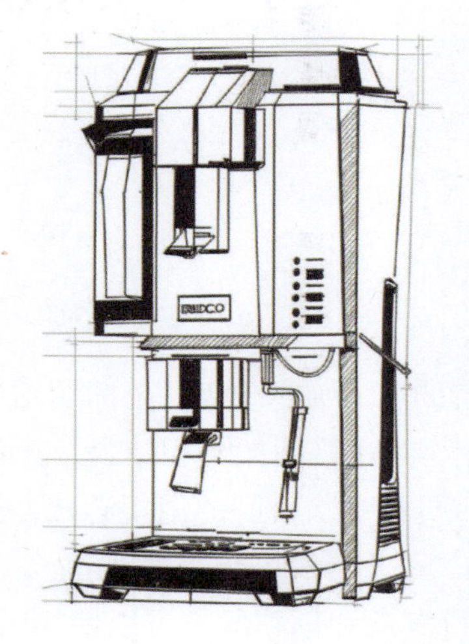

图 6.7.1　手绘线稿图和预处理图

大模型选择“工业设计通识大模型”，Lora 选择“好机友家用电器产品设计”，该模型容易出现黄色亮光斑点，所以权重选择 0.6，之后为了营造一个很好的产品环境光照，再添加一个 Lora“电商产品室内风”，为了避免 Lora 污染，权重选择 0.3。接着输入提示词。

正向提示词：realistic sense, shocking picture, 8K, real material, rich details, soft light, movie atmosphere, coffee machine, product design, product photography, background door, silver metal housing:1.2。

反向提示词：(NSFW), poor material texture, poor quality, distortion, roughness, yellow bright spots, chaotic light, poor picture, chaotic mechanical structure, exposed structure。

迭代步数选择 35，采样方法选择 Euler a，开启高清修复，放大倍率依旧选择 2 倍，模型选择 R-ESRGAN 4x+，迭代步数为 20，重绘幅度为 0.35。然后将图片导入 ControlNet 界面，因为输入图片类型为色彩型，同时细节较多，控制类型选择 Lineart，模型选择 control_v11p_sd15_lineart，将图片信息发送到生成设置，其余参数不变，单击“生成”按钮，生成图 6.7.2。

图 6.7.2　AI 使用线稿生成效果意向图

随着 AI 技术的不断进步，其在产品设计中的应用前景无限广阔。将 AI 赋能产品设计，能够创造出更多可能性，为设计者、用户带来更加丰富和便捷的设计体验和生活体验。

6.8 工艺美术与传统文化设计

6.8.1 剪纸案例

在传统与现代的交汇处，中国剪纸艺术以其独特的魅力穿越千年，依旧熠熠生辉。今天，我们站在时代的前沿，探索如何将这门古老艺术与 AI 绘图技术相结合，让传统剪纸在数字时代焕发新生。这不仅是对传统文化的传承，更是一次大胆的创新尝试，让剪纸艺术与时俱进，与世界对话。

在进行剪纸时，新的版面和样式是需要不断进行探索和创新的，可以使用 AI 绘画技术的文生图模块，生成心仪的剪纸模版，增加设计者的选择和灵感，将得到模型进行实践或二次创新。

选择大模型“真实感必备模型 | ChilloutMix”,这个模型是增加出图的真实性和写实性，Lora 选择“Fisher | Chinese papercut 国风剪纸”，先生成一个喜鹊闹春的形象，所以提示词里要有 magpies（喜鹊）、willow branches（柳枝）、leaves（树叶）。

正向提示词：(best quality), ((masterpiece)), true texture, best quality paper-cut, hollow carving flowers, (willow branch:1.2), leaves，Chinese paper-cut, magpie, red, picture center, white background, animals, flowers, spring, no one。

反向提示词：blur, confusion, structure confusion, 3D form, segmentation, distortion, multiple wings, multiple bird heads。

迭代步数选择 35，采样方法选择 Euler a，开启高分辨率修复，放大倍率依旧选择 2 倍，放大算法为 R-ESRGAN 4x+ Anime6B，迭代步数为 20，重绘幅度为 0.75，生成图 6.8.1。

图 6.8.1　喜鹊闹春 AI 剪纸图

下面再做一套创新动物系列的 AI 剪纸图像。大模型保持不变，将 Lora 替换为“国风剪纸”，该模型比较擅长动物类型的模型生图。提示词更改为动物 monkey（猴）这一主要词汇，放在第一位。

正向提示词：monkey:1.2, paper-cut, red, printed, simple background, real paper quality, masterpiece, HD resolution, pattern。

反向提示词：NSFW, messy structure, low image quality, multi-headed, multi-handed, blurry。

迭代步数、放大算法均保持不变，得到图 6.8.2。

将提示词从 monkey（猴）变成 pig（猪）得到图 6.8.3。

图 6.8.2　金猴献瑞 AI 剪纸图

图 6.8.3　金猪贺岁 AI 剪纸图

6.8.2 剪纸与服装融合案例

在融合传统与现代艺术的探索旅程中，中国剪纸艺术以其独特的线条美、对称美和寓意深远的图案，为我们提供了丰富的灵感。如果创新性地将剪纸与服装设计融合，会产生什么样的火花呢?

大模型选择“majicMIX realistic 麦橘写实”，这一模型在生成人物形象上较为擅长，Lora 选择“国风剪纸”，权重为 0.4，只取它的剪纸花纹，另一个 Lora 选择“YLT | 新春・龙年剪纸”，这一模型擅长人物添加剪纸元素，权重选择 0.6，过多的权重会让剪纸元素混乱。输入提示词，大意为穿着中国剪纸风格服装的少女。

正向提示词：high quality face, high detail face skin, girl, chinese paper-cut, paper-cut style, the pattern on the clothes is paper-cut:1.2, single background, solid color background, paper-cut clothing:1.2, hair decoration, looking at the audience, paper-cut clothing, upper body, clothes。

反向提示词：NSFW, (worst image quality:2), floral background, chaotic background, (low image quality:2), disproportionate characters, bad human body, extra hands, many people, many fingers, (nude), ((monochrome), (gray scale), (watermark))。

迭代步数、放大算法均保持不变，打开 ControlNet 界面，将前面生成的人物形象导入，用以控制生成人物的姿态，控制选择“OpenPose（姿态）”，预处理器选择 openpose_full，模型选择 control_v11p_sd15_openpose，其余选择默认值，具体参数如图 6.8.4 所示。

单击“生成”按钮，生成图 6.8.5。

在融合的过程中，AI 汲取剪纸艺术中的精致花纹和深邃内涵，将其转化为服装上的图案和纹理，这也提供了一定的设计灵感和思路。

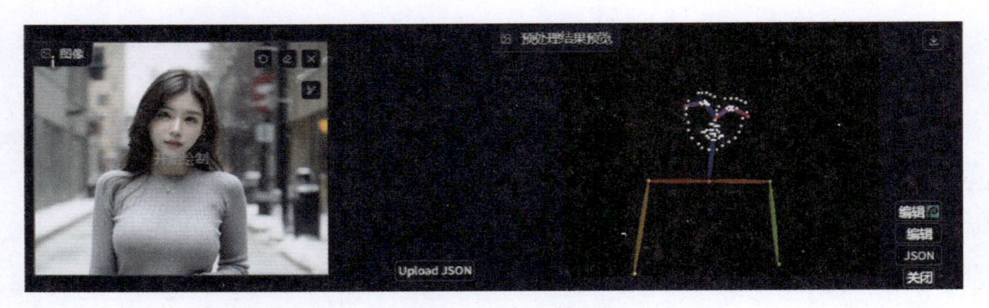

图 6.8.4　OpenPose 预处理画面

图 6.8.5　剪纸艺术与服装设计相融合

6.8.3 国画案例

在人类历史的长河中，国画以其独特的笔墨韵味和深邃的意境，成为中华文化的瑰宝。今天，随着人工智能技术的飞速发展，我们有机会将这一古老艺术与现代科技相结合，赋予国画新的生命力。通过 AI 的辅助，可以探索国画的无限可能，从色彩的调配到笔触的运用，每一个细节都能得到精准的优化和创新的演绎。这不仅是对传统艺术的一次致敬，更是对未来艺术形态的一次大胆预测。接下来，就来体验一下如何使用 AI 绘制国画。

使用文生图生成一张带有泼墨风格的山水画，大模型选择“古风 XL Turbo Anima008”，Lora 分别选择“大自然的鬼匠神工 SDXL”（增加山水画的真实地理感）、“抽象泼彩艺术 XL”（增加艺术感）、“SDXL- 国潮 - 泼墨”（确定泼墨风格）。编者所在城市为常州，京杭大运河贯穿常州城区，所以画面中添加提示词：canal concept design（大运河设计概念）、the Beijing-Hangzhou Grand Canal（京杭大运河）、traffic sailboat（交通帆船）。

正向提示词：canal concept design, ink painting, the Beijing-Hangzhou Grand Canal, great river, perfect integration with the natural environment, magnificent natural landscape, tall trees, full of vitality, row houses on both sides of the river:1.5, traffic sailboats, wooden boats:1.3, lakes, water reflections, Bridges, birds, water features, clear themes, dramatic composition, remote artistic conception, texture, photography, masterpieces, best quality, ultra realistic, realistic shadows, fine detail, 16K, HDR, UHD。

反向提示词：NSFW, worst quality, low quality, grayscale, monochrome, signature。

迭代步数选择 35，采样方法选择 Euler a，开启高分辨率修复，放大倍率依旧选择 2 倍，放大算法选择 R-ESRGAN_4x+ Anime6B，迭代步数为 20，重绘幅度为 0.75。单击“生成”

按钮，生成图 6.8.6。

图 6.8.6　生成泼墨山水画

6.9 虚拟人物与角色设计：AI 声音的创作实践

6.9.1 文字转声音

本小节开始进行声音创作实践，旨在为前期创作的图像匹配合适的声音，这些声音主要为人声，将从声音的获取和声音的克隆两个方面来进行声音创作，最终匹配图像创作声音。

利用开源软件 Chat TTS 进行声音的创作。Chat TTS 是一项面向对话场景设计的文本转语音技术，也是一款开源模型。它可以通过计算机程序的逻辑运算，直接将文本文字转化成口语，即语言输出。它通过约 10 万小时的中英文数据训练，生成高质量且自然流畅的语音，能够处理中英文文本，还可以预测和控制语音的韵律特征，如加入停顿、笑声和语气词，甚至口头禅，增加了语音的自然性和可玩性，从而生成更加逼真的语音。另外它也提供简易版的 API（application programme interface，应用程序编程接口）调用，能够快速集成到现有开发项目中去，这使它能够适用于多个应用场景，如电子书阅读器、智能助手、视频制作、数字人等。

目前开源版本使用的是 4 万小时的数据，稳定性会差一些，为了防止滥用，开发者在训练过程中添加了少量的高频噪声，以区分真人音频或 AI 生成音频。在实际操作过程中，超过 30 秒或更长音频会出现音色不稳定或分词错误的情况，这类状况将会随着版本更新而优化。下面将使用 6drf21e 在 GitHub 开源社区上传的 ChatTTS_colab 整合包进行创作。它支持音色抽卡、长音频生成、流式输出和分角色朗读，如图 6.9.1 所示。

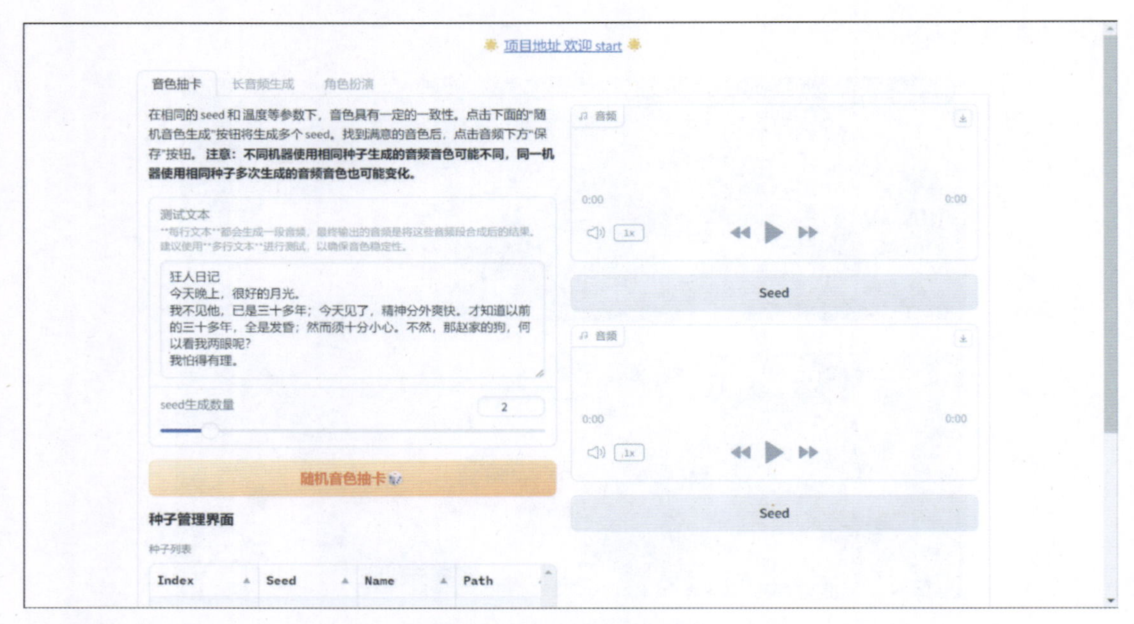

图 6.9.1　ChatTTS_colab 界面

下面以第一个选项卡“音色抽卡”开始实践。首先，选中音色抽卡，在测试文本中输入一段文字，这段文字应注意长度，尽量分出一些段落，然后，设置 seed 生成数量，即生成不同音频音色的数量，随机生成男声或女声。在实际操作中，不但不同机器生成的音频音色可能不同，相同机器生成的同一段音频音色前后也可能有变化，只有反复测试找到相对稳定的音频音色，才可以保存种子，并记住种子的数字，如 9795、3332，以便下次生成同样的音频音色，如图 6.9.2 所示。

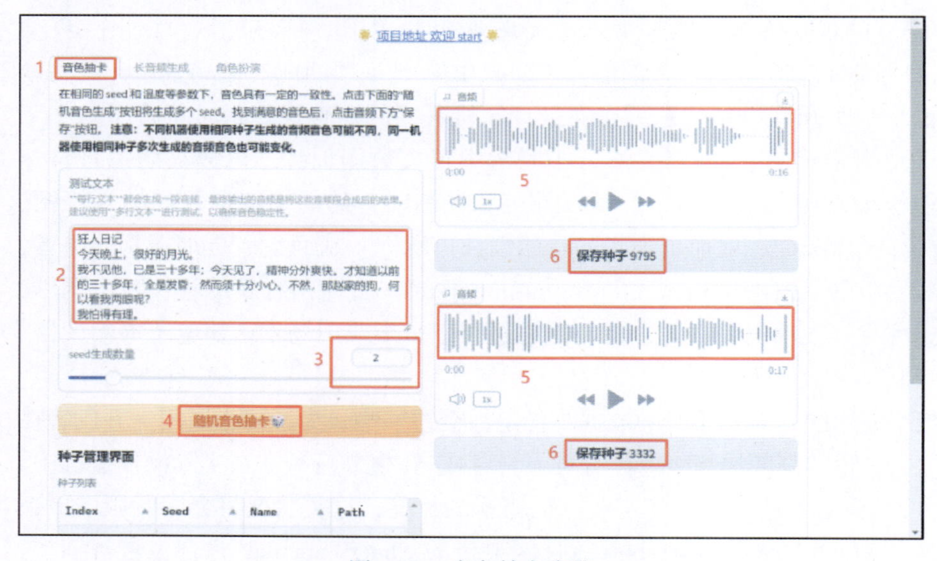

音色抽卡

图 6.9.2　音色抽卡步骤

随机音色抽卡会加入停顿、笑声和语气词，采用口语化表达，有些词也会被随机改编，增加了语音的自然性。

根据测试，种子 3332 较好，保存下来备用，如图 6.9.3 所示。

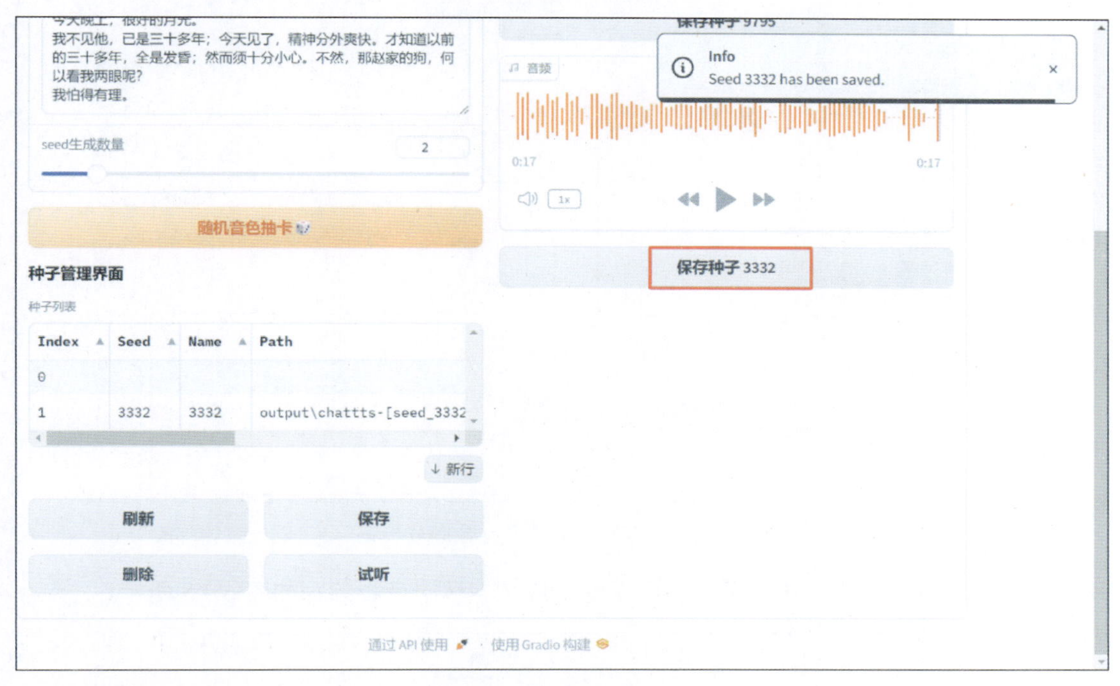

图 6.9.3　保存种子 3332

下面以数字 1 处第二个选项卡“长音频生成”开始实践，这个选项卡克服了初始版本不能生成超过 30 秒音频的弊端，采用大规模运算，将文本分成若干小段落进行并行运算，这样既解决了长文本运算的困难，又延长了生成音频的时间，最后将若干小段音频合成输出长音频。这样长音频生成优化了短音频连接的连贯性和自然性，应用场景适用于长时间的交互式对话、有声书等。

在数字 2 处换一段文字《将近酒》，以便更多地测试不同的汉字的发音是否正确。其中数字 3 处的 Refine Text 是自动加入停顿词和笑声等，而“+ 停顿”“+ 笑声”则是手动加入，这里根据自己的感觉在数字 2 处加入若干停顿和笑声，在合成后的效果中，[laugh] 会出现随机的笑声，[uv_break] 会加入停顿效果，这两种效果要多尝试才能生成合适的语音。在数字 4 处，利用前面音色抽卡保存的种子“3332”进行声音创作实践。在数字 5 处，给予适当的语速、口语化和笑声参数，再勾选 Refine 选项，注意取消勾选 Refine 选项，后面的口语化、笑声和停顿将不起作用，如图 6.9.4 所示。

注意： 模仿人声的停顿应遵循标点符号或语义作为逻辑分隔点，从句、段落和话题转换处设置，让听众听起来自然，也要避免生硬或频繁地停顿。不然不仅会打断听众的沉浸感，也会令听众感到困惑。同样，适宜的笑声类型可以使这段话情感色彩更浓，氛围感更好。笑声出现的时机和适度更加重要，不然可能干扰信息的传递，起不到补充语义的作用。

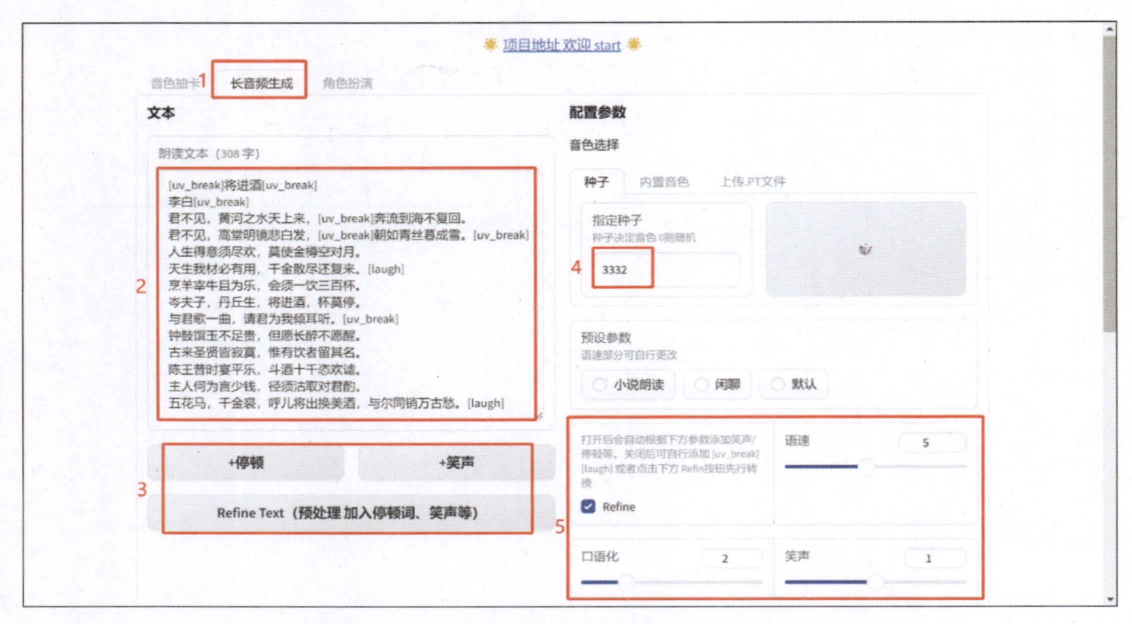

图 6.9.4　长音频生成种子参数调节步骤

单击“生成音频”按钮，稍等即可得到一段文本转语音音频，如图 6.9.5 所示。

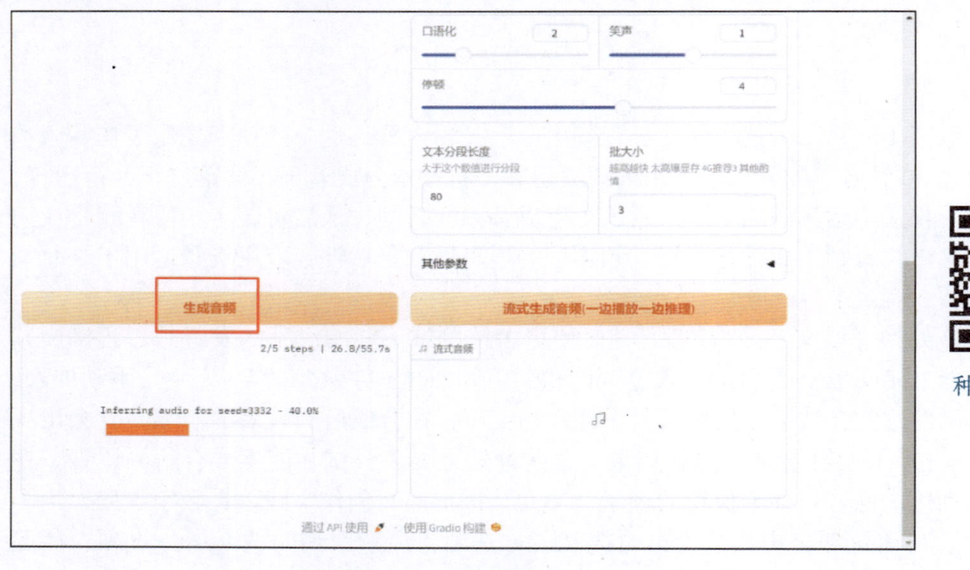

种子音色生成

图 6.9.5　长音频生成 1

在内置音色处，选择一个内置稳定版音色进行实践尝试，为了区别口语化和笑声的干扰，这里把口语化、停顿、笑声关掉，即取消勾选 Refine，把语速放慢为 3，如图 6.9.6 所示。

单击“生成音频”按钮，稍等即可得到一段文本转语音音频，如图 6.9.7 所示。

在上传 .PT 文件处选择一个音色文件，上传相应音色的音频，如图 6.9.8 所示。

在音色抽卡中，想要一种音色的声音，需要反复测试生成，如同大海捞针，通常花费大量的时间，生成的声音也不一定是想要的。开源社区 ChatTTS_Speaker 项目是基于 ChatTTS 的一个音色库，它收集了大量高质量的音色并对其分门别类且给予评价，通过严格的评价系统为不同的种子音色进行评估，例如解析音色的性别、年龄、生成的稳定性概率和特征给予标记和评分，通过三个重要参数表现一致性进行总评，分别是 rank_long、rank_multi 和 rank_single，即长句、多句段落和单句。使用户能够通过视听确定自己想要的声音，并提供了种子下载。

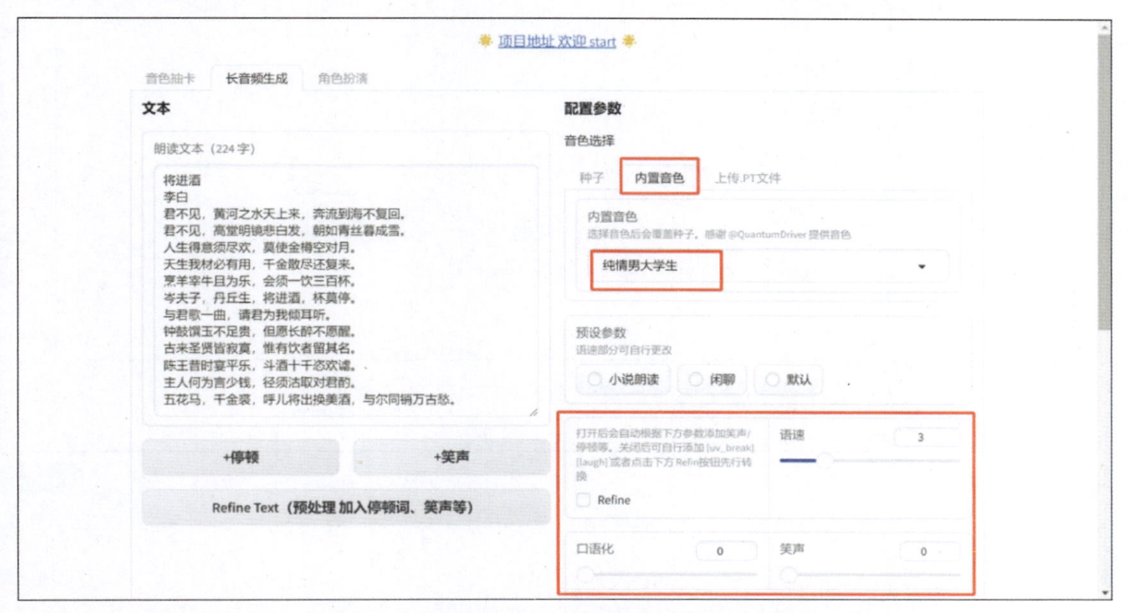

图 6.9.6　长音频生成内置音色参数调节步骤

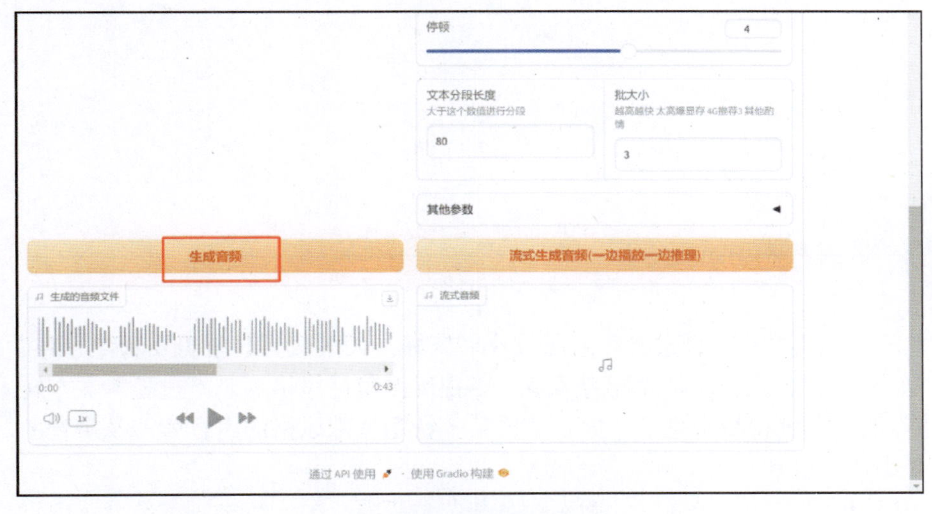

图 6.9.7　长音频生成 2

内置音色生成

这里需要说明的是“.PT 文件”即该项目中经过测试较稳定的音色种子，它是可以在开源网站上下载的。例如，在 modelscope 网站上下载开源项目 ChatTTS_Speaker 的文件，该项目提供区分男女的 2000 种稳定音色，可以进行试听和下载，如图 6.9.9 所示。

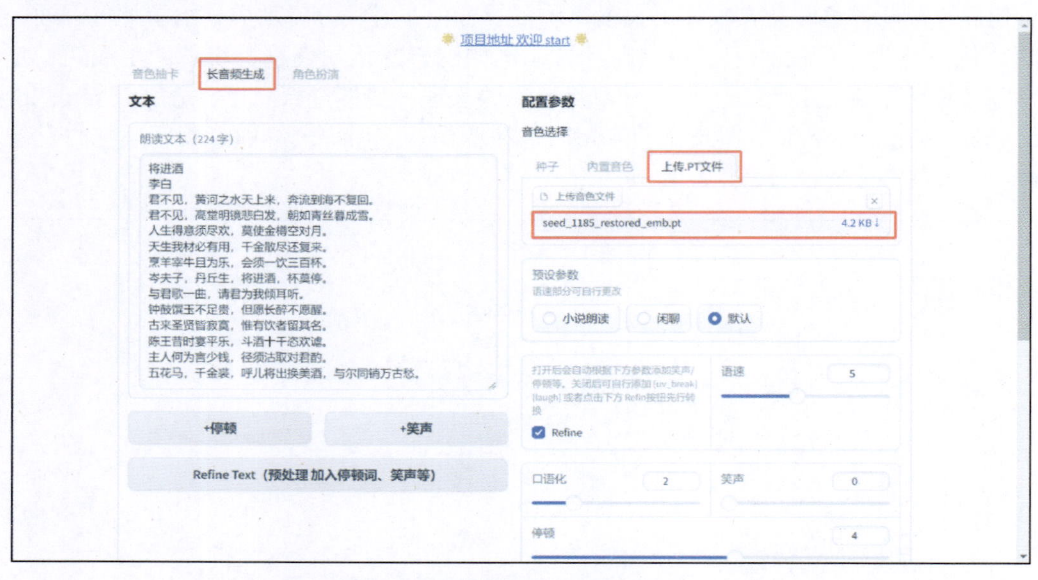

图 6.9.8　长音频生成上传 .PT 文件

ModelScope　首页　模型库　数据集　创空间　文档中心　更多　GitHub　司南评测

seed_id	rank_long	rank_multi	rank_single	score	gender	age
seed_2155	90.99	91.57	91.34	0.4	男 54.66% 女 45.34%	青年 100.00%
seed_1397	92.01	91.44	87.95	0.35	女 100.00%	少儿 100.00%
seed_1403	92.25	91.22	92.01	0		
seed_11	88.04	90.96	90.43	0.4	男 100.00%	青年 81.97%
seed_1528	86.88	90.56	88.45	0.37	女 100.00%	青年 75.92% 中年 24.08%
seed_1185	91.11	90.36	89.92	0.37	男 100.00%	青年 100.00%
seed_402	92.23	90.35	88.91	0.44	男 100.00%	青年 61.00% 中年 25.61%
seed_181	90.74	90.31	92.34	0.4	女 100.00%	少儿 53.91% 中年 46.09%
seed_1579	88.64	90.01	89.52	0.34	女 100.00%	青年 50.42% 中年 49.58%
seed_1518	88.12	89.99	91.78	0.4	女 77.50% 男 22.50%	青年 74.05%
seed_491	89.85	89.96	86.29	0.4	女 100.00%	中年 37.70% 青年 62.30%

图 6.9.9　长音频生成“.PT 文件”来源

在实际测试下，该网站提供的稳定音色视听效果良好，大多数为日常男女青年音色，特殊音色较少，如儿童、老人、动画片配音风格、影视反派角色风格等。不过随着文本转语音的发展，特殊的音色也将越来越多。如果需要某一特定特殊风格的声音就涉及声音的克隆，将在 6.9.2 小节中讲到。

下面以第三个选项卡“角色扮演”开始实践，共两个步骤，第一步是脚本部分，内置了两个模块，数字 1 处的模块一为 AI 脚本生成模块，可以使用 GPT4O 或同级别模型生成。数字 2 处的模块二为手动输入故事脚本，注意脚本格式写法不能出错。这里手动输入故事，故事中角色共三个，分别为旁白、年轻女性、中年男性，分别对应每个角色给予文本文字，如图 6.9.10 所示。

图 6.9.10　角色扮演脚本

第二步是人声对应文本，这里的角色种子选取在第一个选项卡音色抽卡中保存的 3 个音频种子，旁白的文字给予种子 2051 的音色，年轻女性的文字给予种子 3332 的音色，中年男性的文字给予种子 9467 的音色。为了故事朗读的流畅性和正确性，设置年轻女性和中年男性两个角色语速放慢、停顿更多。设置旁白的语速相对更快，以便做出区分，让听众更好地理解故事内容。同时，所有的口语化和笑声设置为 0，这样可以保证讲故事的书面感，摒弃口语的随意感，让故事的朗读更专业，如图 6.9.11 所示。

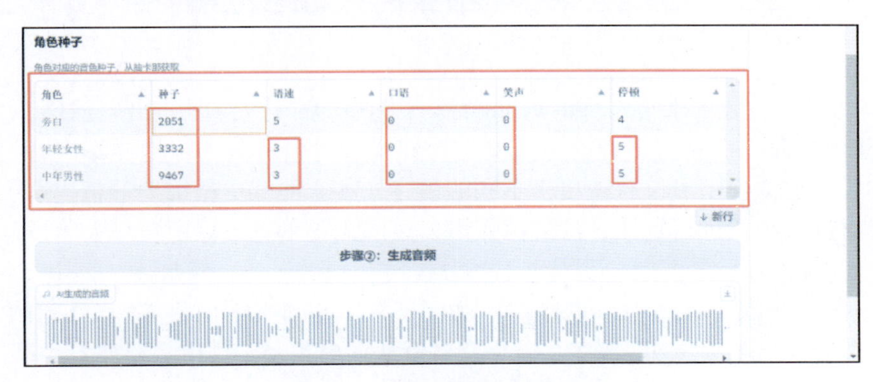

角色	种子	语速	口语	笑声	停顿
旁白	2051	5	0	0	4
年轻女性	3332	3	0	0	5
中年男性	9467	3	0	0	5

图 6.9.11　角色扮演种子分配

角色扮演生成

设置好参数以后，单击“生成音频”按钮，即可得到一段音频。

6.9.2 声音的克隆

本小节进行声音的克隆创作实践，旨在克隆特定的声音匹配不同的项目，这些被克隆的声音包括动画角色、虚拟偶像、真人等。需要说明的是，声音的克隆可能会涉及伦理道德，需要谨慎对待，如侵犯隐私或被用于诈骗等不在本书讨论范围，书中涉及案例均使用虚拟角色或动画角色，只用于实践和交流探讨。

本小节将使用一款新的开源软件 GPT-SoVITS，它是一款开源的音色克隆软件，通过整合 GPT 和 SoVITS 技术，仅需少量声音样本数据，通常一分钟即可，通过计算就能实现高质量的语音克隆。它区别于 ChatTTS 的部分即它虽然也能进行文本转语音，但更擅长声音的克隆，下面将使用 RVC-Boss 在 github 开源社区上传的 GPT-SoVITS-webui 进行创作。

第一步，根目录声音样本准备。在 GPT-SoVITS 根目录下建一个 yangben01 文件夹，在样本文件夹里放入要克隆的声音文件，注意这里均需要使用英文字母或拼音或数字等，不能使用汉字，如图 6.9.12 所示。

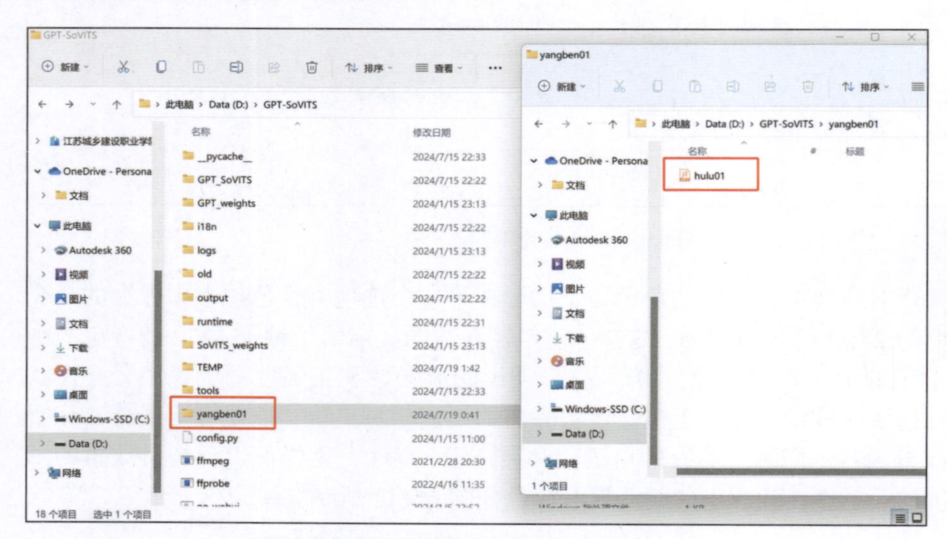

声音样本

图 6.9.12　角色扮演种子分配

第二步，语音切分。双击根目录中 go-webui 启动程序，等待一会即弹出默认网页，打开本地 WebUI 操作界面。在克隆声音前，需要先对样本进行语音分切，把样本声音切割成更小的若干小段，这样模型可以获得更多不同的语音样本。能够更精细地分析提取语音特征，同一时间对这些小段进行标注，清洗掉噪声，过滤无关信息，保留纯净人声，从而提高最终合成声音的质量。

先在 0- 前置数据集获取工具选项卡里操作，这里把样本声音 hulu01 的路径 D:\GPT-SoVITS\yangben01 复制填入数字 1 处，数字 2 处为软件默认输出路径（这里需要注意的是，如果第二次克隆不同的声音，yangben01 文件夹和 output 文件夹均应建新的并重新命名，如 yangben02、output02，而 output 文件夹里的 3 个不同功能的子文件夹应保持名称不变），这时候数字 2 处的路径就需要重新指定，这一点很重要，需指定新创建文件夹路径，也可能会出现生成文件在默认路径的情况，这时候需要手动剪切到新建文件夹。然后单击数字 3 处开启语音切割，如图 6.9.13 所示。

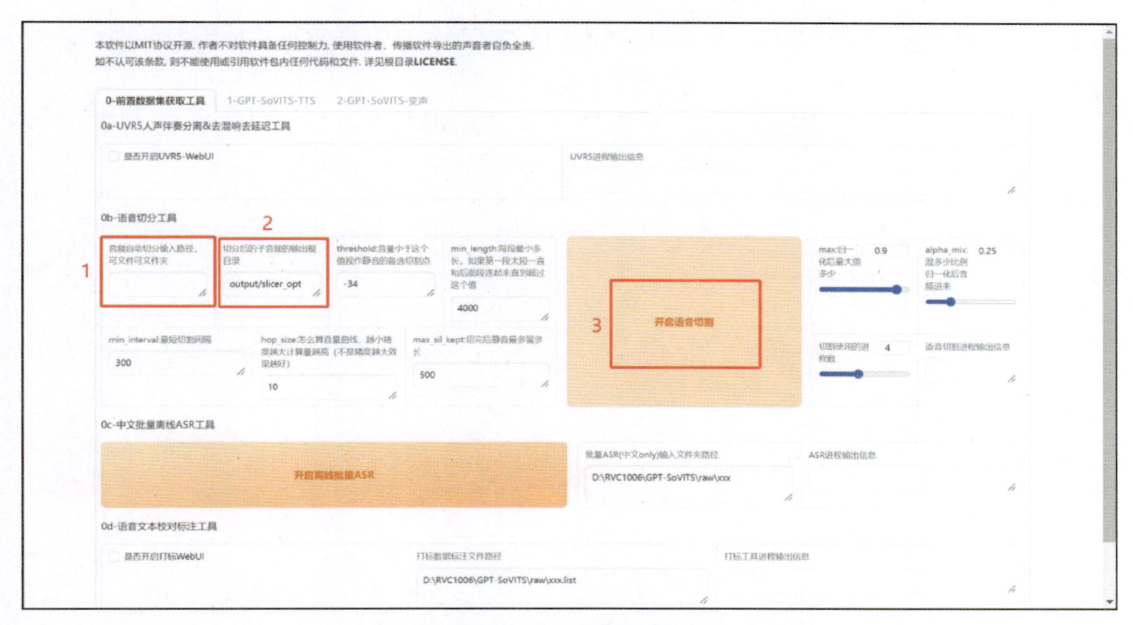

图 6.9.13　GPT-SoVITS 语音切分开始

软件运行片刻，直到显示切割结束，打开相应路径的输出文件夹，能够找到切割好的若干小段音频文件位置，如图 6.9.14 所示。

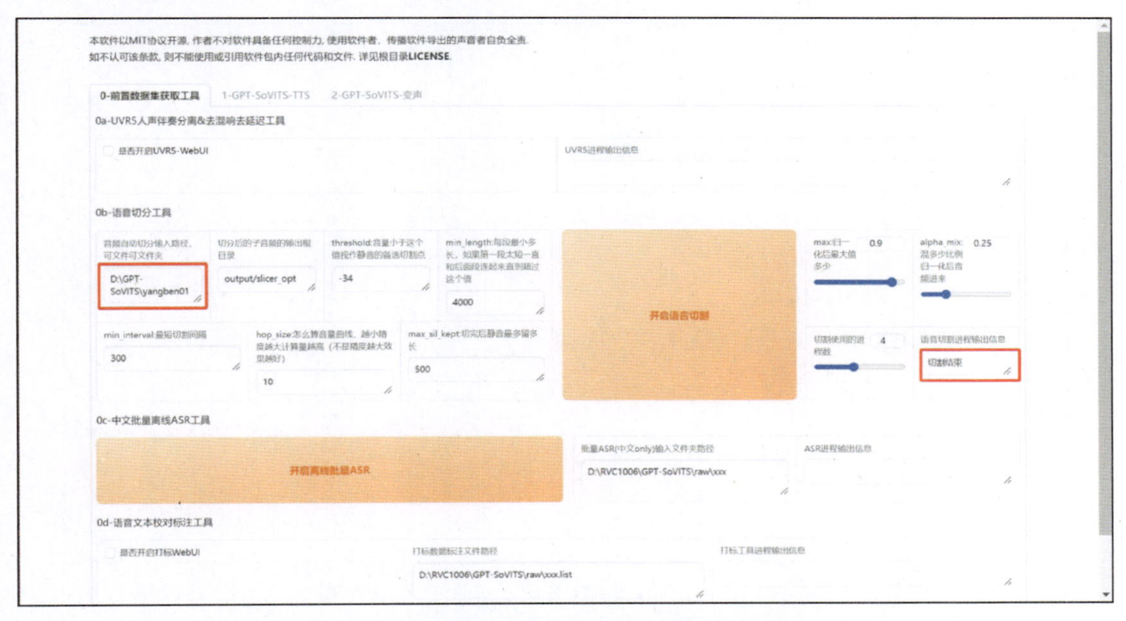

图 6.9.14　GPT-SoVITS 语音切分结束

第三步，开启离线批量 ASR（自动语音识别）。ASR 能够自动处理大量音频数据，将第二步分切的音频快速且高效地转化为对应的文本文字，这样能够精准识别每一小段音频，为后续模型训练提供高质量的输入文本数据。

这里把数字 1 处分切好的若干小段音频路径 D:\GPT-SoVITS\output\slicer_opt 复制到

数字 2 处，单击数字 3 处开启离线批量 ASR，这里根据显卡性能等待相应的时间即可，如图 6.9.15 所示。

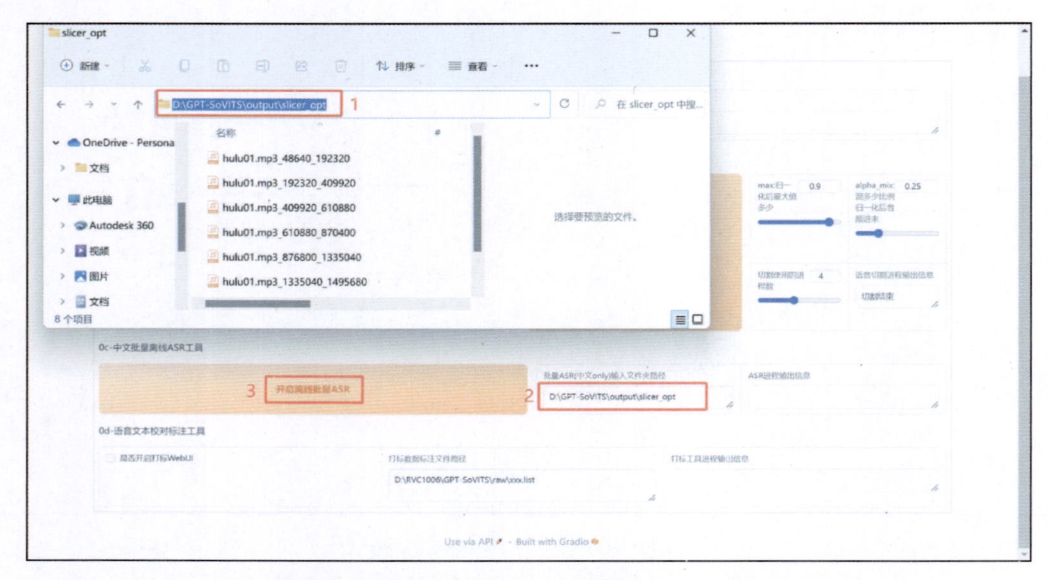

图 6.9.15　GPT-SoVITS 开启离线批量 ASR 开始

等待 ASR 任务完成，在相应文件夹里出现 slicer_opt.list 文件位置，如图 6.9.16 所示。

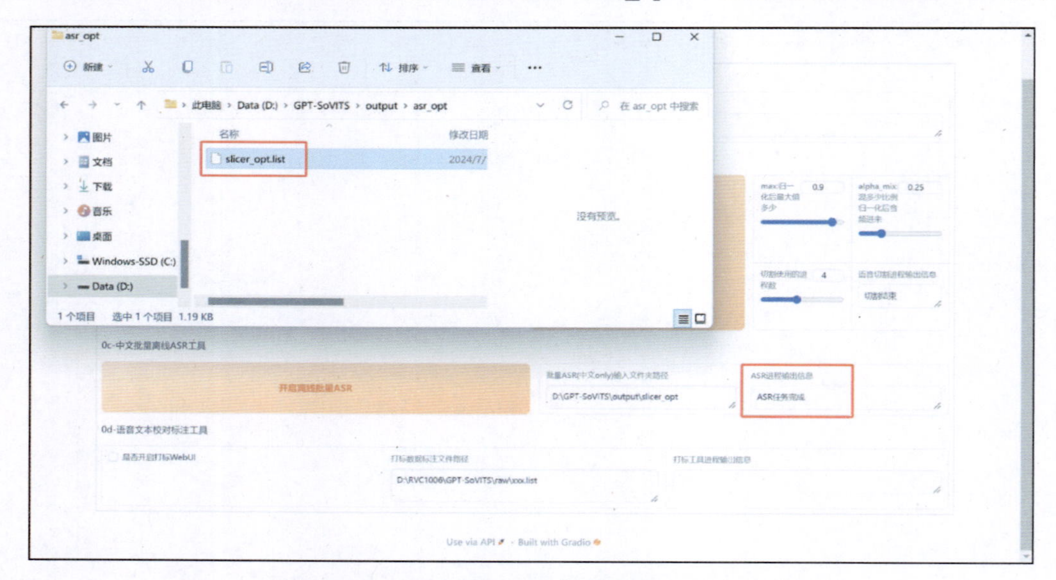

图 6.9.16　GPT-SoVITS 开启离线批量 ASR 结束

第四步，语音文本校对。在第三步 ASR 转化的文本不一定准确，例如音不对字、一句话的语气停顿位置不正确等。为了确保声音和文字的精准匹配，还需要对语音到文本进行校正。

先把 slicer_opt.list 的路径复制到数字 1 处，路径要加上 \slicer_opt.list，变为 D:\GPT-SoVITS\output\asr_opt\slicer_opt.list，一起复制到打标数据标注文件路径处。勾选数字 2 处

“是否开启打标 WebUI”，数字 3 处显示“打标工具 WebUI 已开启”处稍等会弹出新的网页，如图 6.9.17 所示。

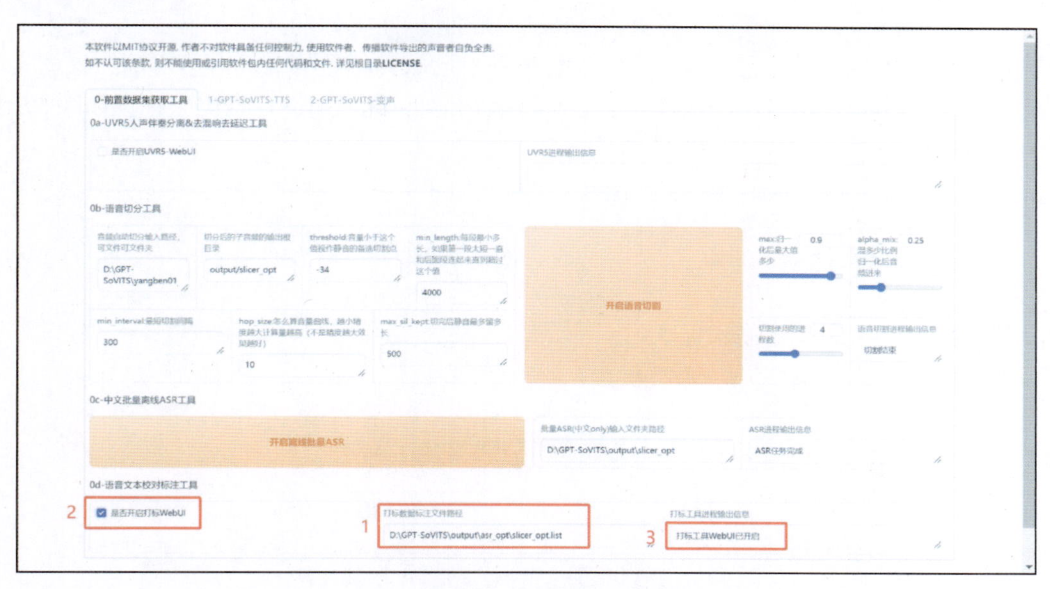

图 6.9.17　GPT-SoVITS 语音文本校对开始

注意：根据计算机运行环境，有时会报错，弹不出新网页，这时不要盲目删减或修改整合包中的文件和数据，应选择新的安装包重新尝试。

新弹出的网页中，需要在数字 4 处对不同音频依次听声校对文字及停顿，正确后在数字 5 处单击保存，返回主网页，取消勾选“是否开启打标 WebUI”，打标工具进程输出信息显示“打标工具 WebUI 已关闭”后，新弹出的音字校对网站就可以关闭了，如图 6.9.18 所示。

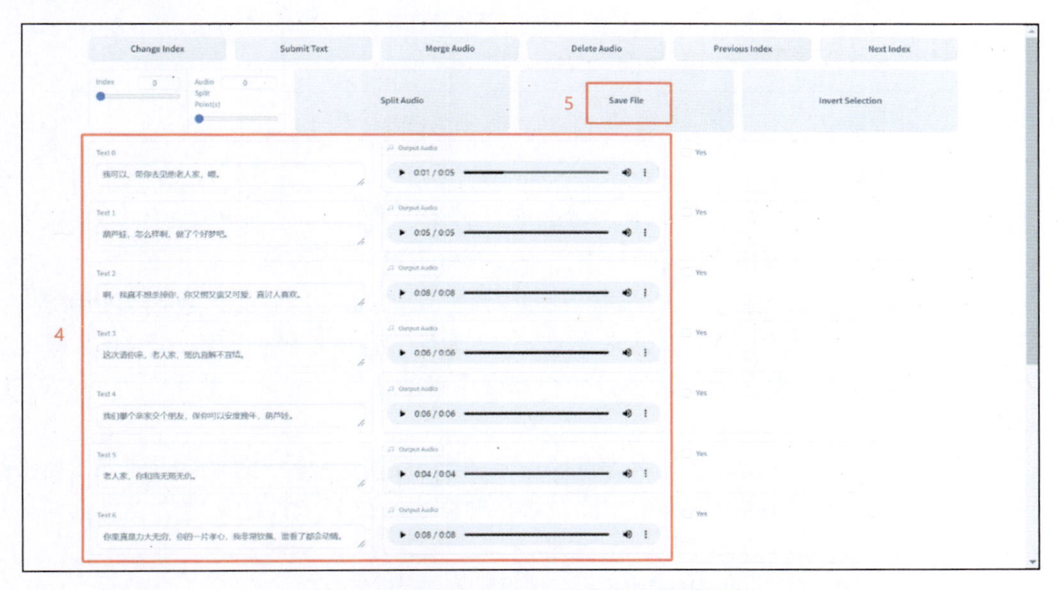

图 6.9.18　GPT-SoVITS 语音文本校对结束

第五步，训练声音样本。在数字 1 处的 1-GPT-SoVITS-TTS 选项卡里操作，这里首先在数字 2 处填入模型名称，如创建的 yangben01，然后在数字 3 处先训练声音样本，主要两个路径需要填写，一个是数字 4 处的 slicer_opt.list 标注文件的路径，另一个是数字 5 处的若干小段音频路径，注意这两处的路径会根据自己软件位置的变动有所不同，根据实际情况填写。最后单击数字 6 处开启一键三连，直到出现一键三连进程结束为止。如图 6.9.19 所示。

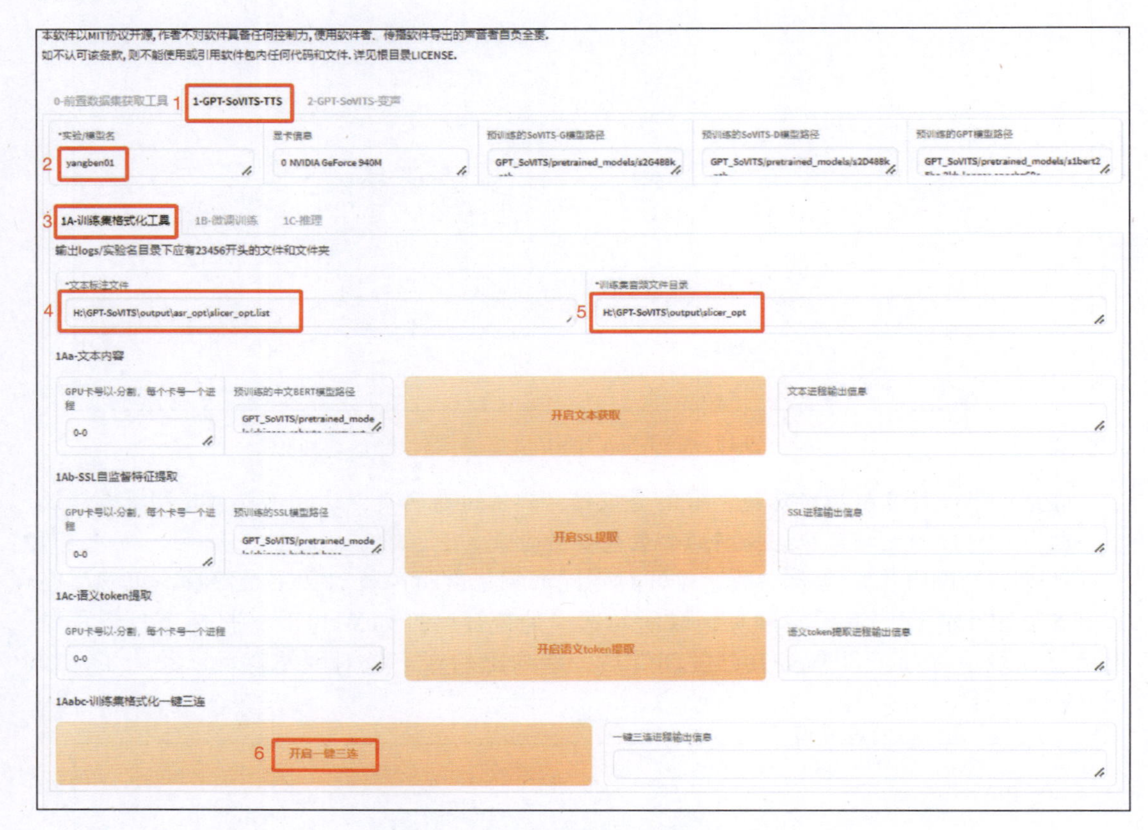

图 6.9.19　GPT-SoVITS 训练声音样本

这里值得注意的是，其他参数保持默认即可，显卡信息处会自动识别并显示所用计算机的显卡型号，默认使用英伟达 N 卡，最低也应为 4G 显存以上，如果未显示或显示没有可用的显卡，说明本机使用的是其他显卡，则该软件不可用。

第六步，微调训练。在数字 1 处进行微调训练，这里需要注意的是数字 2 处和数字 4 处应根据自己显卡的性能来填写，通常在 12～17 为佳，这里把默认值都调到 16，其他选项保持默认设置。微调训练应依次进行，否则程序可能出错，先开启数字 3 处的 SoVITS 训练，如图 6.9.20 所示。

这里等待时间相对较长，这是因为按照设定的数值进行一轮一轮地微调训练，使最终生成的音色文件更像使用的声音样本，同时等待时间也根据显卡性能来定，直到页面显示 SoVITS 训练完成，如图 6.9.21 所示。

同理，再进行数字 5 处的 GPT 训练，直到显示 GPT 训练也完成为止，如图 6.9.22 所示。

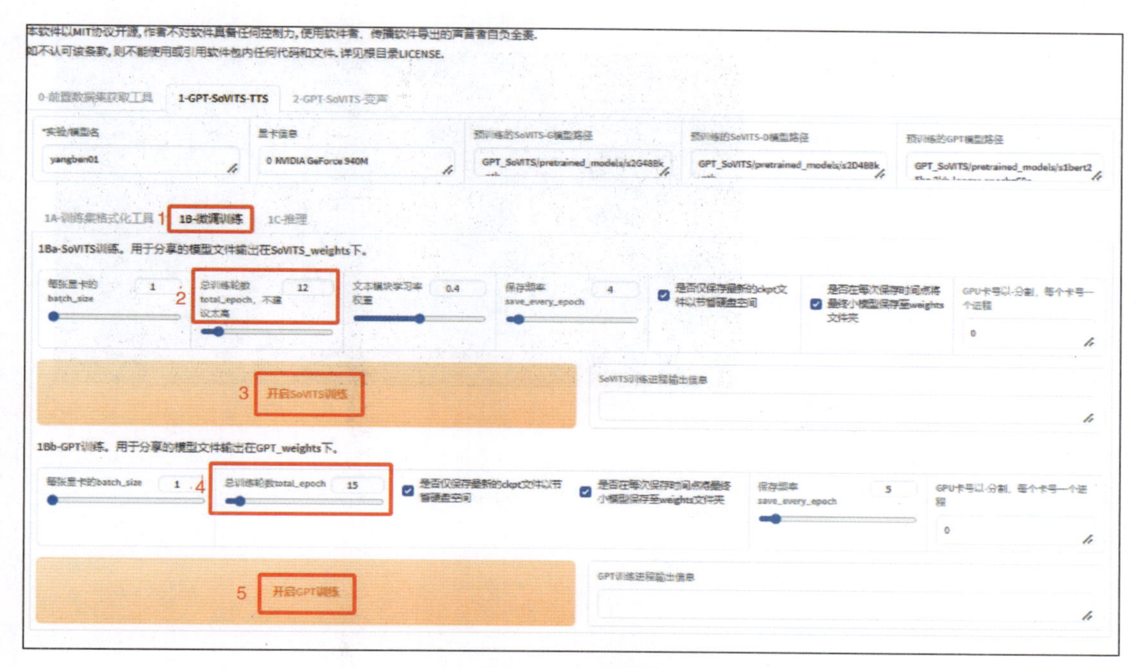

图 6.9.20　GPT-SoVITS 微调训练步骤

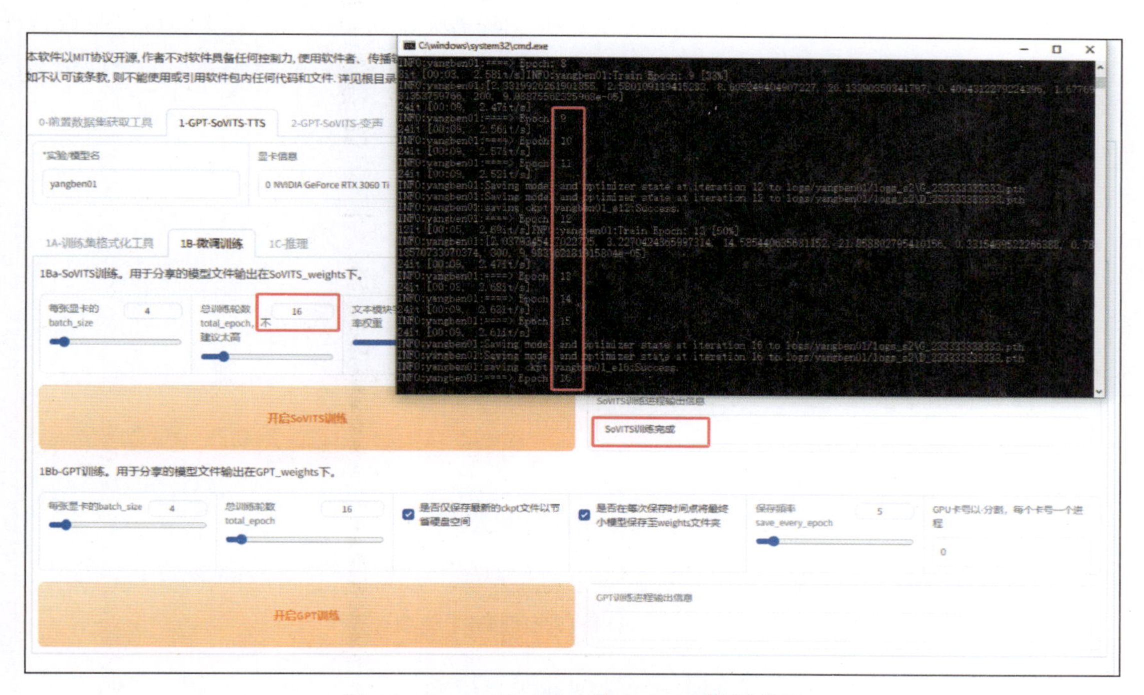

图 6.9.21　GPT-SoVITS 的 SoVITS 微调训练

第七步，推理。在这一步骤中能够实现声音的克隆，首先单击数字 1 处的刷新模型路径，调出数字 2 处的 GPT 模型列表中训练名中带 yangben01 字样的数值较大的模型，数值较大的训练的更好些，然后再调出数字 3 处的 SoVITS 模型列表中训练名中带 yangben01 字样的数值较大的模型。

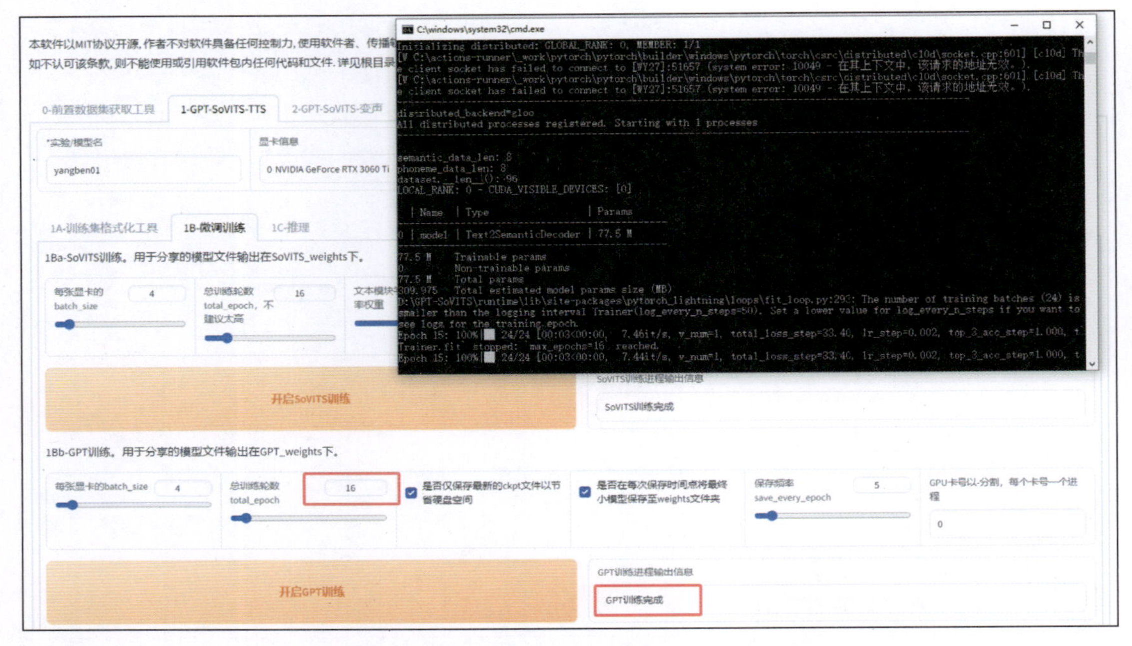

图 6.9.22　GPT-SoVITS 的 GPT 微调训练

微调训练后得到多个“.ckpt”“.pth”文件并意味着产出多个模型，更大程度上是微调模型的连续改进、优化，本质上仍是单一模型的不同版本，这样可以比较和追溯不同版本的性能差异，以达到更好的训练成效。

GPT 模型列表选择 e-15 版本模型，如图 6.9.23 所示。

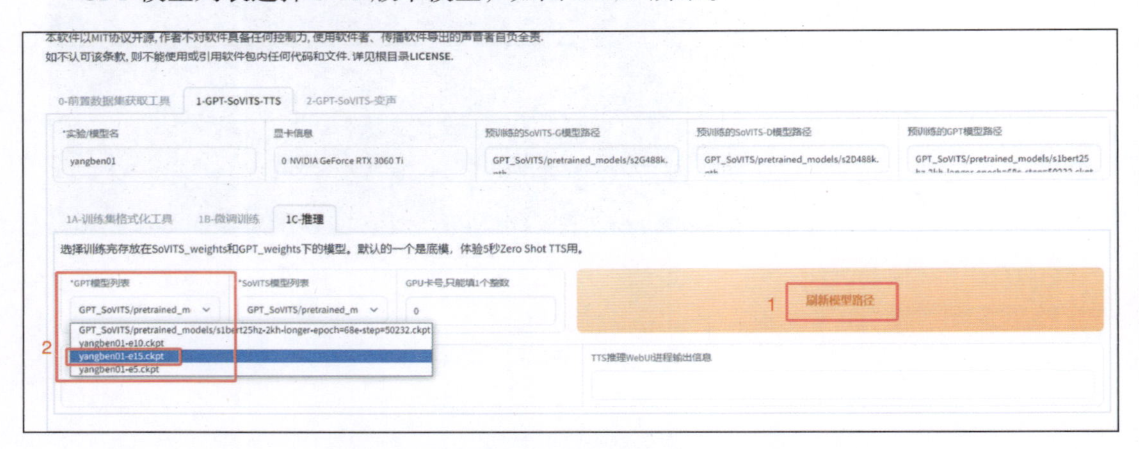

图 6.9.23　GPT-SoVITS 推理 GPT 模型选择

SoVITS 模型列表选择 s384 版本模型，如图 6.9.24 所示。

最后在数字 4 处勾选“是否开启 TTS 推理 WebUI”，弹出新的网页，如图 6.9.25 所示。

在新弹出网页内，需要声音样本参考和输入文字克隆两个环节，如图 6.9.26 所示。

经过上一步的推理模型的选择，这里声音参考样本只需上传前面音频分切的小段音频即可，首选还是分切音频中时间较长的，这样参考度更高些。

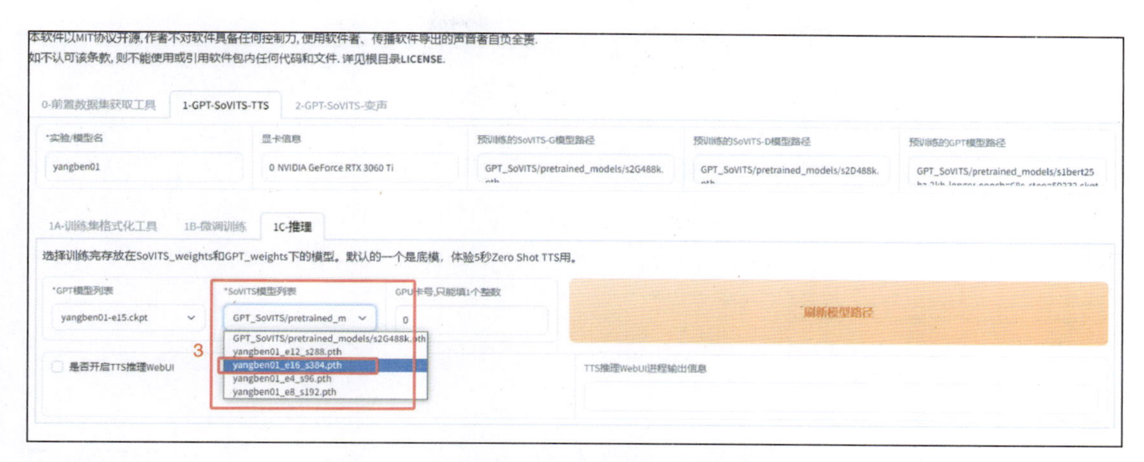

图 6.9.24　GPT-SoVITS 推理 SoVITS 模型选择

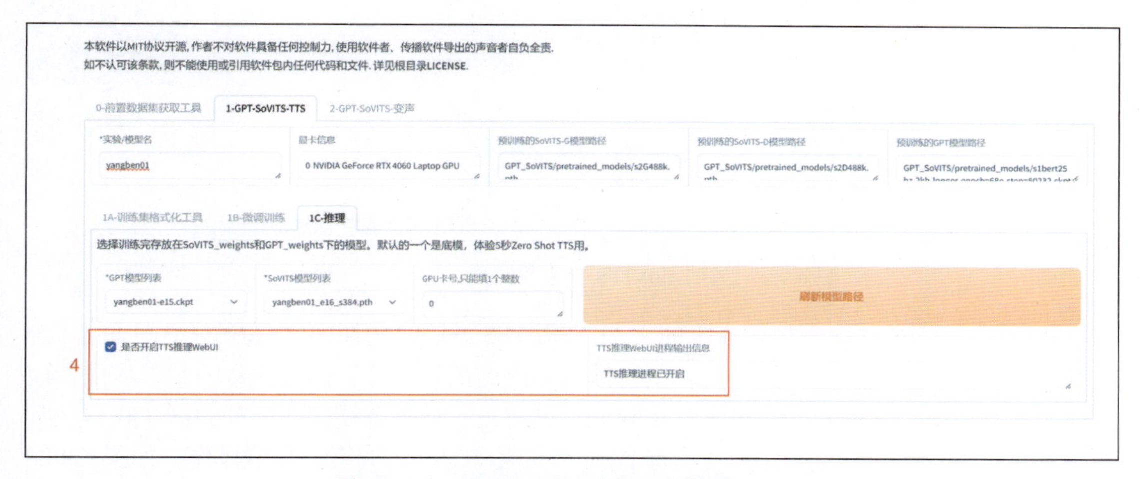

图 6.9.25　GPT-SoVITS 开启 TTS 推理 WebUI

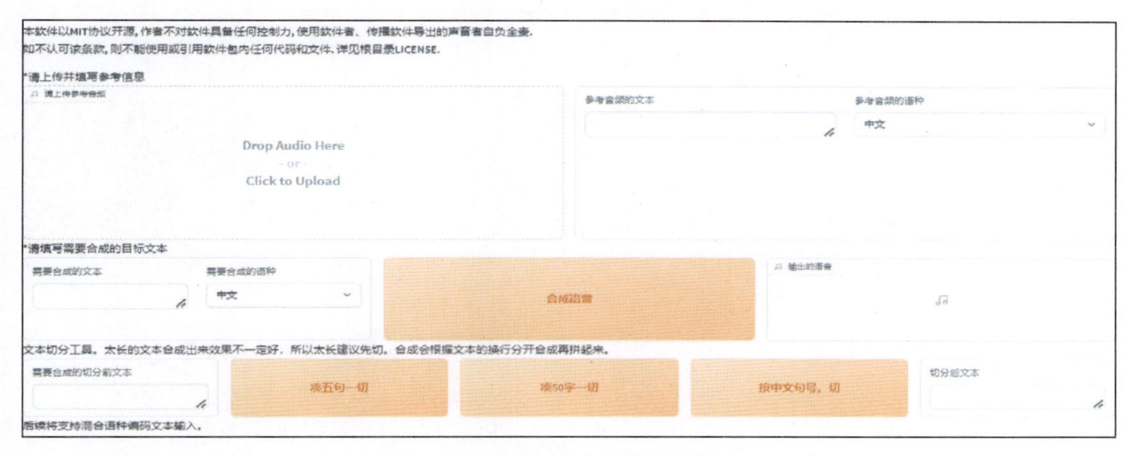

图 6.9.26　GPT-SoVITS 声音克隆界面

注意： 如果需要克隆的文本过长，还需要选择“凑五句一切”“凑 50 字一切”和“按中文句号切”3 种方式，否则，克隆的声音会出现不出音、重复出音或错音等情况。

目前的整合包版本暂不支持中英文多语种混合克隆声音，声音样本的语言种类应与克隆声音的语言种类相同。

第八步，声音克隆。首先，在数字 1 处，选择数字 2 处语音切分输出文件夹中较大的一段音频（名称为 5040）做参考，在数字 3 处输入音频中的相应文字，注意标点符号停顿，再根据音频，在数字 4 处选择相应的语种，完成第一环节操作，如图 6.9.27 所示。

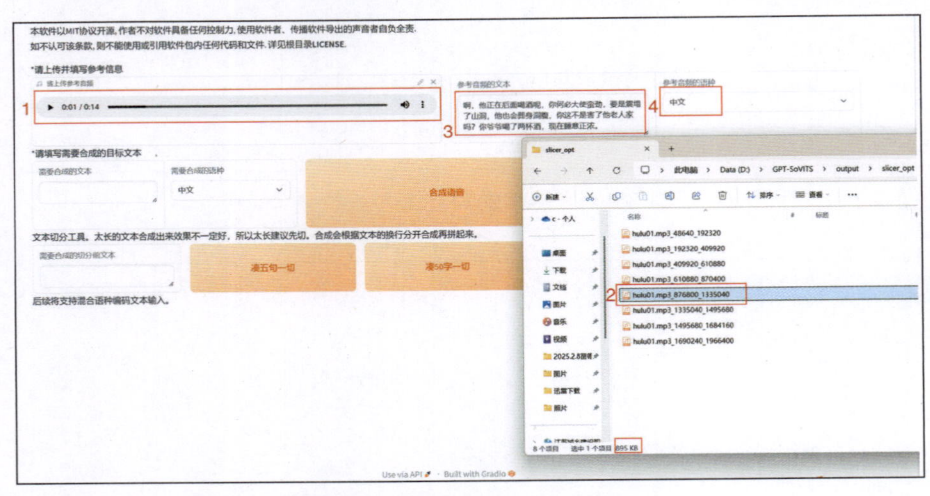

参考样本声音

图 6.9.27　GPT-SoVITS 参考声音

随后，在数字 1 处输入想要克隆的文字，在数字 2 处同样选择中文，在数字 3 处单击“合成语音”按钮，根据显卡性能等待，就会得到输出的语音。这里需要注意的是，尽量少地输入文字，如果一次输入文字过多，错误就不可避免，如果有错误应反复尝试，直到试听无误后，单击数字 4 处 3 个小点把音频保存到本地目录，完成第二环节操作，如图 6.9.28 所示。

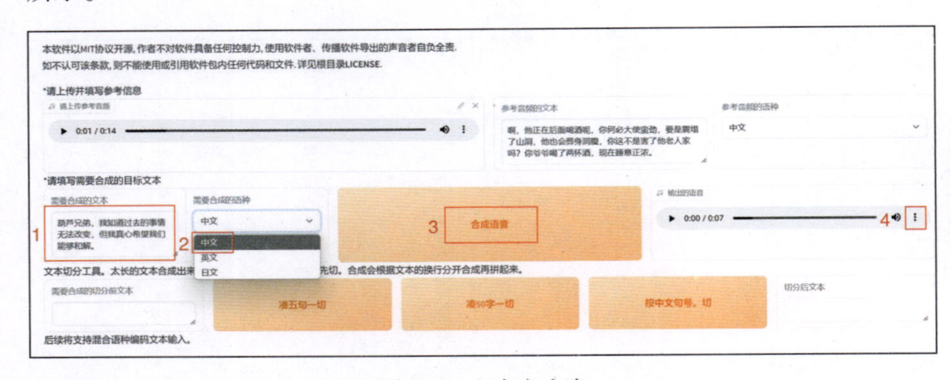

声音克隆

图 6.9.28　声音克隆

至此，通过八个步骤完成了对于特定声音的克隆，以便匹配在前几个章节生成的角色图片。

第 7 章 AI 相关企业平台使用教程

7.1 图漫 AI 简介

上海图漫智绘信息技术有限公司（简称图漫智绘，图 7.1.1），专注于 AIGC 人工智能设计研发，将数字科技和智能设计相结合。旗下 AIGC 产品图漫 AI 是一款 AIGC 辅助设计工具，旨在帮助用户快速获得设计灵感，用最低的成本完成方案的建立，以及材料、软装的选配，真正实现“所想即所得”，为客户提供高品质的设计智能化系统，涵盖室内设计、展示设计、服装设计、建筑设计、元宇宙等多领域，以满足不断发展的市场需求。

图 7.1.1 图漫公司标志

7.2 社区广场简介

社区广场采用了瀑布流的设计布局，用户可以在这里通过分享设计作品来结识更多的同类型创作者，也可以用点赞评论的方式给予其他创作者鼓励和交流，还可以使用“生成同款”功能来快速获取和原作者类似风格的作品，同时，原作者也可能享受部分收益（依据平台规则）。此外，图漫 AI 官方会不定期举办各类型赛事，竞赛作品也将在这个板块呈现，详细界面如图 7.2.1 所示。

图 7.2.1 图漫社区

7.2.1 瀑布流 / 图片过滤器

如图 7.2.2 所示，瀑布流上方分别用对应专业的标签做了区分，只需要单击其中感兴趣的标签，就可以快速切换到对应的内容。

图 7.2.2　瀑布流 / 图片过滤器

7.2.2 点赞评论区

单击任意一张图片后，在网页右侧会弹出详情页，可以在这里给喜爱的作品点赞、收藏和评论，也可以与其他创作者进行互动，如图 7.2.3 所示。

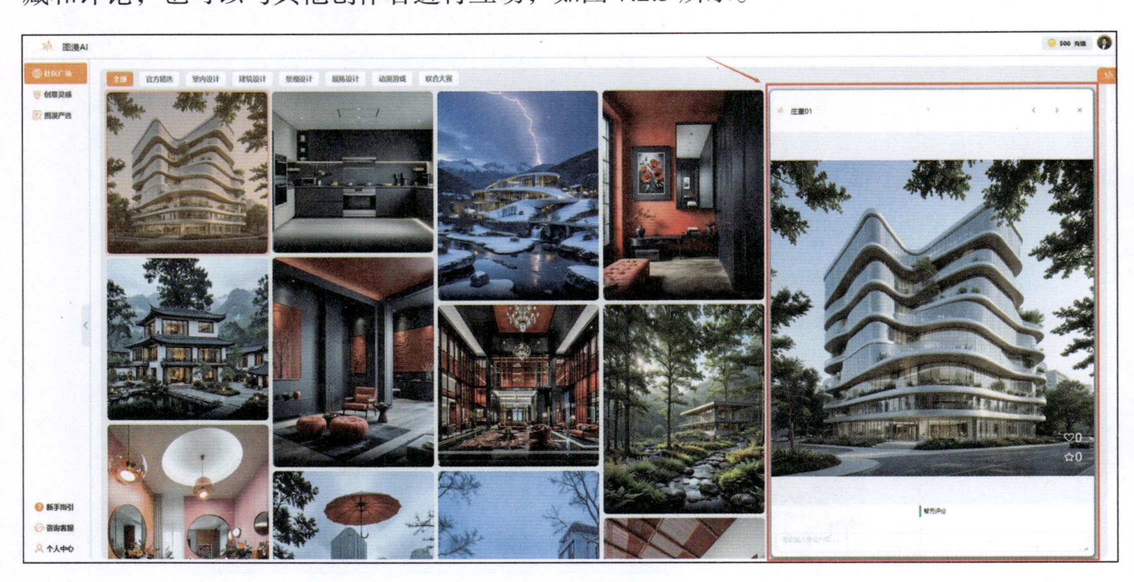

图 7.2.3　点赞评论区

7.3 创意灵感简介

“创意灵感”板块是图漫 AI 的核心功能，也是创作者使用最多的部分，在这里需要了解 AI 绘画的基础知识和简单原理，熟练掌握后，也可以用它画出优秀的作品。

单击“创意灵感”后，会看到“专业模式”和“自由模式”两个分类，如图 7.3.1 所示，简单理解就是“专业模式”适合非设计人员和新手小白，不需要理解高大上的 AI 算法和绘图原理，只需要简单单击几下按钮，就可以画出不错的作品；而“自由模式”更适合喜欢钻研的发烧友玩家，因为这里会有更多的参数，更容易控制画面；右侧的“生成记录”则展示了你最近所有的绘画记录。

图 7.3.1　创意灵感界面

为了方便新手入门，在网页左下角准备了视频教程，有兴趣的读者可以单击观看（视频内容会根据最新技术随时更新），如图 7.3.2 所示。

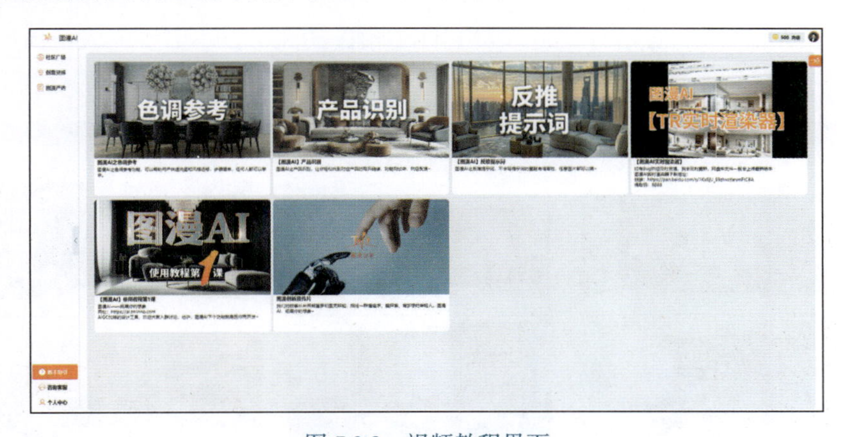

图 7.3.2　视频教程界面

7.3.1 专业模式

“专业模式”的“专业”是指 AI 在各个专业领域的应用，而非复杂之意，它是为了让用户更加容易地通过几步简单操作就能获得想要的画面效果，因此，所谓“专业模式”更具有“傻瓜”操作的逻辑，使用户的交互更加友好，非常适合新手用户，如图 7.3.3 所示。

1. 专业板块

如图 7.3.4 所示，默认有 4 个专业的板块，分别是室内设计、展陈设计、景观建筑、动漫游戏，分别表示 AI 在各自领域的应用，随着开发的不断深入，未来还会增加更多的板块。

2. 室内设计房间类型和风格参考

以“室内设计”的“居住空间”为例，单击点开以后会看到如下界面，如图 7.3.5 所示。这里的“房间类型”已经罗列了部分常用室内空间，如客厅、餐厅、卧室、厨房等。

图 7.3.3　专业模式界面 1

图 7.3.4　专业模式界面 2

图 7.3.5　室内房间类型界面

单击其中一个房间，如客厅，可以看到许多预设的风格，不需要输入任何提示词，只需要选择其中一个喜欢的风格即可，如图 7.3.6 所示。

图 7.3.6　预设风格选择界面

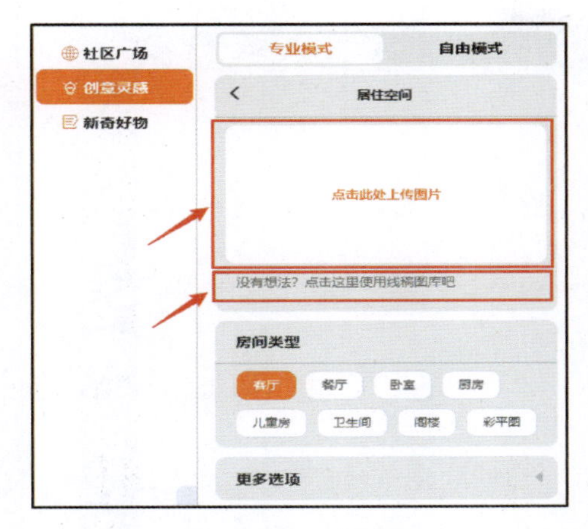

图 7.3.7　上传界面

3. 上传图片 / 线稿图库

如果需要按照现场情况来生成设计方案，那么可以在图 7.3.7 所示位置上传线稿、模型截图、实景照片或者毛坯房照片，让图漫 AI 顺着提供的图片轮廓进行绘制。

如果手上正好没有图片，可以试试线稿图库，目前内置了不少案例，方便快速生出合适的设计方案，如图 7.3.8 所示。

4. 室内设计更多选项

单击展开“更多选项”卷展栏，会看到额外的附加选项，可以根据需要进行选择，如图 7.3.9 所示。

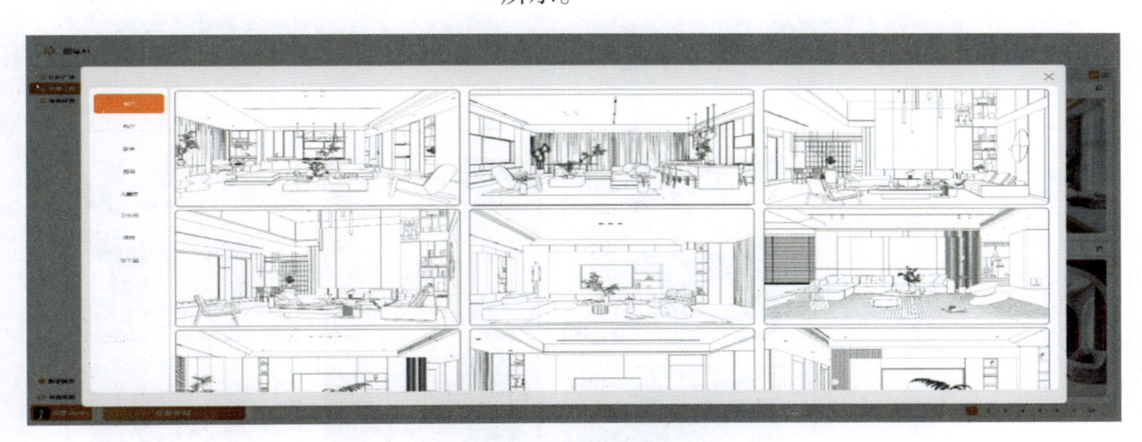

图 7.3.8　内置线稿库

5. 客厅流程案例

本节开始实操几个案例，来带领大家快速上手图漫 AI 的专业模式。首先，单击线稿图库，找到一张喜欢的客厅线稿图，如图 7.3.10 红框位置所示。

其次，单击“客厅”按钮，在弹出的风格选择界面选取一种风格，如中世纪风格，如图 7.3.11 所示。

最后，单击“立即生成”按钮，可以看到如图 7.3.12 的 Loading 界面，表示 AI 正在后台计算图像生成。

等待 10 秒左右，就可以生成 4 张略有差异的图片，如图 7.3.13 所示，这些图是根据线稿的轮廓加上选定风格后的结果。

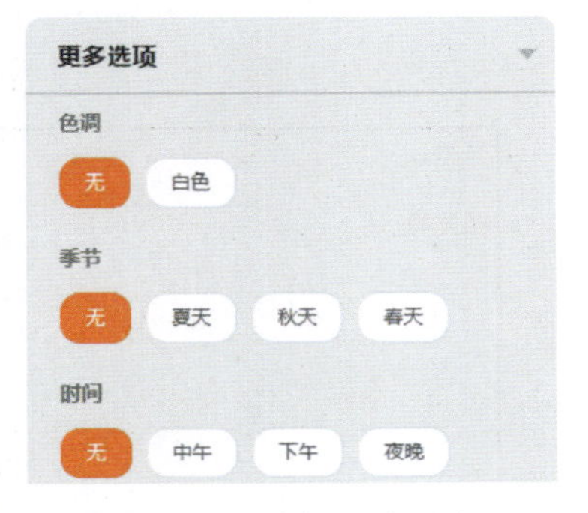

图 7.3.9　“更多选项”界面

6. 临展流程案例

接下来进行第二个案例——临展空间。展示空间需要强调其特有的空间性和造型感，这次尝试上传一张效果图，让图漫 AI 帮助拓展更多方案。首先，找到临展设计的入口，如图 7.3.14 所示。

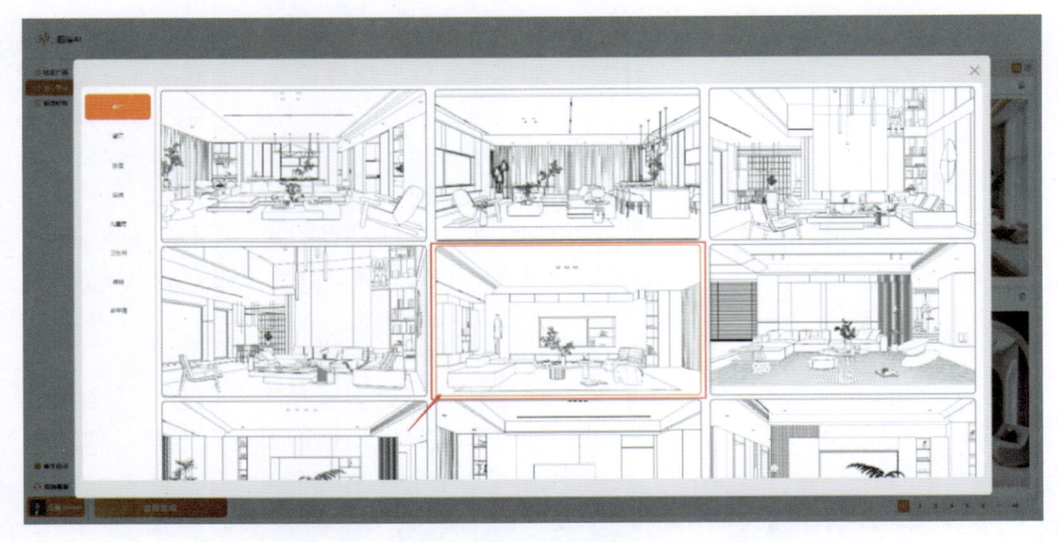

图 7.3.10　线稿选择界面

图 7.3.11　风格选择界面

图 7.3.12　AI 后台生成界面

图 7.3.13　运算结束界面

上传一张现有的 3D 效果图，如图 7.3.15 所示，同样选择一种风格类型，如现代风格，如图 7.3.16 所示。

图 7.3.14　临展设计入口

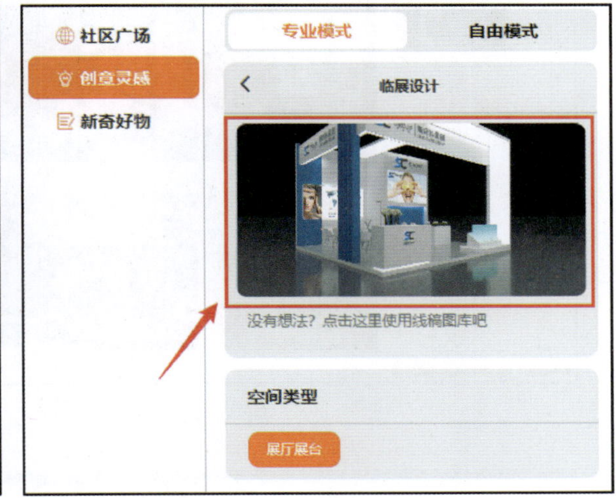

图 7.3.15　上传展示

最后单击“立即生成”按钮，生成图 7.3.17。

单击其中任意一张图片，就可以查看详情页，如图 7.3.18 所示，关于详情页的使用将在 7.3.3 小节具体讲解，这里仅做了解。

7. 黏土风流程案例

本小节尝试制作最近比较火热的黏土风。依次单击“专业模式”→“动漫游戏”→“AI 写真”按钮，单击“黏土画风”按钮选择喜欢的风格（图 7.3.19），如“可怜的小男孩”，如图 7.3.20 所示。

单击“立即生成”按钮，如图 7.3.21 所示，生成 4 张相似画风的图片，也可以用同样的办法尝试更多的可能性。可以上传一张自己的头像，看看是否会有意外的惊喜。

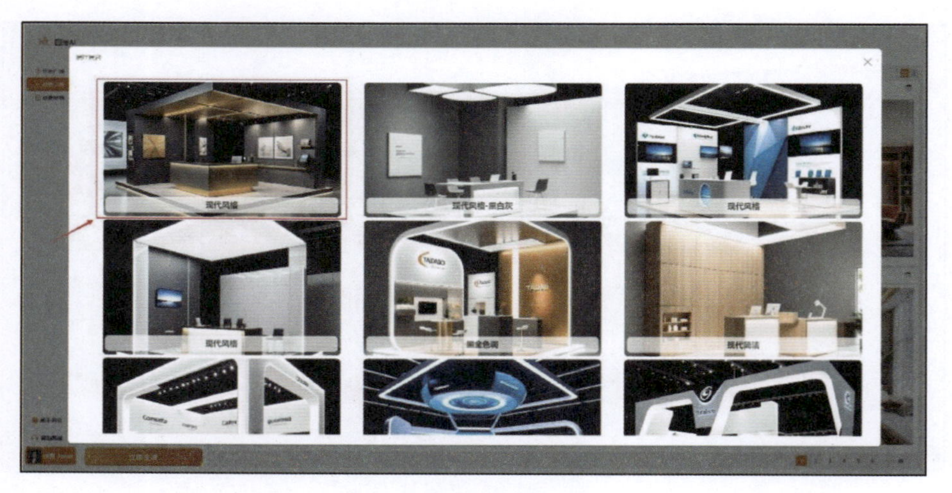

图 7.3.16　选择现代风格

图 7.3.17　临展空间生成图片

图 7.3.18　详情页

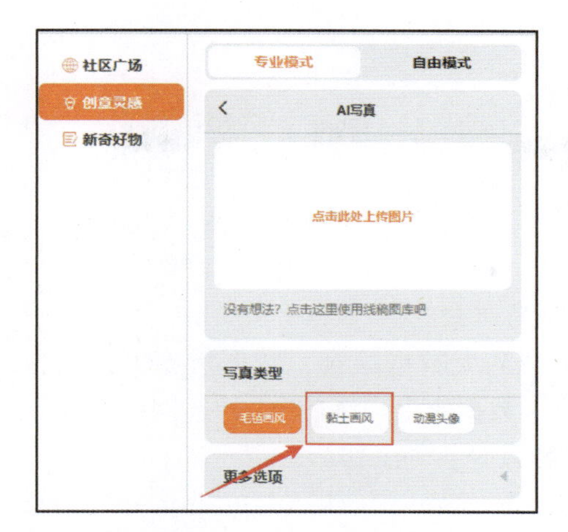

图 7.3.19 “黏土画风”选择界面

图 7.3.20 风格选择界面

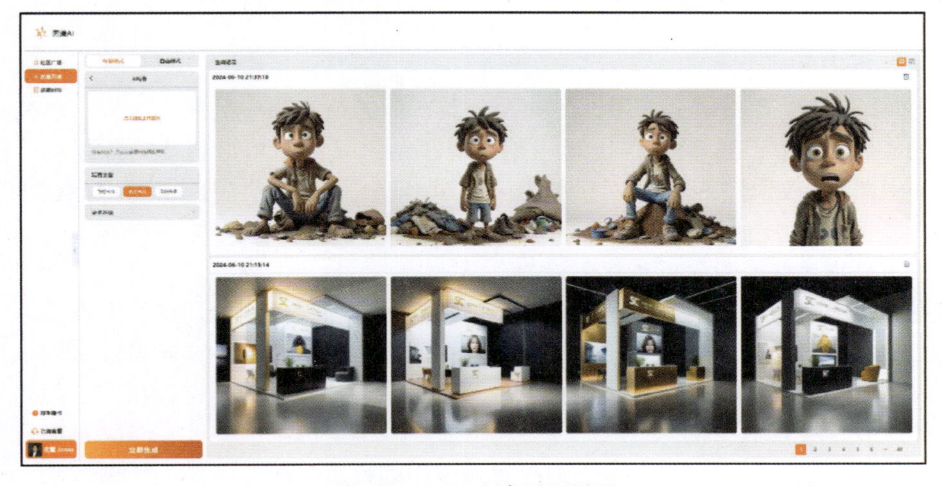

图 7.3.21 AI 生成画面界面

7.3.2 自由模式

有了前面的基础，相信读者已经度过了“新手阶段”，现在开始深入地讲解更复杂的操作和概念。“自由模式”界面如图 7.3.22 所示，意为运用各类参数更灵活地控制图片，如角度、色调、风格、人物动作等。

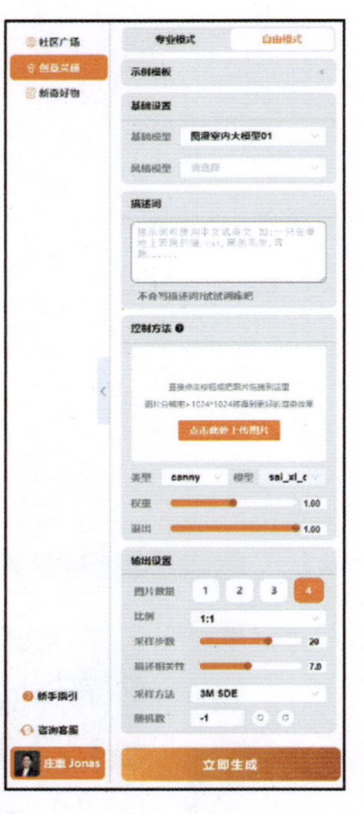

图 7.3.22 “自由模式”界面

1. 基础模型 / 风格模型的概念

基础模型：各专业领域的大数据集合，数据量庞大，也是 AI 的基础，是在大量无标签数据集上训练的 AI 神经网络，可处理从翻译文本到分析医学影像等各种工作。

风格模型：全称是 Lora: Low-Rank Adaptation of Large Language Models，是在不修改基础模型的前提下，利用少量数据训练出一种画风 /IP/ 人物，实现定制化需求，所需的训练资源比训练基础模型要小很多，非常适合社区使用者和个人开发者。具体展示如图 7.3.23 所示。

2. 描述词的概念和写法

描述词就是对 AI 的具体指令，告诉 AI 想要什么。提示词主要有两类，分别是正向提示词和反向提示词，在图漫 AI 中，已为创作者设置好反向提示词，用户只需要描述正向内容即可，如图 7.3.24 所示。

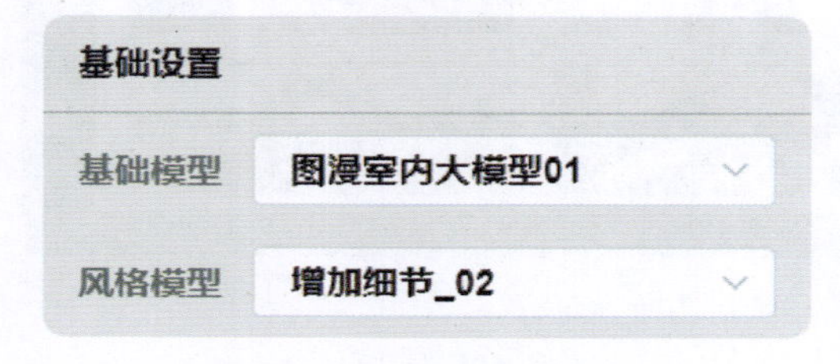

图 7.3.23 “基础设置”界面

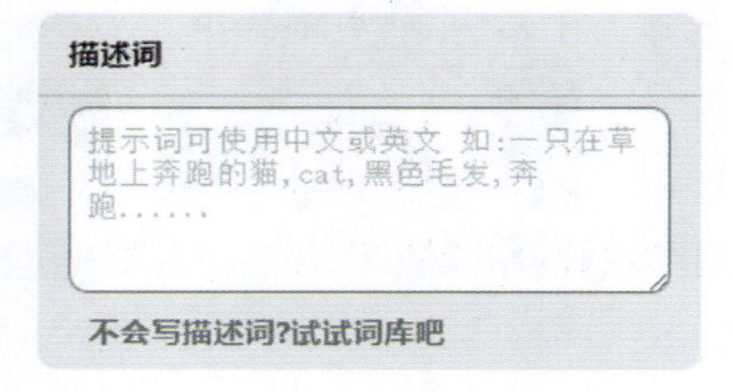

图 7.3.24 “描述词”界面

3. 词库的使用

图漫 AI 为创作者整理了常用描述词和分类，如居住空间中的床、沙发、板凳，画面优化中的 4K 分辨率、8K 渲染、电影级拍摄等，用户只需要单击想要的描述词，添加到描述词框中即可，如图 7.3.25 所示，单击床，即出现“儿童床”“婴儿床”“榻榻米”“床”提示词。

4. 控制方法的概念和各项参数含义

类型：一个新的神经网络概念，就是通过额外的输入来控制预训练的大模型。

模型：配套各预处理器需要的专属模型。该列表内的模型必须与预处理选项框内的名称选择一致，才能保证正确生成预期结果。预处理与模型不一致也可以出图，但效果无法预料，且一般效果并不理想。

权重：代表使用 ControlNet 生成图片时被应用的权重占比。

详细界面如图 7.3.26 所示。

5. 输出设置各项参数含义

图 7.3.27 所示为“输出设置”界面，其内容如下。

图片数量：图漫 AI 每次生成图片的数量。

图 7.3.25　图库提示词展示

图 7.3.26　“控制方法”界面

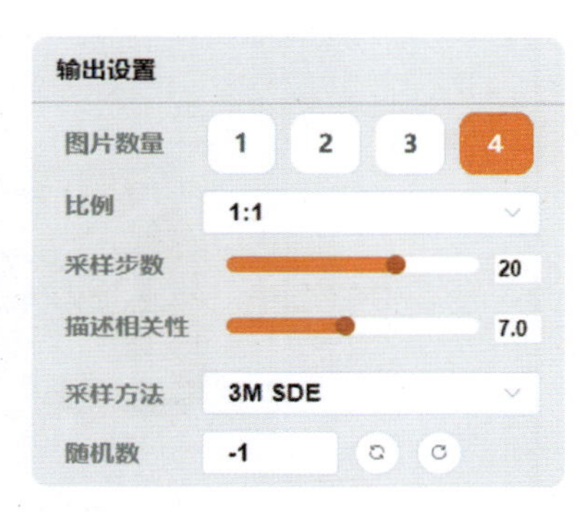

图 7.3.27　“输出设置”界面

比例：画面的比例。

采样步数：采样步数是指在生成图像时，从噪声图像向目标图像逐步降噪的过程中，进行的迭代次数。

描述相关性：提示词相关性是指输入提示词对生成图像的影响程度。

采样方法：在生成图片时，AI 会先在潜在空间（latent space）中生成一张完全的噪声图。噪声预测器会预测图片的噪声，将预测出的噪声从图片中减去，就完成了一步。重复该过程，最终将会得到清晰的图片。

随机数：图片每次生成的种子值。

6. 示例模板

创作者可以使用示例模板功能中自己保存过的各项参数，以方便下次调用，如图 7.3.28 所示。

图 7.3.28　示例模板界面

7. 接待区流程案例

现在尝试一下用自由模式来生成一张接待区的图片，首先，在“基础模型”的下拉列表中选择“图漫室内大模型 01”，在“风格模型”中选择“曲线艺术”，如图 7.3.29 所示。

图 7.3.29　基础设置参数

描述词框中输入“带有圆形曲线和勃艮第窗帘的接待台，现代室内设计，浅灰色墙壁，带有小圆点的白色墙板，黄铜吸顶灯，温暖的灯光，地板上的粉红色地毯，红色天鹅绒座椅，专为 BVLGARI 品牌设计”，单击“立即生成”按钮，如图 7.3.30 所示，得到 4 张带有曲线设计感的接待区设计方案。

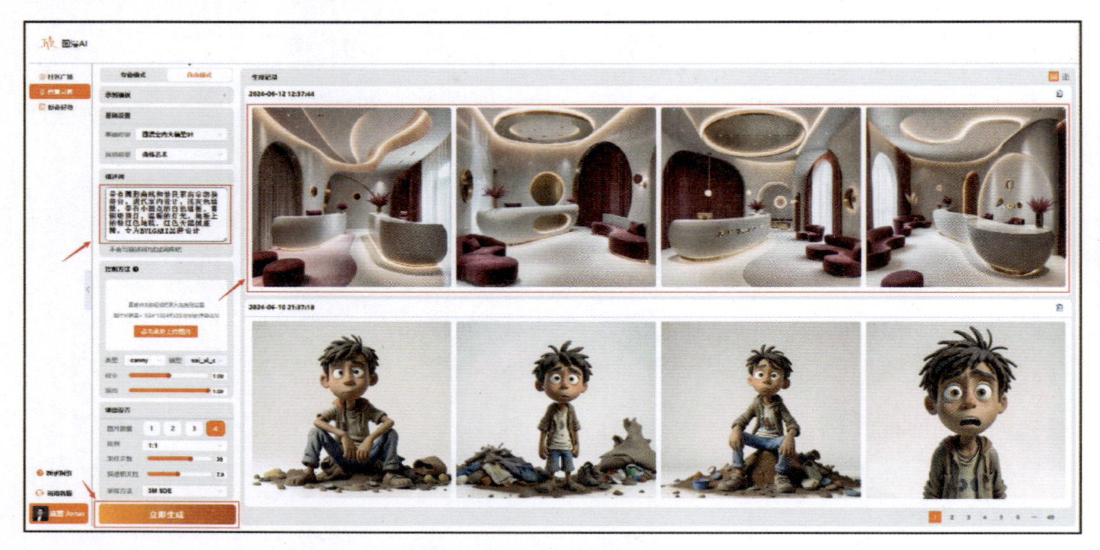

图 7.3.30　AI 生成接待区

再次调节提示词，把其中的“勃艮第窗帘”改为“蓝色帘子”，“粉红色地毯”改为“蓝色地毯和窗帘”，“红色天鹅绒座椅”改为“蓝色皮革座椅”，单击“立即生成”按钮查看结果，如图 7.3.31 所示。

图 7.3.31　AI 生成蓝色接待区

8. 居住空间设计流程案例

在本案例中将通过一张现有的实景照片（图 7.3.32），对其进行二次加工，达到旧房改造的目的。

图 7.3.32 厨房实景图片

在描述词框内输入“现代厨房的专业照片，索尼世界摄影奖，厨房用具，惊人的细节，高度详细，高预算，史诗，华丽，简洁的线条，几何形状，极简主义，建筑图纸，高度详细”，并将这张图片加入“控制方法”里，其他参数保持默认，单击“立即生成”按钮，查看结果，生成图 7.3.33。

9. 毛毡风流程案例

接下来尝试用自由模式创作最近火热的毛毡风格画面，这是一个综合案例，会用到自由模式所有参数。在“风格模型”中选择“毛毡风格”，如图 7.3.34 所示。

图 7.3.33 AI 生成厨房图片

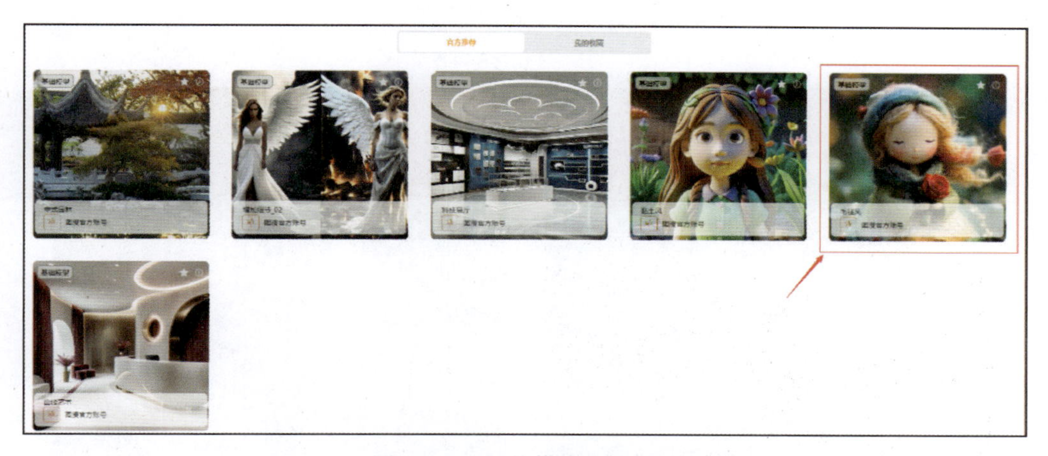

图 7.3.34 风格模式选择界面

注意：这个风格模型是有使用条件的，光标移动到该风格模型的右上角的叹号上，按照要求设置采样器、步数和 CFG 的值，如图 7.3.35 所示。

输入描述词“杰作，高品质，毛毡风格，图像展示了一个异想天开的娃娃，金色的头发，闭着眼睛，围巾，坐在一个球形物体上。娃娃拿着一朵红玫瑰，周围环绕着散景灯。主要颜色为绿色、橙色和红色”，一切就绪后，单击“立即生成”按钮，生成图 7.3.36。

图 7.3.37 所示为详细图。

至此，读者应该还不能满足，如果想要把这个风格应用在真人照片上，那会不会很有趣？可以准备一张真人照片，如图 7.3.38 所示。

把这张图添加进“控制方法”中，控制参数保持默认设置，单击“立即生成”按钮，再看效果，如图 7.3.39 所示。

图 7.3.35　建议参数界面

图 7.3.36　AI 生成毛毡风格图像

图 7.3.37　放大后详细图

图 7.3.38　真实人物图像

图 7.3.39　AI 生成界面

从中挑选最符合原始照片的图像，如图 7.3.40 所示。

以上用几个案例简述了图漫 AI 生图的过程，当然这个过程中可能会遇到一些小问题，不过，相信在多次尝试和练习下，读者很快就会掌握 AI 绘图这个技能，在未来发挥创意，做出满意的作品。

图 7.3.40　生成图片

7.3.3 详情页介绍

详情页中可以对已经生成的图片做二次处理，如高清放大、局部修改、添加滤镜等，使用户拥有更多的控制图片的手段，如图 7.3.41 所示。

图 7.3.41　详情页界面

用户可以单击下载当前图片到本地，如图 7.3.42 所示。

用户可以通过使用局部修改来对图片进行二次处理，如图 7.3.43 所示。

下载

图 7.3.42 “下载”按钮

局部修改

图 7.3.43 “局部修改”按钮

单击画面中钢笔图标，可以绘制一个选区，用于设置修改范围，如图 7.3.44 所示。

图 7.3.44 钢笔绘制区域

用一个圆形涂抹需要修改的区域，用于设置修改范围，如图 7.3.45 所示。

图 7.3.45 钢笔涂抹示范

用一个圆形橡皮擦除已绘制的区域，用于擦除修改范围，如图 7.3.46 所示。

图 7.3.46　橡皮擦操作示范

操作步骤的撤销和恢复如图 7.3.47 所示。

图 7.3.47　撤销和恢复操作示范

无论当前画面操作过多少步骤，单击后全部清零，如图 7.3.48 所示。

图 7.3.48　清零操作示范

如图 7.3.49 所示，该图标可以放大当前图片并且移动画布。

图 7.3.49　放大操作示范

上传图片允许用户从本地上传一张图片并进行修改；下载图片允许用户下载最终效果框里的图片。上传下载图片如图 7.3.50 所示。

图 7.3.50　上传下载操作示范

下面讲解文生图修改和应用。首先修改输入框，用户可以通过输入描述词来修改当前选区里的内容，一次可以生成 3 张，单击左右箭头切换查看。应用修改：当用户对当前修改内容满意时，可以单击此按钮进行应用，没有应用的图片不会被下载，如图 7.3.51 所示。

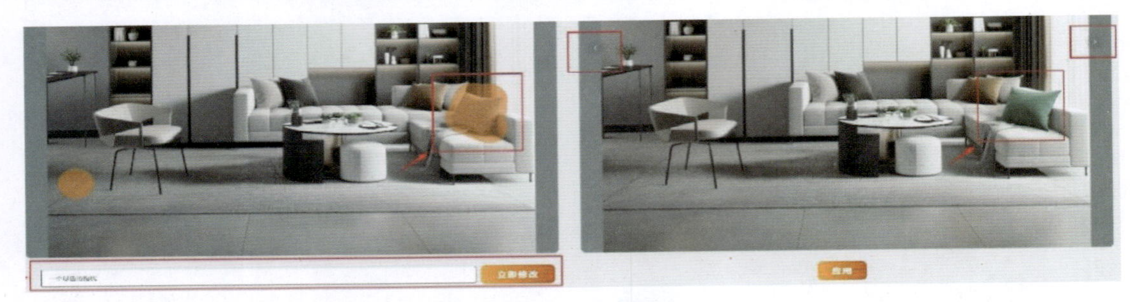

图 7.3.51　文生修改和应用修改界面

单击分享后，作品将被提示分享到社区广场，在广场中，用户的作品将被更多人看到，并被点赞评论，如果被其他用户使用，依据平台规则用户还可以获得一定收益，如图 7.3.52 所示。

当用户的作品是通过“自由模式”创作的，那么用户可以把参数保存起来，以备下次使用，如图 7.3.53 所示。用户可以在“自由模式”的“示例模板”“我的模板”中找到。值得注意的是，用“专业模式”生成的图没有这项功能。

图漫 AI 为创作者设置了滤镜等预设，只需要单击喜欢的滤镜就可以轻易修改画面色调，也可以用滑块来调节滤镜的强度，如图 7.3.54 和图 7.3.55 所示。

分享到广场

图 7.3.52　“分享到广场”按钮

保存模板

图 7.3.53　“保存模板”按钮

添加滤镜

图 7.3.54　“添加滤镜”按钮

图 7.3.55　拖动滑块调节滤镜示范

图漫 AI 默认生成的图片最长边为 1024 像素，单击后的图片可以实现 2 倍像素

图 7.3.56 “高清放大”按钮

放大，如图 7.3.56 所示。使用过放大功能后，画面上方会出现“2 倍”和“原图”的按钮，此时图片已被放大 2 倍，最长边为 2048 像素，可以直接下载。

7.4 D5 软件介绍

7.4.1 Dimension 5 简介

南京维伍网络科技有限公司（Dimension 5，简称 D5，图 7.4.1），核心产品为 D5 渲染器，并推出 AI 空间概念设计工具 D5 Hi 。

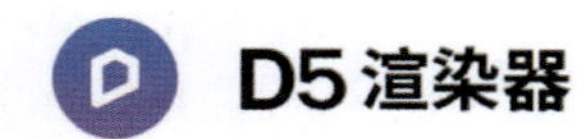

图 7.4.1　Dimension 5 公司标志

7.4.2 D5 产品核心技术能力简介

1. AI 创意生成工具——D5 Hi

D5 Hi 是一款可以通过文字、草图以及参考图生成设计图的前期创意生成工具。

特点：官方底模的不断升级及算法创新，提高表现力上限及丰富场景；行业级的 Lora 训练——提高建筑、景观以及室内等细分垂类表现力；全中文界面，灵活的图像编辑 inpainting 功能；走向智能场景创建，与 D5 RENDER 三维场景搭建的结合。

2. 实时光追渲染技术

D5 自研的全局照明技术 D5 GI 使 D5 的渲染器与众不同，在不牺牲工作效率的情况下提供最高质量的照明和阴影效果，无须最终输出结果，即可实时展示场景渲染效果，所见即所得。摆脱了传统的离线渲染，无须调节大量参数，无须花费大量时间，不仅降低了门槛，还大大提高了效率。

3. 海量高品质素材库

D5 内置了 10000+ 云端素材，可以选择 PBR 材质、人物、家具、车辆、植物盆栽、摆件和动态火焰等，直接放入设计中，以提高场景真实感。同时支持自定义素材库，导入和管理自己的素材。同时立足本土项目需求，持续为中国客户定制专题素材，实现外国渲染器无法诠释的中国设计意境之美。

4. 3D 数字化教学管理功能

从教育数字化转型、教学管理的角度出发，为专业提供数字化教学管理系统、高校专属本地教学资产库、3D 场景多人协作模式、3D 场景内沟通交流模式。

5. AI 人工智能功能板块

全球领先的 AI+PCG 技术与 3D 场景的结合，打造 3D 场景智能设计工作流，包含 AI 3D 资产的生成（AI 材质、AI 灯光、AI 配景模型等），AI 3D 场景的自动搭建（AI 环境后期参数、AI+PCG 植物散布工具、AI+PCG 环境自动生成）。

6. 多种沉浸式体验

支持多种成果输出模式以及体验模式：效果图、动画视频、全景漫游、VR 虚拟交互。

7.4.3 D5 的优势

1. 技术层面

D5 是一家国产软件公司，所有核心技术都有自主知识产权，其中自研的全局照明技术 D5 GI 是全球顶尖的实时光线追踪渲染算法；AI 技术上在 3D 设计领域也属于全球领先水平；创造性地开创了 3D 设计领域数字化管理及协作能力，目前在全世界覆盖了 200 多个国家和地区，超过百万的用户体量。

2. 行业层面

D5 用户目前覆盖全球各大顶尖设计公司以及事务所，其中国内覆盖超过 3000 多家企业，包括 MAD、扎哈工作室、何镜堂工作室、启迪设计、奥雅设计、金螳螂、清华设计院、东南大学设计院、同济大学设计院、中国建筑西南设计研究院等诸多头部企业。

3. 高校层面

D5 用户遍布全球各大顶级名校，国外包括哈佛大学、加州大学伯克利分校、新加坡国立大学、多伦多大学、英国曼彻斯特大学、瑞典皇家理工学院、宾夕法尼亚大学等；国内包括清华大学、东南大学、同济大学、天津大学、湖南大学、华中科技大学等。

7.5 软件平台 AI 部分介绍

1. 氛围匹配

在右侧边栏右上角单击 AI 氛围匹配按钮，上传参考图并匹配当前场景后，AI 一键生成相似风格，氛围匹配包含 D5 环境后期面板内的雨雪雾等所有参数，其中天空效果会根据参考图效果匹配地理天空或合适的 HDRI，如图 7.5.1 所示。

氛围匹配整合轻量卷积神经网络进行特征元素识别，基于对比学习算法对参考图的元素特征与目标后期参数进行嵌入空间映射，生成对应后期参数；同时使用基于自适应颜色空间的神经网络颜色迁移算法进行自动化非线性颜色映射，提升匹配精准度。

2. 材质通道图生成

在材质编辑中，新增 AI 智能生成纹理图，整合 U-Net、GAN、Perceptual Loss 等多种算法与策略，根据材质的基础色纹理图自动拓展法线、粗糙度和高度通道贴图，提升材质细节，如图 7.5.2 所示。

3. 材质模板识别

在场景内导入模型后，在左侧边栏资源列表中选中模型，右击，选择 AI 智能识别材质，一键自动赋予合适的 D5 材质模板，覆盖大部分常用材质关键词与贴图类型，在保证识别率前提下实现几乎无须等待的智能识别，操作界面如图 7.5.3 所示。

图 7.5.1　氛围匹配界面展示

图 7.5.2　AI 材质生成界面展示

4. 材质超清纹理

采用 AI Super Resolution 技术实现对纹理的超高清优化处理。最大可将贴图超分到 4K，提高图片清晰度，减少低分辨率纹理的噪点、瑕疵的同时保留一些高频纹理细节。Default 在基础色贴图模块右侧展开 AI 功能，单击“超清纹理”按钮后，会自动计算超分，纹理边长直接 ×4，并将贴图应用到模型上预览材质效果，单击“确定”按钮可最终应用，单击“取消”按钮可执行撤销操作，操作界面如图 7.5.4 所示。

图 7.5.3　AI 智能识别材质界面

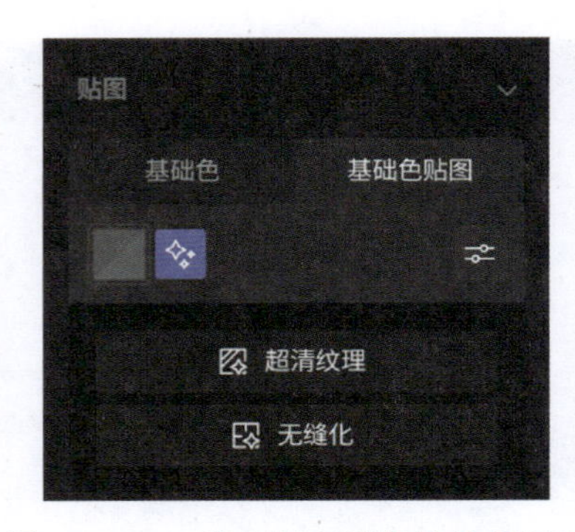

图 7.5.4　AI 纹理超高清优化处理界面

5. 材质无缝化

该功能采用 AI Inpainting 技术方向，训练补全任务模型并改造模型底层架构，还能达到无缝化补全的目的。Default 在基础色贴图模块右侧展开 AI 功能，单击“无缝化”按钮后，利用 AI 算法自动进行基础色贴图无缝化处理，使纹理贴图在模型表面应用时自然过渡和无缝拼接，提高材质视觉效果的一致性。执行无缝化运算时，可自行选择需要处理的垂直或水平方向边缘，以达到更佳效果，支持预览后撤销，操作界面如图 7.5.5 所示。

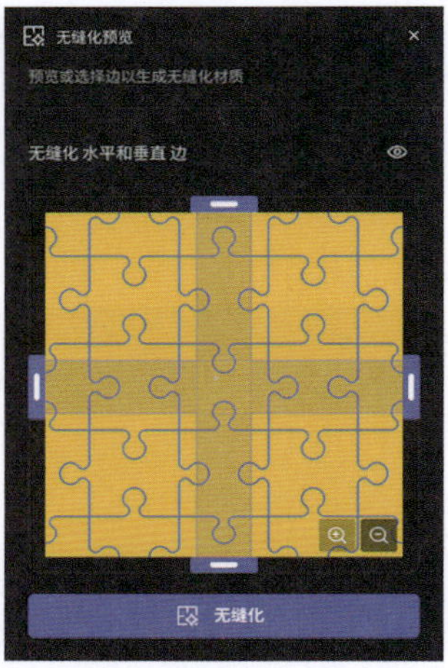

图 7.5.5　AI 材质无缝化处理

6. AI 图像增强 beta

AI 图像增强功能，用于提升已渲染图片中的光影、材质、人物、车辆、植物等细节。如图 7.5.6 所示，单击导航栏中的 AI 图像增强功能入口开始使用。

7. 文本生成模型 beta

使内容创作者能够在短时间内将文本转换为 3D 资产。提供现实、卡通、动漫等丰富的艺术风格，个性化模型资产库，释放 3D 创造力，界面如图 7.5.7 所示。

图 7.5.6　AI 画面增强界面展示

图 7.5.7　文本生成模型界面展示

7.6 D5 Hi 平台介绍

图 7.6.1 所示为 D5 Hi 平台的整体界面形式，分别为语言转换区、图像生成区、参数设置区、模块转换区 4 个大区。

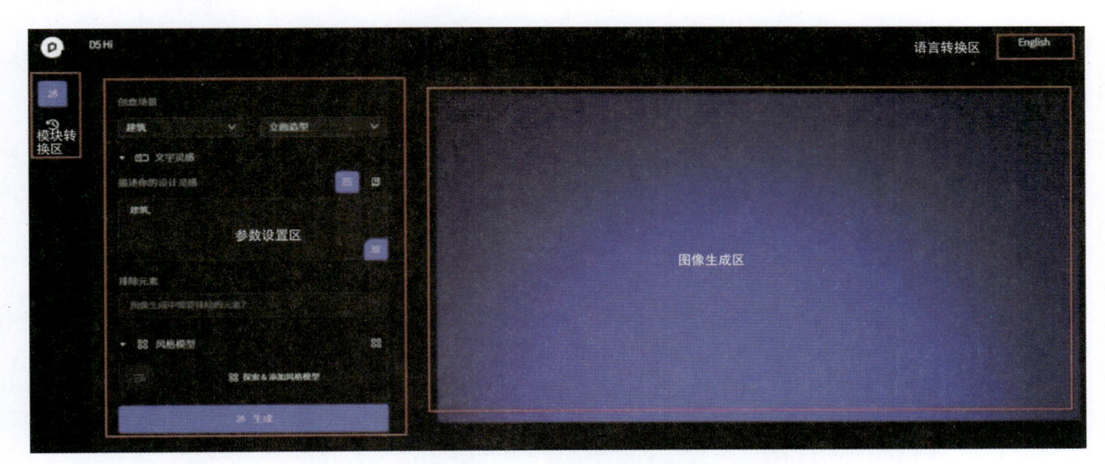

图 7.6.1　D5 Hi 平台的整体界面展示

首先讲解创意场景模块，进入 D5 Hi 后，可以在创意场景下选择建筑与通用两类模型。建筑模型适用于建筑立面图的生成，而通用模型会覆盖城市规划、室内领域、景观、宴会等行业场景，在更多领域发挥创意，如图 7.6.2 所示。

在这之后，还可以生成立面造型和平面总图不同形式的图像，如图 7.6.3 所示。

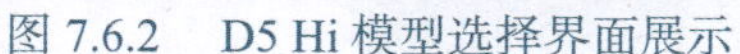
图 7.6.2　D5 Hi 模型选择界面展示

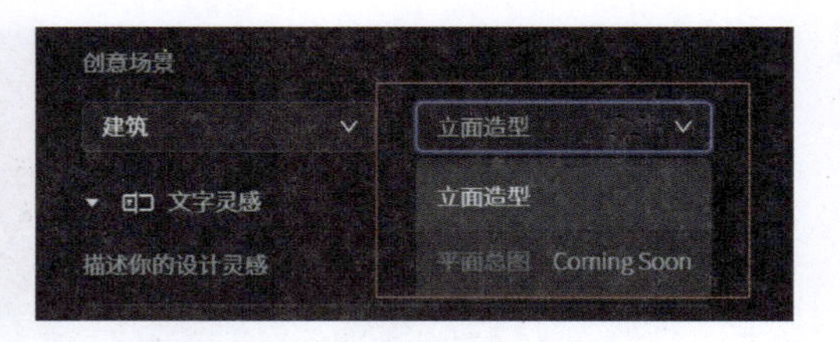

图 7.6.3　D5 Hi 生成界面展示

图 7.6.4 所示为输入提示词区域，可以将自己的需求、想法进行输入，来指定想要生成的图像内容，右面为输入提示词“自然环境，红砖，玻璃幕墙，直线造型，体块穿插，隈研吾，极简主义，未来主义，现代主义，商业综合体，图书馆，远景，街景视角”得到的图像。

图 7.6.4　D5 Hi 提示词界面和生成画面展示

提示词输入框右上角的第一个按钮，是排除元素输入框，可以将其理解为 Stable Diffusion 中的反向提示词，输入的词汇内容是图像中不想出现的东西，如图 7.6.5 所示。

图 7.6.5　D5 Hi 排除元素界面展示

如果对于提示词掌握得不是很透彻或者想要优化更好的提示词，可以单击“词库”按钮，会有一些内置的提示词供大家挑选，如图 7.6.6 所示。

当输入提示词后，提示词框下方会自动激活输入框右下角的智能扩写功能，单击后，AI 会在提示词的基础上生成更丰富的文字描述，进而生成的图片细节也会更细腻。

讲解风格模型里内置了各种不同风格形式的模型，类似为 Stable Diffusion 中的 Lora 模型，大家可以挑选自己喜欢和需求的模型进行生图控制，下方还有控制强度选项，也就是权重大小，用以控制风格的相近度。具体界面如图 7.6.7 所示。

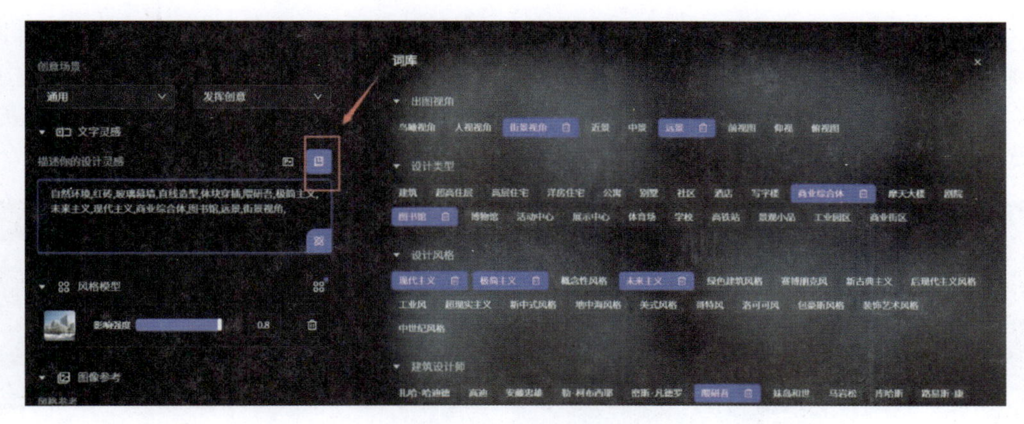

图 7.6.6　D5 Hi 提示词词库界面展示

图 7.6.7　D5 Hi 风格模型界面展示

风格参考，类似 Stable Diffusion 中的 IP-Adapter（风格迁移），根据上传的参考图像来完成对生成图像的风格化处理，轻松地将用户中意的各种画风效果、氛围表现应用到自己的设计作品中，具体应用于建筑、室内领域时，一般将风格参考图片的影响强度控制在 0.5～0.8。这里上传一张编者自绘的图片，将该风格进行风格参考，生成图 7.6.8。

图 7.6.8　D5 Hi 风格参考生成画面

结构匹配类似 Stable Diffusion 中的线稿控制，可以将上传的模型图片或线稿设计图，识别并抽取相应的结构、线条特征，在生成的图像中快速、准确地体现原始模型的结构特征（图 7.6.9）。可以快速检验模型的设计效果，协助设计深化，还可以通过直观的方式展示模型的结构和细节。具体步骤如图 7.6.10 和图 7.6.11 所示。

图 7.6.9　D5 Hi 生成画面界面

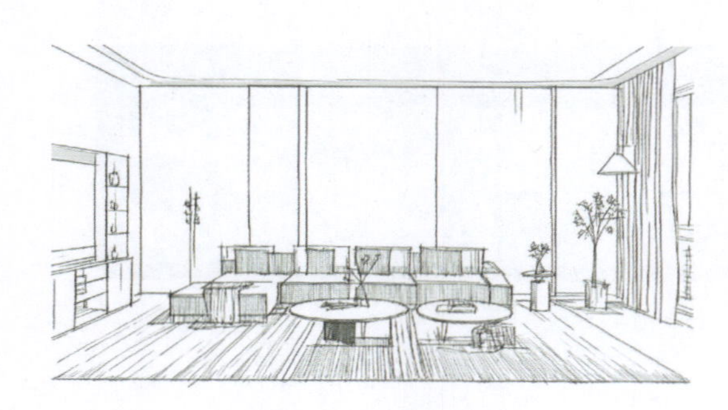

图 7.6.10　原始线稿图

图 7.6.11　D5 Hi 结构匹配生成画面

通过调整图像生成的参数设置，可以选择不同的模式来影响图像与提示词的关联度。默认情况下，提供创意、通用和精准 3 种模式供选择。单击模式选择器旁的按钮，可以切换至滑动控件，以便进行更细致的参数调节。增强提示词的关联性，将使生成的图像更加贴近提示词所描述的特征；反之，如果降低提示词的关联度，生成的图像则会展现出更多的随机性和创意性。对于建筑等大场景类的提示词，一般控制在 3～9，这样可以在一定程度上突出随机性，同时又不会影响生成图像的可视化效果。

如图 7.6.12 所示，还有数量控制和比例控制。

以上为 D5 Hi 平台的介绍，读者可以自行登录探索更多功能，创造更多有意思、有想法的 AI 图像。

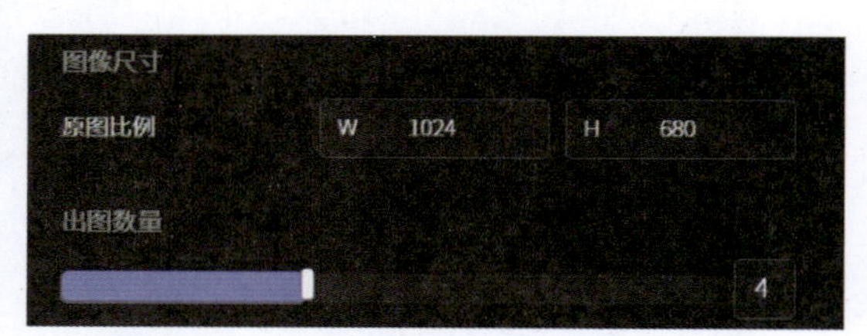

图 7.6.12　D5 Hi 数量和比例控制界面

参考文献

[1] 许建锋 . AI 绘画：Stable Diffusion 从入门到精通 [M]. 北京：清华大学出版社，2023.

[2] 龙飞 .Stable Diffusion AI 绘画教程：文生图 + 图生图 + 提示词 + 模型训练 + 插件应用 [M]. 北京：化学工业出版社，2024.

[3] 孟德轩 . Stable Diffusion : AIGC 绘画实训教程 [M]. 北京：人民邮电出版社，2023.

[4] 关键帧 . 零基础玩转 Stable Diffusion[M]. 北京：人民邮电出版社，2024.

[5] 张泽宇，王铁君，郭晓然，等 .AI 绘画研究综述 [J]. 计算机科学与探索，2024，18（6）：1404-1420.